YOUQITIAN TANJIANPAI
SHIYONG FANGFAXUE

油气田碳减排适用方法学

马建国／编著

编委会

主　任／马建国
副主任／周大新　袁良庆　贺　三
成　员／云　庆　郑　重　田春雨　谢梦雨　刘振平
　　　　张　鑫　薛国锋　袁　波　高雪冬　陈　燕
　　　　李　清　马天怡　王淑梅　孟　岚　韩　雨
　　　　汪　芳　沈　琦　鞠　寒　王海涛　张　余
　　　　王钦胜　王　琪　蒋雨霏　徐　源　郭景芳
　　　　王　东　周　非

四川大学出版社
SICHUAN UNIVERSITY PRESS

图书在版编目（CIP）数据

油气田碳减排适用方法学 / 马建国编著. — 成都：四川大学出版社，2023.6
（油气田能源管理系列书籍 / 马建国主编）
ISBN 978-7-5690-6206-9

Ⅰ．①油… Ⅱ．①马… Ⅲ．①油气田节能－研究 Ⅳ．① TE43

中国国家版本馆 CIP 数据核字（2023）第 120034 号

书　　名：	油气田碳减排适用方法学
	Youqitian Tanjianpai Shiyong Fangfaxue
编　　著：	马建国
丛 书 名：	油气田能源管理系列书籍
丛书主编：	马建国

丛书策划：胡晓燕　马建国
选题策划：胡晓燕
责任编辑：胡晓燕
责任校对：王　睿
装帧设计：马建国　墨创文化
责任印制：王　炜

出版发行：四川大学出版社有限责任公司
　　　　　地址：成都市一环路南一段 24 号（610065）
　　　　　电话：（028）85408311（发行部）、85400276（总编室）
　　　　　电子邮箱：scupress@vip.163.com
　　　　　网址：https://press.scu.edu.cn
印前制作：四川胜翔数码印务设计有限公司
印刷装订：四川盛图彩色印刷有限公司

成品尺寸：170 mm×240 mm
印　　张：20.5
字　　数：391 千字
版　　次：2023 年 7 月 第 1 版
印　　次：2023 年 7 月 第 1 次印刷
定　　价：88.00 元

本社图书如有印装质量问题，请联系发行部调换

版权所有　◆ 侵权必究

扫码获取数字资源

四川大学出版社
微信公众号

前　言

　　中石油上游业务一直在努力探索碳资产项目的开发技术路径。2006年，塔里木油田借助清洁发展机制首次探索油气田碳资产项目开发。2009年，大庆油田特别成立了专注于碳资产开发的节能减排项目部。2020年9月22日，中国政府宣布了力度空前的气候雄心目标：争取二氧化碳排放2030年前达到峰值，2060年前实现碳中和。基于整体宏观形势，中石油于2021年提出了"清洁替代、战略接替、绿色转型"总体部署，大力推进节能低碳和新能源工程，努力践行"双碳"目标。2022年，中石油成立了专门的碳资产开发机构——上游业务碳资产开发技术支持中心。

　　中石油经过10余年持续推进自愿减排项目开发，成功开发近500万吨减排量，交易量达到270万吨，在碳资产项目开发方面获得了显著突破：已成功开发塔里木油田放空气回收与利用工程（CDM机制）、大庆油田南八天然气处理厂及其配套工程（CDM机制）、吉林油田15万千瓦风光发电工程（德国UER机制）项目、冀东油田武城地热供暖（VCS机制）等7个项目，正在开发大庆喇嘛甸油田光伏发电工程（德国UER机制）等6个碳资产项目。通过不同类型的碳资产项目探索、开发和交易，积累了丰富的碳资产开发经验。碳资产开发逐渐成为油气田企业资产增益的崭新方向。

　　一个碳减排项目的成功开发，需要多方面的资料支撑和现场配合，特别是高效识别和筛选潜在工程项目的方法。科学选择适用于特定机制的碳减排量核算方法学，已经成为碳资产项目开发的关键因素。从2006年以来，通过参与不同机制碳资产项目的开发，笔者也意识到编写一部碳资产开发手册的重要性。

　　在长期从事油气田节能低碳工艺技术的过程中，尤其是近几年推进油气田碳资产开发的进程中，汇集了一批立志提升油气田碳资产项目开发成功率的专家学者，融合了一批持续参与节能低碳工艺和碳市场政策机制研究、方法学研制和二氧化碳现场监测的技术人员：中石油油气和新能源分公司马建国、徐源，大庆油田有限责任公司设计院周大新、孟岚、袁良庆、郑重、刘振平、张鑫、马天怡，规划总院云庆、高雪冬，大庆油田质量安全环保部王钦胜、王海涛，大庆油田有限责任公司技术监督中心田春雨、鞠寒，西南石油大学贺三、谢梦雨、韩雨、蒋雨霏，吉林油田薛国锋、李清，中石油安全环保技术研究院袁波、王淑梅，西南油气田分公司张余、陈燕、周非，长庆油田王东，冀东油田郭景芳，中石油勘探开发研究院汪芳，以及中海油新能源分公司沈琦、中冶建筑研究总院有限公司王琪。

几经易稿，历经3年，终于编撰完成《油气田碳减排适用方法学》。全书共计五章（第1章为油气田碳减排路径，第2章为油气田碳资产开发，第3章为油气田适用方法学，第4章为方法学编制及核心数据获取，第5章为油气田碳减排发展建议），科学揭示了油气田节能减排技术路径，阐述了油气田开发碳资产的流程和模式，系统梳理了适用于油气田碳资产开发的碳减排量核算方法学，解析了方法学的编制流程、数据基础，指明了油气田节能低碳发展方向。

全书撰写过程中获得了广泛的理论支持、技术支撑和实践验证，全流程分析了油气田企业开发不同机制碳资产项目的关键环节和技术方法，可以辅导碳资产开发人员研判碳资产开发工程类别，提升碳资产开发成功率，是碳资产项目开发的专业指导手册。

本书由笔者作整体策划和全文审校，结合多年工作经验，确立节能低碳技术方向，分析油气田碳资产开发潜力类型与适用方法学，组织研究碳减排相关数据获取方法。全书撰写过程中融合了业内诸多技术成果：油气田碳减排路径（云庆、马建国、高雪冬），油气田碳资产开发（周大新、袁良庆、马建国、郑重、刘振平、张鑫、马天怡），方法学分类（袁良庆、马建国、贺三、谢梦雨），方法学编制（汪芳、马建国、沈琦），碳政策分析（张鑫、袁良庆、马建国），能源热值检测方法（田春雨、马建国、鞠寒），燃料元素碳含量检测方法（田春雨、马建国、陈燕），二氧化碳检测方法（马建国、薛国锋、李清），碳排放核算核查方法（袁波、王淑梅）。另外，本书在文稿梳理方面获得了西南石油大学贺三、谢梦雨、韩雨、蒋雨霏等师生的鼎力相助。在此，谨向给予本书大力支持的专家和同仁一并表示诚挚的谢意。

受限于编者能力水平，不妥之处恐难避免，欢迎广大读者批评指正。

马建国

2023年6月

目　　录

1　油气田碳减排路径 ……………………………………………（1）
　1.1　油气生产工艺特征 …………………………………………（1）
　1.2　双碳目标对油气田企业的影响 ……………………………（4）
　1.3　油气田节能低碳工程特点 …………………………………（12）

2　油气田碳资产开发 ……………………………………………（25）
　2.1　碳资产开发机制概述 ………………………………………（25）
　2.2　碳资产项目开发一般要求 …………………………………（32）
　2.3　典型碳资产项目开发流程 …………………………………（39）
　2.4　油气田碳资产开发模式 ……………………………………（47）
　2.5　碳交易和绿证、绿电的协同发展 …………………………（52）

3　油气田适用方法学 ……………………………………………（55）
　3.1　不同减排机制下的方法学 …………………………………（55）
　3.2　节能提效类核算方法 ………………………………………（60）
　3.3　甲烷控排和回收利用类核算方法 …………………………（76）
　3.4　余热余压利用类核算方法 …………………………………（93）
　3.5　可再生能源利用类核算方法 ………………………………（105）
　3.6　林业碳汇类核算方法 ………………………………………（129）
　3.7　其他类核算方法 ……………………………………………（141）

4　方法学编制及核心数据获取 …………………………………（157）
　4.1　碳减排量核算方法学开发方法 ……………………………（157）
　4.2　燃料热值检测方法 …………………………………………（169）
　4.3　燃料元素碳含量检测方法 …………………………………（176）
　4.4　二氧化碳检测方法 …………………………………………（181）
　4.5　油气田企业碳排放核算核查 ………………………………（219）

5 油气田碳减排发展建议 …………………………………………… (246)
　　5.1 节能低碳政策趋势 ……………………………………………… (246)
　　5.2 油气田节能低碳发展趋势 ……………………………………… (257)
　　5.3 油气田方法学开发建议 ………………………………………… (269)

参考文献 ……………………………………………………………………… (278)

附录1　CDM方法学清单 ………………………………………………… (279)
附录2　CCER方法学清单 ………………………………………………… (293)
附录3　VCS方法学清单 …………………………………………………… (303)
附录4　GCC方法学清单 …………………………………………………… (307)
附录5　方法学编制大纲 …………………………………………………… (308)
附录6　项目监测报告模板 ………………………………………………… (315)
附录7　项目设计文件编制要求 …………………………………………… (316)
附录8　常用能源平均低位发热量与碳排放因子 ………………………… (320)

1　油气田碳减排路径

在实现双碳目标的背景下，低成本降碳存在较大困难，急需革命性工艺路线和变革性管理思路。在国家碳达峰、碳中和"1＋N"政策文件《中共中央国务院关于完整准确全面贯彻新发展理念做好碳达峰碳中和工作的意见》中明确要求，2025年非化石能源消费比重达到20%左右；《推动能源绿色低碳转型做好碳达峰工作的实施方案》提出，2025年电能占终端用能比重要达到30%左右。对于油气田碳减排路径的研究，需分析油气生产中的用能结构和用能形式，并明确用能过程中碳排放的来源及特征，针对当前用能结构及用能形式上存在的短板，根据碳达峰、碳中和政策对碳排放的总体要求，分析双碳目标对油气田企业的影响，从而结合油气田生产的特点，建设油气田节能低碳工程，借助碳资产开发渠道，增强油气田低碳效益。

1.1　油气生产工艺特征

对油气田生产用能结构和用能形式，以及碳排放特征情况的掌握与管理，有助于优化节能减排和控排关键环节。

1.1.1　油气田生产用能结构及形式

根据油气田企业的生产特点和用能结构，本部分分析了中国石油天然气股份有限公司（以下简称中石油）油气田的总体能耗、油田能耗、气田能耗和主要用能设备能耗。

1.1.1.1　总体能耗

随着资源劣质化，油气产能建设成本呈上升趋势，老油田含水率上升、老气田进入增压开采阶段，运行成本不断增加。随着油气当量的增长，未来五年上游业务能耗将不断增长。传统节能提效手段边际效用递减规律凸显，单位投资节能量由2010年的3.4 tce/万元降至2022年的1.5 tce/万元，现有节能措施的节能效果逐渐降低。2022年，中石油油气田业务在供应侧，用能以天然气为主，占比为76.1%，净购入电力占14.3%；在消费侧，热耗及损耗2115万吨标准煤，占比为85.7%，其余为电耗。2022年，油气田生产的天然气消耗中，稠油油田、稀油油田、气田、发电和其他占比分别为40%、30%、22%、5%和3%。消耗天然气主要集中在稀油集输和稠油注汽环节。

1.1.1.2 油田能耗

2016—2020年，中石油原油单位液量生产综合能耗基本稳定，但随总液量和集输管道的增长，总能耗仍将逐年增加。老油田仍是维持1亿吨产量的主力，含水率缓慢上升，总产液量缓慢增加。老油田采出液综合含水率达90%以上，无效大循环（机采举升—地面系统—回注地层）的能耗占总能耗的90%。生产井数和单井管线预计每年逐渐增加，机采、集输和注水能耗将随之增加。

2022年，油田能耗中用能形式以热能为主，占比为80.3%。稀油油田用能形式以热能为主，用电占比为29.2%。稠油油田用热占比高，用电占比仅为5%。2022年油田生产用能实物消耗占比见表1-1。

表1-1　2022年油田生产用能实物消耗占比

实物类型	天然气	原油	电	原煤	其他	合计
占比（油田）	65.5%	9.6%	19.7%	0.8%	4.4%	100%
占比（稀油油田）	54.1%	13.3%	29.2%	0.6%	2.7%	100%
占比（稠油油田）	83.1%	3.8%	5.0%	1.1%	7.1%	100%

稀油油田能耗环节中，机采系统、集输系统、注水系统、污水处理系统的能耗占比分别为20.9%、66.1%、11.1%、1.9%。其中，能耗主要环节为集输系统和机采系统，二者能耗占总生产能耗的87.0%。稠油油田能耗环节中，机采系统、集输及其他、产汽系统的能耗占比分别为8.5%、3.8%、87.7%。其中，能耗主要环节为产汽系统和机采系统，二者能耗占总生产能耗的96.2%。

1.1.1.3 气田能耗

2016—2020年，中石油单位生产综合能耗基本稳定，未来随着产量快速增长，总能耗将快速增加。老气田陆续进入增压开采阶段，随着井口压力下降，增压能耗将不断上升。新开发气田资源劣质化严重，预计到2025年非常规气产量占比将由37%提高到46%，常规气产量占比将由63%降低至54%。

2022年，气田能耗以热能为主，电力占终端用能的7%。气田能耗环节中，能耗主要环节为集输系统，占总生产能耗的74.7%，其余为处理系统，占比为25.3%。

1.1.1.4 主要用能设备能耗

油气生产主要用能设备（50~100 kW以上）包括锅炉、加热炉、压缩机、抽油机、泵等，锅炉、加热炉、压缩机、抽油机能耗占比分别为46%、24%、9%、21%。2022年主要用能设备中用电设备能耗占比为21.4%，动力设备中除部分远离电网压缩机外均已实现电气化。进一步提高电气化率，需着重对加热炉和锅炉进行以电替热改造。油气生产用加热炉额定功率井场一般为90~500 kW、站场一般为1~5 MW，燃气注汽锅炉功率为20~22 t/h，燃煤流化床锅炉功率为130~150 t/h。按照目前加热炉和燃气注汽锅炉的功率和温度，用电加热炉、电锅炉替代，已有可行技术及设备。但大功率电加热设备尚未在油气田大量使用。

1.1.2 油气田生产碳排放特征

随着能耗上升，以天然气热耗为主的能源结构决定了碳排放同样呈逐年上升趋势。2022年稀油生产二氧化碳排放占比稳定在61%；稠油生产二氧化碳排放占比为25%，较2016年降低3%；气田生产二氧化碳排放占比由10%升高至14%。稠油、气田生产以耗气（超过80%）为主，各环节二氧化碳排放占比和能耗占比基本一致；稀油生产中机采系统以耗电为主，其二氧化碳占比明显大于能耗占比，进一步说明在当前电力排放因子下，同等能耗时用电较用气碳排放量大。

2022年油气生产主要设备的二氧化碳排放量占油气生产碳排放总量的63.1%，其中加热炉和锅炉的二氧化碳排放量占油气生产主要设备二氧化碳排放总量的51%（能耗占74%），抽油机、泵排放的二氧化碳排放量占油气生产主要设备二氧化碳排放总量的39%（能耗占16%）。油气生产碳排放以燃烧天然气和用电排放为主，分别占实物消耗排放量的42%、48%。在天然气自用量基本不变的情况下，随着耗电量的增加，燃气排放量占比同比下降1%；2022年用电量增加21.3亿千瓦时，用电排放同比增长6.9%；原煤和原油排放同比下降1.5%，占比由2016年的11%下降至6%。

上游业务初步确定了结构优化、节能提效、清洁替代和CCUS及碳汇四项碳达峰措施。在不采取节能和替代等措施的前提下，碳排放将逐年上升，因此实现双碳目标任务重、挑战大、时间紧迫。2020年，供给端的全国能源相关二氧化碳排放中，煤炭、石油、天然气三者排放占比分别为76.6%、17.0%、6.4%。为实现我国2030年碳排放达峰、从高碳经济转向低碳经济、2060年碳中和目标，我国能源系统油气生产方式可从以下四个方面开展转型（4D）：一是通过节能措施降需求（Decreasing demand），二是采用分布式能源系统（Decentralization），三是通过扩大清洁能源使用去碳化（Decarbonization），四是通过信息技术整合实现能源系统数字化（Digitization）。

1.2 双碳目标对油气田企业的影响

在双碳背景下，我们面临着稳油增气与控排减碳的双重压力，只有深挖节能降碳潜力，大力发展清洁能源方能破局。现有油气生产模式和工艺流程已无法改变能耗及碳排放持续上升的趋势，而90%以上清洁能源是要转化为电能加以利用的，目前以天然气为主的能耗结构及生产方式基本已无法实现与清洁能源规模利用的有效融合。实现双碳目标，必须依靠革命性的措施，推动油气生产节能提效和能耗结构向清洁能源转变，为2030年后上游1亿吨碳排放量的替代及中和任务打通关键路径。

1.2.1 双碳目标下清洁替代节能低碳途径

清洁替代是油气上游业务实现碳达峰的重要措施，现阶段可利用的清洁能源主要有风、光、地热、余热、光热。在一定时期内可大规模应用的清洁能源主要是光伏风电，地热余热还需要解决源汇不匹配的问题，光热则需进一步降低成本。因此，在提升电气化率的过程中需着重提升绿电占比。然而，在上游从天然气向电的能源转型遇到了"经济门槛"及生产方式不匹配的问题。

2021年10月，国家发展和改革委员会（以下简称国家发展改革委）发布了《国家发展改革委关于进一步深化燃煤发电上网电价市场化改革的通知》，取消了工商业目录电价，推动工商业用户全部进入市场参与交易。将煤电"基准价+上下浮动"的浮动范围扩大至上下浮动20%。按照2022年各油气田购电电价格和天然气对外销售价格，直接利用网电加热的成本是燃气加热的1.9~2.3倍，碳排放是燃气的2.3倍。因此，以网电替代天然气直接加热，从经济和碳排放来看，均不可行。

对比网电，绿电成本较低。2022年全国地面光伏电站度电成本为0.18~0.34元/千瓦时，分布式光伏电站度电成本为0.18~0.32元/千瓦时，陆上风电约为0.25元/千瓦时，已低于煤电价格，且有持续下降的趋势，由此可见，采用自发自用绿电可降低再电气化成本。然而，油气田生产是稳定连续的流程工业，而光伏风电具有随机性、波动性和不稳定性的特点，年发电小时数低，2021年全国光伏发电平均小时数为1163小时，风电为2246小时，2022年1—10月全国光伏发电平均小时数为1172小时，2022年前三季度全国风电利用小时数为1621小时，与油气生产8400小时连续运行的要求有较大差距。因此，供能侧和消费侧存在不协调、不匹配的矛盾，风、光的天然特性无法改变，现阶段储能等手段的成本仍然较高，只能改变生产系统自身，通过生产方式的改变尽可能增加绿电消纳。另外，按照光伏风电的年发电小时数，考虑全量替代，在上游电气化率为15.6%时，仅能替代总能耗的3%，现有工艺流程和生产模式消纳绿电的能力低。以天然气消耗为主的传统油气工艺流程无法实现绿电高比例消纳，要转变为以电气化为主的工艺流程，需以流程再造降低新旧能源转换过程中的建设及运营成本。

在储能方面，目前油气田可利用的储电技术主要为电化学、光热和压缩空气，其中电化学、光热储能初始投资较高、度电外供价格在0.8元以上，压缩空气储能处于试验、示范阶段。由于储能成本高，以"绿电+储能"满足全部生产用能需求，其成本会高于网电。因此，在一定时期内，再电气化离不开网电，供能侧的主要模式为"自发自用绿电+网电+储能"模式，且网电是电力的主体。

综上所述，现有生产系统难以直接大规模利用绿电，实现双碳目标必须再造生产系统，以此大力提升绿电消纳能力，研发建立降低能源转型成本（从天然气转为电力）的技术手段。

1.2.2 关键能耗环节的技术节能

实现双碳目标，优先节能降碳，需将节能贯穿于油气田生产系统全过程。本部分主要分析了油田生产的机采系统、集输处理系统和气田生产的集输处理系统等生产系统内关键设备和工艺流程的技术节能方向。

1.2.2.1 油田机采系统关键在提效

在稀油油田，机采系统能耗占生产能耗的20.9%。目前常规游梁式抽油机平均系统效率约为22%，低于《油田生产系统节能监测规范》要求的节能评价值4%左右。节能提效可以从两方面着手：①优化运行，即合理配置机杆泵与地层产能、不断优化生产参数，使抽油系统与油层产能处于供、排协调状态。②采用高效节能设备，即使用节能抽油机（塔架式、无杆采油）、节能电机、智能控制设备等，从设备性能方面减小各环节的能量损失。如塔架式抽油机，其采用塔架式结构，长冲程、低冲次，天平式直接平衡，综合节电率达20%以上，且重量和占地面积约为常规抽油机的50%，操作简单、调参方便。又如无杆采油技术，采用潜油往复泵或潜油螺杆泵，无杆管偏磨，延长了检泵周期，与游梁式抽油机相比节电30%以上，且井口占地面积小。但目前塔架式抽油机、无杆采油技术的前期建设成本相对较高，需进一步提升技术、规模推广，降低造价。

1.2.2.2 油气集输处理系统关键在降热耗

油气集输及处理系统主要能耗节点如图1-1所示。油气集输处理系统能耗占稀油生产能耗的66%，其中热耗占88%、电耗占12%。分析集输处理系统能耗重点环节可知，集输管网能耗约占90%，主要是20万公里管道的防凝、散热，需加热或掺水。因为是全液量加热（其中90%是水），能耗大，加热负荷集中在转油站。原油脱水处理能耗约占10%，主要是为了满足油水分离的温度要求，将低含水油加热至55℃左右，加热液量是集输环节的1/10，集中在联合站（脱水站）。

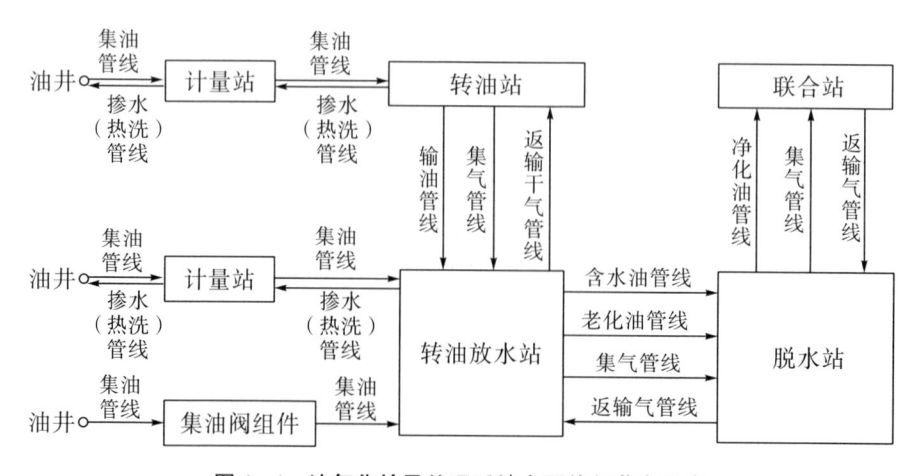

图1-1 油气集输及处理系统主要能耗节点示意

由图1-1可知，油气集输及处理系统降低能耗的主要措施是降低加热温度（站外不加热集油、站内低温脱水）、减少集输管道散热损失（采用简化计量等手段，减少集输管道长度）、提高加热设备效率。具体办法为：一是推广不加热集输，降低集输管网热耗。不加热集输技术的开发揭示了高含水含蜡原油凝点以下集输粘壁的机理，研发了不加热集输温度界限测算方法及软件，集输温度从现行规范的凝点以上3℃～5℃降低到凝点以下5℃～10℃。同时，低温采出液站内预处理设备的研发，也实现了对低温采出液进站一段不加热预脱水和采出水处理。以上措施大大降低了集输管网的热耗，未来可持续深入推广应用。二是减少集输管道长度，减少管道散热损失。从源头做起，采用简化计量、串接流程、丛式布井等措施，减少集输环节和管道长度。三是研发不加热脱水技术，降低站内原油脱水热耗。研发高频电场、磁场及超声等高效破乳工艺，实现常温脱水，缩短流程、降低能耗，提高电气化率。四是推广加热炉提效技术，提高用能效率。"十三五"期间形成了高效设备、提效技术、标准体系、运行管理制度，"十四五"期间将持续研究推广。

1.2.2.3 注水系统关键是降低压差

注水系统能耗约占稀油生产能耗的11%。高效泵组、变频调节、分压注水和局部增压等节能技术已得到广泛应用，近年来油田注水系统效率稳定在较高水平且持续提升。如图1-2所示，2022年注水系统效率达到55.79%（在现有技术水平下系统效率最大潜力约为57.9%）。

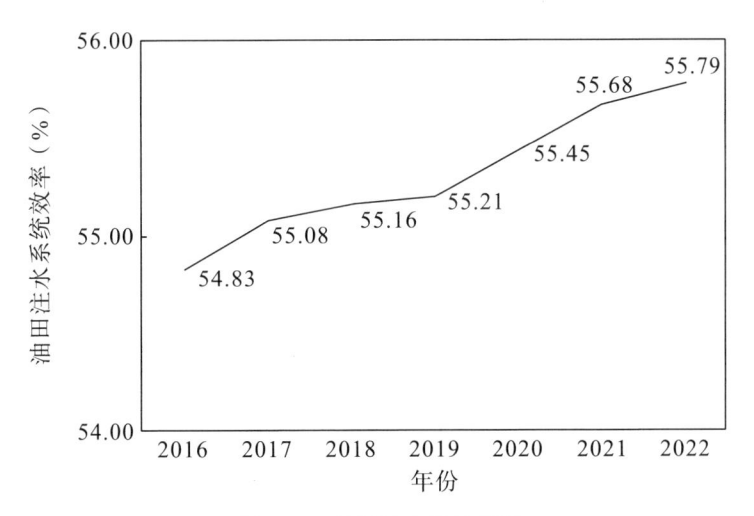

图1-2 油田注水系统效率

辽河油田自2016年以来持续开展注水提效，采用分压注水、变频调节等技术，如图1-3所示，系统效率提升6.9个百分点，节省电费5000多万元。

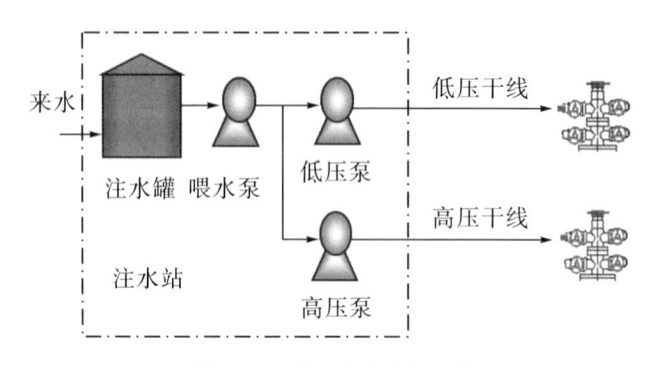

图1-3 分压注水流程示意

目前地面常规注水技术提效潜力有限，应进一步开展地上地下统筹优化：一是综合考虑水质、能耗、注水泵维修、注水压力变化等，优化水质指标和措施执行周期，实现综合成本最低。二是建立地上地下协同优化机制，模型互通、实时优化，动态调整注水方案。华北油田通过地上地下协同开展精细注水，对20MPa以上高压注水井实施酸化作业，既降低了系统压力，又减少了无效注水，上半年即减少$41.2×10^4$ m³注水。

1.2.2.4 气田集输处理系统关键在利用好地层能量

气田集输处理系统集输部分能耗占比为75%，主要为井口或集气站加热、天然气增压和损耗；天然气处理部分能耗占比为25%，主要为加热和增压。具体节能措施主要有以下六个：

（1）充分利用地层能量降低重点上产气藏能耗物耗。

对于致密气，可以利用地层热量实现井下节流。致密气单井产量低，井口温度低，采用井下节流技术充分利用地层热能复热节流后流体、防止水合物生成、简化地面工艺；节流膨胀可增加井筒流速，提高排液能力。研发免打捞节流器，减少生产中后期井下作业，提高气井生产时率。

对于页岩气，要充分利用地层压力。页岩气单井初期产量、温度、压力高，下降快，井间降幅不均衡，综合初期充分利用地层压力能、中后期采用集中与节点增压相结合的要求，提升集输系统的适应性，降低增压能耗。研发引射等新技术和设备，充分利用高压井压力能。

（2）兼顾气田后期增压，优化全生命周期布局。老气田进入开发后期，需要依靠建设增压站来保持产量，生产参数与原设计变化大。面对这种形势，需在建设前期，站在全生命周期角度，优化总体布局和工艺流程，延缓增压时间，实现稳产降耗，避免中后期管网、站场布局发生较大调整及增压点过多等问题。

(3) 优化生产运行动态，实现降本增效。目前，气田处理厂运行参数依靠操作人员经验进行调节，不随原料气组分、产量以及环境温度等外界因素的变化进行及时的动态调整，会造成生产单耗较高。因此需进行精益管理。如图1-4某处理厂典型某年各月份的生产参数所示，可通过定期离线仿真模拟，适时调整运行参数，使系统处于生产能耗最低、药剂消耗量最小的状态。

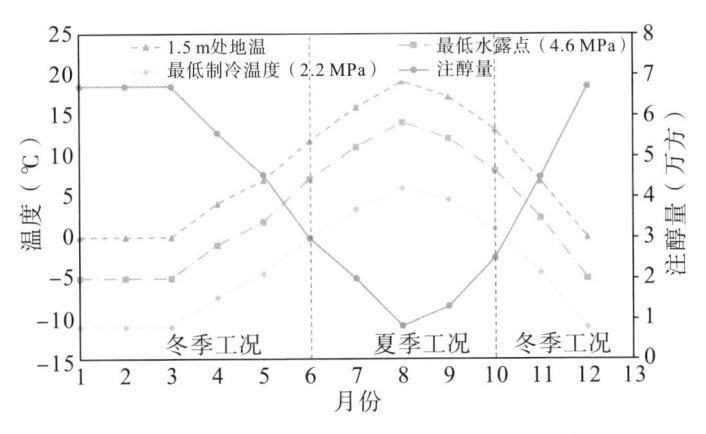

图1-4 某处理厂典型某年各月份的生产参数

(4) 生产装置长周期稳定运行以提高运行时率。在延长检修周期方面，根据对标情况，中石化沧州炼化等5家炼厂达到五年一修，济南炼化等20家炼厂达到四年一修。油气生产可借鉴炼化企业长周期稳定运行的经验，并结合上游油气装置的特点，从设计、施工和运行方面制定实现装置长周期检修的措施，实现装置的"安稳长满优"运行。

在推广预知性、预防性维修维护方面，对动静设备、电气仪表的运行状态进行实时监测，建立设备机理模型，通过大数据分析与仿真模拟技术，优化设备运行参数；对设备异常工况进行预测预警，及时处理设备异常情况，有效提升装置运行时率，降低装置风险，保证装置高效、平稳运行。

(5) 综合技术与管理措施，提升天然气商品率。近年来，中石油天然气商品率维持在90%左右，需采取技术措施和管理手段，减少自用气、回收放空气、消减无效损耗，提升天然气商品率。主要办法：一是减少自用，提高燃气加热设施热效率和负荷率，减少燃气消耗，并结合油田实际压缩机以电代气，降低增压自用；提高燃气压缩机热效率，降低燃料气用量。二是加强放空气回收，采用定压阀、油气混输等工艺，完善集输管网建设，提高伴生气回收率；同时，采用CNG、发电、LNG等零散气回收技术。三是加强计量与管理，结合实际情况，完善计量手段，完善计量统计制度，规范各类数据统计的管理，建议以激励油气田企业自主提高商品率为目标，统筹优化成本核算方式和奖惩考核。

（6）充分研究余热和余压利用。中石油现有300余台燃驱压缩机，以苏里格气田为例，处理厂大型燃驱压缩机存在大量高温烟气。通过研发宽工况下高效运行的径向透平、离心透平、取热端多级复叠蒸发工艺、高效混合工质、冷却端在炎热干燥地区的节水工艺及设备，CO_2超临界循环余热发电等技术，苏里格气田处理厂排放的高温烟气可利用的余热折合标准煤约6万吨/年。烟气发电流程如图1-5所示。

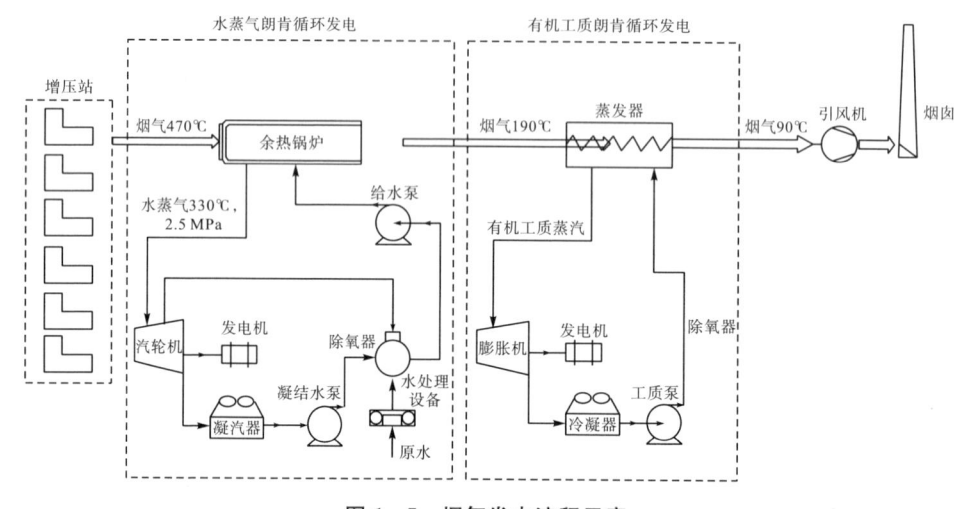

图1-5 烟气发电流程示意

储气库注气压缩机高压力、大排量，级间余热以热量形式直接排放到环境中，造成能量浪费。电驱压缩机级间余热利用可从研发建设耐高压高效蒸发器、高效节水增湿空冷技术、宽工况适应性工艺和工质优化及注气余热发电成套装置等方面进行攻关。余压利用可从高压含固体杂质湿气发电技术进行攻关。

1.2.2.5 减少天然气损耗的关键在于全开发阶段和全流程的密闭生产

油气生产中会产生天然气损耗的主要有三个环节，即试油试气环节、采油采气环节和油气集输处理环节。因此，减少天然气损耗需从这三个环节入手。

（1）减少试油试气环节的天然气损耗。试油试气环节的天然气损耗主要为试采放空、测试放空、油气井压裂返排液天然气和放喷燃烧。评价井试采期间产生的天然气和伴生气具有分布面广、气量少不成规模、生产周期不稳定等特征，修建管道进行试采也存在较大的投资风险，无法同步配套相应管网。这些评价井往往都是采用放空点火燃烧的方式进行试采的。油气井压裂返排液中会伴随一定甲烷气体，一般通过燃烧罐或燃烧池两种方式进行点火燃烧放空。由于放喷气中含有大量的压裂砂及返排液，在返排期间产出的甲烷不能直接进入集输管网，只能进行放喷燃烧。为减少试油试气环节的天然气损耗，需从试采气橇装化 CNG、LNG 回收或就地发电利用、评价井就近回收、气井压裂放空天然气回收等方面开展工作。

（2）减少采油采气环节的天然气损耗。采油采气环节的天然气损耗包括套管气放空、伴生气放空、单井或集中拉油流程中拉油站场装卸车和拉油运输中的油气损耗、气井工艺排空、火炬排放等。气井放空气主要存在于气井放喷排液、气井检维修等环节。气井放喷排液是由于部分井产水量上升，影响产气，需要采取放喷排液措施而导致的放空。气井检维修过程无法关井放空，对于地层能量下降、井筒积液严重的单井在关井后即可能发生无法自喷生产的情况，因此，在检修过程中采用从单井点火放空的方式保证气井不关井。部分拉油站点气油比低，气量较小，回收效益差，产出天然气通过火炬放烧。在套管气回收、低产老井井筒疏通作业放空气、站场检维修高含水气井放空等环节，可开发新型回收工艺，实现天然气损耗的最小化。

（3）减少油气集输处理环节的天然气损耗。油气集输处理环节的天然气损耗主要为拉油或开式集输流程中的伴生气损耗、大罐呼吸损耗、工艺排空、火炬排放等。拉油生产井包括产能井、边探井和评价井三类，独立小区块设单井拉油点。采取拉油方式的生产井包括两种：一种是无系统依托，距离已建系统较远的井，故产出气通过火炬放空；另一种是拉油站点气量较小、回收效益差的井，伴生气通过火炬放空。

停产检修产生的放空损耗是由于油田伴生气处理站场一般是单套装置、无备用。在伴生气装置检修停产期间，为保障油田油井连续生产以完成产量任务，联合站产生的天然气只能放空燃烧。气田集输处理装置和增压站需按照计划例行检修。由于部分压缩机检修、来气量过大等导致外输能力不足，天然气处理站装置检修无法完全处理来气，由此产生放空。

天然气处理厂闪蒸气放空为天然气处理厂处理流程中，高压的饱和液体进入较低压的容器中后，压力突然降低使这些饱和液体变成一部分的饱和蒸汽、饱和液，导致处理厂存在各类闪蒸气等零散低压气，具有气量不稳定、不易收集等特点。因此，应针对停产检修产生的放空和天然气处理厂闪蒸气放空这两个生产环节所产生的天然气损耗建立新回收工艺，以减少损耗。

1.3 油气田节能低碳工程特点

根据双碳目标下对油气田生产节能低碳路径的分析，节能低碳工程的建立应考虑以下三个方面：一是用能结构的调整，以电替代天然气供能，提高电气化率；二是在生产系统内应用技术节能措施，优化生产系统工艺流程，淘汰高耗能设备；三是减少试油试气、采油采气和油气集输处理环节的无效损耗。

1.3.1 用能结构调整

中共中央、国务院印发的《关于完整准确全面贯彻新发展理念做好碳达峰碳中和工作的意见》和国务院印发的《2030年前碳达峰行动方案》明确要求要加快电气化发展，《"十四五"现代能源体系规划》提出要提升终端用能低碳化电气化水平。中石油党组要求上游研究终端能源电气化比例，中石油发布的《绿色低碳发展行动计划3.0》明确提出2025年和2035年上游电气化率要达到15%和30%。深度电气化改造将推动油气生产与清洁能源融合互补，实现清洁电能大比例消纳和高质量绿色发展。高度再电气化，将有效控减一次能源消耗、提升油气商品率，能源安全保障能力也将进一步提升。

提高电气化率对策可分为动力用能替代和热能替代。动力用能替代主要包括钻井、压裂作业的以网电替柴油，滩海等边远区块以岸电替柴油和天然气自发电，燃气驱动压缩机改电驱。对于柴油改电驱，对经济效益和碳排放都是有利的。燃气驱动压缩机改电驱，要结合机组效率、供配电情况综合分析。热能替代包括电加热、以电取热的空气热利用和采出水余热利用。

1.3.1.1 燃气驱动压缩机改电驱

对于燃气驱动压缩机改电驱，$1 m^3$天然气排放$2.00 kg CO_2$，做的功相当于4度电。按照2025年预计的电网排放因子0.61（$kg CO_2$/千瓦时）计算，4度电排放$2.44 kg CO_2$，因此电驱替代燃气驱，采用绿电才能减碳。替代的经济性分两种情况，对于苏里格大型处理厂，每个厂大概有30 MW的压缩机负荷，电气化需建设上百公里110 kV高压输电线路，投资巨大。且机组采用的是进口的分体式大型机组，目前运行效率较高，电驱替代的效益不佳。但对于新疆、西南等采用整体式压缩机效率低、装机功率小，周边有电网可以依托的情况，以电驱替代燃气驱，在节能减排和效益上都是可行的。

以2022年节能低碳项目"新疆油田燃气驱压缩机节能改造项目"为例，

该项目存在的问题包括：①出力下降、故障率高。新疆燃气压缩机中服役超过15年以上的有18台，由于服役时间过长，出力效率降低至77%，2021年累计故障次数为146次，维修次数为105次，维护费为726万元，故障放空气量为$1008×10^4$ Nm^3/d，折合费用1038万元。②燃气压缩机效率低。2021年对燃气压缩机进行抽检，平均机组效率为18.5%，2021年对12台电驱压缩机进行机组效率监测，平均机组效率为73.5%，燃气压缩机机组效率与电驱压缩机机组效率相差甚多。

针对燃气压缩机存在出力下降、故障率高、运行效率低、污染物排放超标等问题，将现有22台燃气压缩机更新替换为11台电驱压缩机，其中往复式电驱压缩机有7台，螺杆式电驱压缩机有4台。改造总投资8820万元，实施后年节约天然气$2857×10^4$ m^3，新增电量3439万千瓦时，节约标准煤2.76万吨，减排二氧化碳3.88万吨，静态投资回收期为6.06年，内部收益率为14.62%。

1.3.1.2 燃气自发电改网电

由于历史原因，部分边远区块没有配套建设供电系统，采用的是自建或租用燃气发动机发电的方式运行，往往存在设备老化、能耗高、排放不达标等问题。在具备条件的区块，推行以网电替代自发电，不但可以节能降耗，而且可以提高天然气商品率。

以2022年节能低碳项目"冀东南堡区块市电替代天然气发电改造项目"为例，NP2-3LP轻烃处理站供电采用燃气发电机，建有4台天然气发电机，装机容量为2400 kW（4×600 kW），年耗气$160×10^4$ m^3，年发电量为$479×10^4$千瓦时。市电替代天然气发电改造需投资99.66万元，内部收益率为38.60%。NP3-2L气举及轻烃处理站供电采用燃气发电机，建有14台天然气发电机，装机容量为7100 kW（13×500 kW+1×600 kW），年耗气$1075×10^4$ m^3，年发电量为$3199×10^4$千瓦时。市电替代天然气发电改造需投资455.60万元，内部收益率为47.45%。

1.3.1.3 燃气加热改电加热

考虑炉效，8度电的热值约等于1 m^3天然气的热值。按照2022年各油气田购电电价和天然气对外销售价格，电加热成本是燃气加热成本的1.9~2.3倍。1 m^3天然气排放2.00 kg CO_2，按照2025年预计的电网排放因子0.61（kg CO_2/千瓦时）计算，8度电排放4.88 kg CO_2，规模应用网电加热将大大增加碳排放量，以电替热需采用绿电。因此直接将燃气加热改成电加热，在经济效益和碳排放上均不可行。必须采用优化简化和热泵技术这个倍增器，以1份的电替代2份~4份的燃气加热，这样在经济效益和碳排放上才是可行的。特别在西部边远地区，电加热方便运行管理、促进减员增效，综合效益更好。

以2022年节能低碳项目"新疆油田克拉美丽气田集输系统节能低碳改造工程项目"为例，目前克拉美丽气田共有19口生产气井采用大气式燃烧器，存在"大马拉小车"、设计落后、部分装置老化严重、热效率低下、自控功能缺失等问题。根据集输工艺需求，可对井口加热方式进行改造以达到节能降耗的目的。对7口井采用井下节流工艺，12口井采用能量转化效率高、功率调节灵活的井口电加热工艺，项目工程总投资1342万元。预计项目实施后，年可节约天然气154.51×10^4 m^3，新增用电7.65×10^4千瓦时，总能耗节能量为2064.38 tce，减少二氧化碳排放3391.83吨，年节省总效益207.50万元，静态投资回收期为4.93年。

以2022年节能低碳项目"迪那油气开发部节能降耗工程项目"为例，YH3C井加热工艺由燃气加热炉改为空气源热泵，项目工程建设投资201万元，投资回收期为7.3年，年可减少碳排放量914吨，年可节省天然气48×10^4 m^3，对提高天然气商品率、降低生产能耗、提高电化率起到了推动作用。

1.3.2 生产系统优化

分析生产系统内关键能耗环节的节能降碳技术方向，机采系统的节能提效可从优化运行和采用高效节能设备入手，而集输系统可通过推广应用不加热集输、密闭集输和流程改造降低能耗。

1.3.2.1 机采系统

机采系统提效的关键在于低产低效井能否发挥潜力，低产井大部分时间处于空抽状态。针对抽油机泵效低的问题，对控制系统进行节能改造，将普通控制箱改造为变频和间抽节能控制柜。针对抽油机系统效率低的问题，应用机械调速装置以及慢速电机降低抽汲参数；针对抽油机电机负载率低的问题，将老旧电机更新改造为稀土永磁、高转差双功率节能电机。

1. 智能间抽

油井间抽是目前提高低产井和供液不足井效率最直接、最有效的方法和手段，低产低效井间开既不影响产量又节能降耗。例如长庆油田日产液0~3 m^3

的油井平均泵效仅为31.8%，通过调参提效的空间已十分有限。优化参数后，长庆油田参数偏大油井占比仍超过40%（约2万余口井），供液不足油井占比超过45%（约2.3万余口井）。长庆油田已实施油井间开的油井有16859口，间开井前后产量保持稳定，平均泵效由23.2%提升至39.7%，平均机采系统效率由14.4%提升至16.9%，日耗电从68.6千瓦时降至33.5千瓦时，年节电1.4亿千瓦时，降低维护性作业3878井次。

采用群控云计算为主的智能间开模式，适用于已实现数字化配套建设的油井。将间开井纳入智能间开管理平台集中管理，实现制度批量下发，并通过泵充满度对制度进行动态评价优化。结合井组井数、液量等数据，确保错峰运行，建立"错峰开关井"智能算法，考虑冬季管线冻堵、电网冲击、峰谷电价等因素，制定最优策略，确保间开连片、全天候执行。

以2022年节能低碳项目"长庆油田低产井智能间开工程项目"为例。2022年长庆油田在全油田范围内优选数字化配套条件较好、机采指标较低、产量较低的作业区，开展智能间开改造，对10个采油作业区日产液量5 m³以下的油井进行智能间开改造，实施总井数为6360口，投资3411万元，预计全年节电4770万千瓦时，年节约电费2624万元。项目增量投资内部收益率约为69.86%，项目静态投资回收期为2.35年。

2. 不停机间抽

在用抽油机加装智能控制器，通过精准位置传感器实行正常整周运行、定位间抽打摆运行以及不定位间抽打摆运行三种运行模式；使曲柄以整周运行与摆动运行组合方式工作，将长时间停机的常规间抽工艺改为曲柄低耗摆动、井下泵停抽的不停机短周期间抽工艺。这样可以保证抽油机井合理的供排关系，使动液面得到有效控制，同时解决冬季启动困难、需要人工启机、冬季易冻井口等管理难度大的问题。选井原则：一是优先选择供液不足和杆管偏磨问题相对严重的井；二是优先选择原油含蜡量和原油黏度相对较高，停井后有蜡卡风险的井；三是优先选择井距相对较远，不便于人工启停的抽油机井。

以在大庆油田采油四厂和采油九厂累计开展1450口井的智能不停机间抽现场试验为例，与人工间抽相比，老区油田运行时间减少35%，系统效率提高12.1个百分点，日耗电由122.3千瓦时下降到77.5千瓦时，节电率为36.6%。与常规间抽抽油机井相比，皮带等易损耗材料更换周期明显延长，单井年可节省维护费用0.3万元。与常规间抽抽油机井相比，平均工作时间减少1/3，检泵周期延长1/3，按8年减少1次检泵作业计算，单井年可节省作业费用0.5万元。

3. 机械调速节能拖动工艺

针对当前抽油机冲次过高（大于 5 次/min）、产液量较低（低于 5 t/d）的抽油机井，应采用机械调速节能拖动装置，通过降低转速、增大转矩，以小功率电机拖动原来大功率电机才可拖动的抽油机，从而实现抽油机井系统节能的目的。

4. 慢速电机（双速）节能拖动工艺

针对抽油机冲次中等（4~5 次/min）、产液量较低（低于 5 t/d）的抽油机井，以及抽油机冲次过高（大于 5 次/min）、产液量中等（5~10 t/d）的抽油机井，通过应用慢速电机降低抽油机冲次，减小装机功率，达到节能提效的目的。一般抽油井上配用电机为 8 级 730 转或 6 级 980 转，应用 12 级 490 转电机可将抽油机冲次降低为原来的 0.5~0.67 倍，使泵效提高 49%~100%。

以 2022 年节能低碳项目为例，针对火烧山油田抽油机井泵效低于平均泵效 41.5% 的 186 口井，采用机械调速节能拖动、慢速电机、低成本智能间抽技术进行节能改造，投资 327 万元，预计可将火烧山油田抽油机井平均泵效提升到 50% 以上，平均系统效率提高 5 个百分点，平均节电率达 20% 以上，预计年节电 256 万千瓦时。

5. 新型抽油机

与游梁式抽油机相比，塔架式抽油机取消了常规游梁式抽油机四连杆传动机构，传动效率更高、更节能，能解决游梁式抽油机耗电量大、传动效率低、调参困难的问题。主要优势如下：一是塔架式抽油机冲程长，冲程损失小，井下泵充满程度好；二是冲次低，有助于延长井下杆、管设备的寿命；三是直接平衡，平衡调整便捷，节能效果好；四是调参简便，冲程、冲次均可实现无级调节；五是地面传动环节少、机械效率高；六是电机、传动机构位于上平台，离地高度高，适合低洼地等环境敏感区的生产需求。

目前大庆油田采油六厂已应用塔架式抽油机 50 口井，有功功率下降 28.13%，系统效率提升 8.53 个百分点，年节电 165.88×10^4 千瓦时，平均单井年节电 3.32×10^4 千瓦时。大庆长垣累计应用 345 口井，经中国石油天然气中国石油节能技术监测评价中心对比测试 20 口井，平均装机功率由 37 kW 降至 22 kW，平均节电率为 19.85%，系统效率由 29.25% 提至 36.28%，提高 7.03 个百分点。与常规抽油机相比，塔架式抽油机年节约作业费用 1.25 万元/台，年节省常规运行维护费用 0.35 万元/台。

针对日产液量在 40 t 以下的低效抽油机，更换应用超长冲程抽油机。超长冲程采油技术结合了柔性智能抽油机与长冲程抽油泵的优势，利用柔性智能抽油机超长举升能力及柔性光杆可弯曲的特性,井下采用超长冲程抽油泵,冲程可达50 m,是常规抽油机井的12倍,突破了游梁式抽油机井冲程受限的采油模式,冲次可降至0.016次/min,杆管偏磨接触频次降低300倍,实现了真正意义上的"长冲程、低冲次"采油。

大庆长垣应用超长冲程抽油机,平均冲程为48.3 m、冲次4.7次/h、日产液15.4 t,日耗电97.0千瓦时。与游梁式抽油机相比,冲程增加11.2倍,冲程损失由16.7%降为1%,冲次下降46倍,交变载荷下降28%。目前采油六厂已应用超长冲程抽油机32口井,有功功率下降29.34%,系统效率提升16.1个百分点,年节电186.89万千瓦时,平均单井年节电5.84万千瓦时。超长冲程抽油机可有效延长检泵周期、降低检泵费用。对比大庆长垣单井统计结果,单井年减少作业施工成本1.35万元,年节省常规维护费用0.1万元。

1.3.2.2 集输系统

油田集输系统的节能关键在于降低集输管网热耗,但拉油导致的损耗也较大。针对集输管网能耗高和拉油运行成本高等问题,推广应用不加热集输技术,利用管输替代拉油,以达到节能低碳的目的。

1. 不加热集输

国内70%油田的原油属于含蜡中高凝点原油,按照油气集输规范,原油设计进站温度应高于凝点3℃~5℃,大部分油田生产实际运行都高于设计温度,最高超过20℃,通常采用加热或掺水集输流程,天然气和电力消耗量巨大。经统计,仅2017年由此消耗的天然气达22亿方、用电25亿千瓦时。

自2018年起,勘探与生产公司组织规划总院、华北油田、吉林油田等单位在已有工作的基础上,针对原油高含水阶段(含水70%以上)不加热集输技术持续开展了专项攻关,通过对凝管机理的深化研究和现场试验验证,取得技术突破,可实现在凝点以下5℃~10℃安全集油,进站温度下降10℃~15℃。

以2022年节能低碳项目"喇北北块区域单管集输改造项目"为例,喇嘛甸油田进入特高含水期后(综合含水已达97.2%),含水升高,介质水力及热力条件得到改善,高含水介质原油摩阻损失降低,为集输工艺优化提供了有力条件。目前集输系统普遍采用双管掺水集油工艺,其中的掺水、热洗泵及掺水、热洗炉等设施,是最主要的耗电及耗气节点。同时双管工艺复杂,埋地管线较多,喇北北块区域地处高腐蚀区域,管道完整性改造工程量大。

对现有双管集油工艺进行简化,实施单管集输工艺,取消双管掺水、热洗系统，降低运行能耗。鉴于地处高寒地带，原油凝固点高（26.5℃）、含蜡量高（23.5%）、含聚浓度高，取消喇501转油站掺水及热洗系统，实施单管集油工艺改造。新建油井高效清蜡降黏装置49套、井口电热器5台，实现井筒加热、井下清蜡，同时提高油井出油温度，满足集输温度要求。本项目投资1131.5万元，项目实施后，预计年均减少耗气$287×10^4$ m³，年均增加用电427.8万千瓦时，节能量折标准煤2388吨，年均节省运行费用158.0万元。

2. 密闭集输

由于试采和滚动开发等历史原因，目前各油田的边远区块均存在大量拉油站场，存在原油损耗大、天然气放空或无法充分利用、运行成本高的问题。在具备条件的区块，通过管输替代拉油，对安全生产、节能减排等均有促进作用。根据管输距离、地形起伏和油气比等条件，可采用油气混输或油气分输等方式进行油气集输。

以2022年节能低碳项目"冀东油田NP4-1D/NP4-2D、NP1-3导管架拉油改管输项目"为例。NP4-1D/NP4-2D、NP1-3导管架原油同时租用两艘油轮交替外运至曹妃甸油库（单船拉油量为1050吨），NP4-1D/NP4-2D天然气发电自用后剩余放空，发电及放空量为$714×10^4$ m³/年。NP1-3导管架天然气直接放空，放空量为$590×10^4$ m³/年，柴油发电量为601吨/年。该项目存在的问题：①海运安全环保隐患大。海运易受天气和海况的影响，存在事故泄漏和装卸爆炸等高风险。原油输送不密闭、装卸和存储油气损耗340吨油/年，天然气无法利用，天然气放空量达$890×10^4$ m³/年。②海运对生产影响大。海运受海监协调、冬季大雾、海冰等因素影响，冬季船运影响产量2357吨油/年。NP1-3导管架依托82生产平台已无法满足上产需要（高含水、高产气井被迫关停）。③运行成本高。船舶拉运成本高，两艘油轮船舶租赁费（含燃料费）为2219万元/年，油品装油防溢油守护船舶费为824万元/年，卸油费为110万元/年。平台租用成本高，NP1-3平台租用82生产平台生产，租赁费为2000万元/年。NP4-1D/NP4-2D、NP2-3、NP3-2第三方发电服务费用为0.375元/千瓦时，年发电服务费为1751万元。上述费用，随着设施老化和人工费用上涨，未来将继续上涨。为了减少安全环保隐患，提升节能减排效果，充分发挥生产能力，降低生产成本，将船运改为管输、以岸电替代燃气燃油发电是重要的发展方向。

NP4-1D/NP4-2D、NP1-3导管架由油轮拉运拉油改管输后，取消了租用两艘油轮和82生产平台，新建海洋简易生产平台1座、海底管道2条、海底电缆2条。该项目投资2.9亿元，内部收益率达到11.7%。

3. 流程改造

随着开发的深入、含水上升，常规一段脱水工艺能耗大、脱水效果差，已无法适应中高含水采出液的高效处理需求。通过进行两段脱水改造，来油直接进入一级三相分离器脱除游离水，低含水原油进入加热炉加热，然后进入二级三相分离器进行脱水，净化油经加压、加热、计量后外输。

以 2022 年节能低碳项目"长庆油田 2022 年低效集输注水站场节能工程项目"为例，对采油一厂高一联合站、张渠集输站、采油四厂化五转、艾家湾集输站、采油三厂姬九联合站共 5 座站场开展高含水两段脱水改造。项目投资 677 万元，年节约天然气消耗量 458.3×10^4 m³，项目内部收益率为 58.3%，静态投资回收期为 2.6 年。

1.3.3 淘汰高耗能设备

《中华人民共和国节约能源法》（2018 年修正）第六章第七十一条规定："使用国家明令淘汰用能设备或者生产工艺的，由管理节能工作的部门责令停止使用，没收国家明令淘汰的用能设备；情节严重的，可以由管理节能工作的部门提出意见，报请本级人民政府按照国务院规定的权限责令停业整顿或者关闭。"因此，对于国家明令淘汰的机电设备应进行更新更换，对于泵效过低的机泵应进行更新、提效和改造。

1.3.3.1 更新国家明令淘汰的机电设备

在工业和信息化部 2009 年发布《高耗能落后机电设备（产品）淘汰目录（第一批）》、2012 年发布《高耗能落后机电设备（产品）淘汰目录（第二批）》、2014 年发布《高耗能落后机电设备（产品）淘汰目录（第三批）》的背景下，按照国家标准《电动机能效限定值及能效等级》（GB 18613—2020）中的"三相异步电动机各能效等级"表，当电动机目标能效限定值在额定输出功率的效率不低于 3 级的规定时，进行更换。

将因高耗能淘汰的电机和变压器更换为新型节能产品，应按照先减容减量、后更换电机和变压器的原则进行；同时对于运行时率低的机泵（如备用泵、消防泵等），不宜更换。在对整个工艺系统进行优化简化的基础上，通过对机泵和变压器负载率的核实，以及对高耗能淘汰电机配套泵目前及未来输量与原设计输量、目前及未来运行功率与原设计功率等参数变化情况的核算，重新优化调整电机和变压器规格，以达到"减容降耗"的目的。经测算，节能电机效率普遍比淘汰电机效率提升 2.5%～4.0%。

1.3.3.2 更新高耗能机泵

由于运行年限长、泵体老化、实际生产运行参数与设计偏离较大等，地面集输、注水系统机泵的泵效低于节能评价限定值，泵效过低，运行能耗高。同时，这部分机泵故障率较高，维修维护费用也较高。大庆喇嘛甸某区块低效泵测试结果详见表1-2。

表1-2 大庆喇嘛甸某区块低效泵测试结果

序号	基础信息					评价指标		
	测试地点	编号	额定功率(kW)	泵型号		泵效（%）		
						检测结果	限定值	评价结果
1	喇591	3#外输泵	90	DY150-50×3		48.9	50.5	不合格
2	喇661	2#外输泵	55	YD100-50×3		42.7	47.7	不合格
3	喇591	2#掺水泵	75	DY65-50×4		50.2	60.8	不合格
4	喇661	3#掺水泵	90	DY100-50×4		48.9	60.8	不合格
5	喇三联污	3#升压泵	132	10SH-6		48.7	65.5	不合格
6	喇600污	1#回收水泵	30	150/125-SWB 160/30-30		61.0	61.2	不合格
7		2#回收水泵	30	150/125-SWB 160/30-30		60.5	61.2	不合格
8	聚喇600污	2#回收水泵	22	100/100 HZW75/50		47.5	50.5	不合格
9		4#回收水泵	22	100/100 HZW75/50		49.7	50.5	不合格
10	喇560污	3#外输泵	132	S250-65		60.4	60.8	不合格
11		4#外输泵	132	S250-65		59.5	60.8	不合格
12		3#升压泵	75	ZA200-250		64.0	65.5	不合格
13		4#升压泵	75	ZA200-250		63.5	65.5	不合格
14		2#反冲洗泵	132	300S32		63.7	65.5	不合格

以2022年节能低碳项目"塔中4区块注水系统节能改造项目"为例，塔一联注水泵房内已建离心式注水泵5台，使用多年实际注水量达不到额定水量，未来十年预测为3300 m³/d，需同时运行2台注水泵（额定流量为5760 m³/d），超

出实际注水量较多。注水系统采用离心泵，效率低（泵效率56.6%），同时地质注水、生产回注水共用注水干线，无法实现分压分输，节流损失严重，注水系统效率只有40.5%。对注水系统进行系统提效改造，将地质注水与生产回注水分输，地质注水集中增压输送，生产回注水低压供水、井场增压回注。新建塔一联地质注水泵3台，采用柱塞式注水泵（$Q=15$ m³/h，$H=25$ MPa）；新建DN80高压注水干线12.3 km。新建低压供水泵3台，DN200供水干线2.6 km、DN150干线10.6 km；新建井场生产回注泵5台，采用柱塞式注水泵（$Q=26$ m³/h，$H=20$ MPa）；改造4座配水间等。项目内部收益率为（税后）12.83%，项目累计净现值为723.38万元（税后），项目投资回收期为6.89年（含建设期）。

1.3.4 减少无效损耗

油气生产中产生天然气损耗的主要环节包括试油试气环节、采油采气环节和油气集输处理环节，下面就这三个主要环节的天然气损耗开展应对措施的阐述分析。

1.3.4.1 试油试气环节

试油试气环节天然气损耗的应对措施包括试采气橇装化CNG、LNG回收或就地发电利用、评价井就近回收和气井压裂放空天然气回收。

1. 试采气橇装化CNG、LNG回收或就地发电利用

针对油气田试采、测试过程零散气气量小、气量在一定时间内不断变化、气源点分散的特点，利用CNG、LNG回收或就地发电进行零散气的回收利用。

以2019年节能低碳项目"浙江油田西南采气厂放空气回收项目"为例，随着西南采气厂外围页岩气新井投入增多，试气阶段的井也随之增多，试气阶段有大量天然气放空。2019年计划对12口井试气阶段及评价阶段的放空气进行回收利用，以上网发电模式进行销售；对3口井放空气进行回收利用，将天然气销售给LNG站，以压缩天然气模式进行销售。项目投资870万元，实施后年回收天然气2388.9×10⁴ m³，增收1843.9万元。

2. 评价井就近回收

评价井气量存在不确定性，修建管道及完整的地面集输系统存在较大的投资风险。评价井管线就近回收包括试采期间和试采结束两个阶段。试采期间主要通过LNG、CNG等技术，就近进行天然气的处理、销售，实现放空气回

收；试采结束后，优先选择就地回收销售，或将生产井与地面管线连通，接入管网进行回收。

以 2022 年节能低碳项目"浙江油田黄 204H 井放空气回收工程项目"为例，黄 204 区块首口评价井黄 204H 井经压裂测试后，由于浙江油田在该区块还未建设开发管网，而西南油气田临近区块黄 202H3 平台还有剩余能力，该项目提出打破油气田企业界限，利用西南油气田的设施生产，新建页岩气单井采气装置 1 套，新建 $\phi114.3\times5.6$ 管线 4.9 km，接入西南油气田集气系统。项目总投资 1408 万元，实施后每年可回收天然气 1463.4×10^4 m^3，减排二氧化碳 3.17×10^4 t，产生效益 2019.5 万元。

3. 气井压裂放空天然气回收

气井压裂返排产出的甲烷，含有大量压裂液和压裂砂，不能直接进入集输管网。采用一体化集成装置处理，回收流程包括节流控制排放、除砂、脱液、调压入管网等。

以 2021 年节能低碳项目"苏东南示范区气井试气回收项目"为例，采用移动式回收装置，预计年完成不少于 50 口气井的压裂放空气（其中直定井有 32 口、水平井有 18 口）回收工作量，投资 1063.2 万元，年可产生经济效益 365.2 万元，年回收天然气 1380×10^4 m^3，相当于减少标准煤消耗 17112 tce。

1.3.4.2 采油采气环节

采油采气环节天然气损耗的应对措施包括套管气回收、低产老井井筒疏通作业放空气回收和站场检维修高含水气井放空气回收。

1. 套管气回收

一是在油井套管上定压放气阀，达到设定的压力后，套管气进入井口集输流程。2020 年，长庆油田安装定压阀 16202 套，年回收套管气 0.28×10^8 m^3，年产生经济效益 5560 万元。

二是密闭井口套管气回收装置，安装在井口和抽油杆上，利用抽油机运行能量，通过柱塞泵原理实现油井套管气的增压回收。新疆油田采油二厂 6 口井套管气压小，无法进入系统，应用密闭井口套管气回收装置，单井投资 9 万元，投用后动液面深度由 1069 m 上升至 550 m，油井工况平稳，平均每天回收套管气 600 m^3，年回收伴生气 11×10^4 m^3，年产生经济效益 20.35 万元。

2. 低产老井井筒疏通作业放空气回收

随着老气田地层能量下降，压力降低，气体流速低于临界携液流量，气井开始逐步积液。目前泡排工艺和气举工艺仅能作为辅助排液措施，对于地层压力高、能量充足的积液气井效果较好，但对于地层压力低且近井地带由于出砂导致渗透性变差和入井流体返排效果较差的井，需要持续进行井筒疏通以恢复生产。目前井筒疏通存在安全环保隐患。零回压井筒疏通工艺是用车载式回收罐回收固液废物，将天然气向大气排空，存在安全环保风险，不利于碳排放达标和安全隐患控制。为保障部分气井稳定生产，解决气井因积水、积砂导致的降产、停产现象，通过低压气密闭回收工艺可以降低井口回压，有利于井内液体和砂的排出，帮助气井产能恢复。

以 2021 年节能低碳项目"涩北气田低压气（井口、小站）密闭回收项目"为例，改造 103 口气井井口工艺安装和 23 台计量分离器进口安装，新建 7 套混输增压设备，总投资 1147 万元，年回收天然气 1650×10^4 m³，年度创造效益合计 1722.6 万元。

3. 站场检维修高含水气井放空气回收

采用临时橇装装置回收，可单井或集中回收。单井回收采用 CNG 方式。集中回收一般设在检修的处理厂，在进站阀组处设置临时橇装装置，实现站场检修时高含水井的产气集中回收，通过临时装置对产气进行气液分离、烃水露点控制和增压后走越站流程，利用外输管道外输。

以 2022 年节能低碳项目"牙哈处理站回收放空气项目"为例。牙哈气田现有 8 口高含水井，因高含水井停井再启难度较大，因此在处理站检维修期间（约 20 天），高含水井不能关井，产生的油水由各单井临时移动橇装设备回收，天然气则放空，放空量约为 34.5×10^4 Nm³/d，如采用单井回收方案，租赁第三方设施运行总费用为 360 万元/年，单井投资费用约为 380 万，且使用效率低，使用率仅 5.5%。通过对工艺流程改造，在处理站计量管汇设置 1 套临时回收橇装设备，实现单独处理高含水单井，可实现放空天然气回收。投资只有 120 万元，减少放空气量 1119×10^4 m³/年，减少碳排量 24186 t/年，回收期 0.85 年，效益显著。

1.3.4.3 油气集输处理环节

油气集输处理环节天然气损耗的应对策略包括停产检修产生的放空气回收和天然气处理厂闪蒸气放空气的回收。

1. 停产检修产生的放空

装置对放空气的回收一般有四种方式：一是增压进入外输管网系统，二是作为燃料气利用，三是以 CNG 方式回收，四是以 LNG 方式回收。

以 2021 年节能低碳项目"长庆油田处理厂检修放空气回收项目"为例，根据现场实际统计结果，长庆气田 17 座处理厂（净化厂）各装置区检修放空

气总量约为 $130.7×10^4$ m³/年，按照 80% 规模回收计算，各厂检修放空气回收总规模约为 $105×10^4$ m³/年，17 座厂内主要装置区估算平均检修气单次增压气量约为 $1.7×10^4$ m³，采用橇装螺杆式检修气增压回收装置增压至原料天然气实现检修气的回收，单套增压装置设备投资约 147.6 万元，17 座天然气处理厂（净化厂）需配套进行进出口连接和电缆预留等改造，工程投资约 668.55 万元，项目税后投资收益率为 3.61%，需进一步优化，暂缓实施。

以 2022 年节能低碳项目"牙哈处理站注气压缩机事故放空回收项目"为例，牙哈处理站现有 10 座注气压缩机（7 座燃气驱、3 座电驱），系统故障停机时，切断上游进气阀的同时注气压缩机进行卸载，将系统中的余气放空。燃气驱注气压缩机年平均放空 317 次，每次放空量为 $0.2×10^4$ Nm³，电驱注气压缩机年平均放空 103 次，每次放空量为 $0.6×10^4$ Nm³，年排放量为 $125×10^4$ Nm³。经比选，采用卸载放空气进外输管网回收的方案，在卸载主管线上分 4 路设置控制调节阀，当注气压缩机故障停机时，联锁切断上游进气阀，将卸载放空气调控至 7.0~8.0 MPa，接入牙哈处理站外输管网系统；当卸载放空气压力低于外输系统时，通过调控接入牙哈处理站中压机入口管网（2~3 MPa）；当卸载放空气压力低于入中压机入口管网时，通过调控接入牙哈处理站稳压系统（0.2~0.5 MPa）。

2. 天然气处理厂闪蒸气放空

对于含有重烃的闪蒸气，国内外普遍应用的技术有两种：一种是通过再冷凝，使不凝气中的重烃组分变成液体；另一种是通过直接压缩，使不凝气直接进入外输管线。

对于天然气处理厂闪蒸分离器分离出的不凝气，可接入天然气处理厂天然气压缩机进口，增压后处理或外输。

以 2021 年节能低碳项目"苏里格第六处理厂闪蒸气回收项目"为例，苏里格气田第六天然气处理厂闪蒸气和凝析油稳定塔塔顶气，原设计作为导热油炉燃料气，由于闪蒸气中重烃组分含量较高，在温度降低的过程中有凝析油析出，导热油炉内凝析油燃烧不充分，点火时炉内时常有爆炸声，因此实际生产时会将闪蒸气接入低压放空系统进行放空。由于第六天然气处理厂闪蒸气经过立式分离器后的运行压力在 0.20~0.25 MPa，而天然气进口压力在 2.50 MPa 左右，产品气压力在 5.60 MPa 左右，产品气压力比原料气压力高很多，将闪蒸气接入天然气压缩机进口原料气系统最优。采用闪蒸气回收装置，预计年回收闪蒸气 $151.8×10^4$ m³，增加收益约 185.2 万元/年。方案总投资估算为 191.94 万元，项目投资收益率约为 69.02%，投资回收期为 1.4 年。

2 油气田碳资产开发

国际社会在出台一系列制度法规约束人们碳排放行为的同时,也建立了多种机制鼓励和补助企业或个人的减碳行为。由此,企业或个人就可以通过由自身的减碳行为获得的环境权益、绿证绿电或碳资产获得相应收益。油气田企业通过建设新能源发电工程并满足一定的规则要求,可以获得绿证绿电;油气田企业碳资产项目开发则涉及开发机制选择、方法学确定、监测计划制定与实施等一系列技术和标准问题,油气田企业资源禀赋和风险偏好不同,也导致需要选择不同的开发模式。

2.1 碳资产开发机制概述

碳资产是指在强制或自愿碳排放权交易机制下,产生的可直接或间接影响组织温室气体排放的配额排放权、减排信用额及相关活动,其价值在碳市场中通过供需双方的交易体现。碳市场分为强制减排市场和自愿减排市场两类。强制减排市场主要针对耗能较大、排放较多、具有负外部性的重点排放单位而言,控制这些单位的排放具有国家强制性,必须按期履约;自愿减排市场为鼓励能够实现降碳固碳、节能减排、具有正外部性的清洁能源类和生态林草类等的法人主体的经营发展而设立。

碳资产交易类型主要包括配额型交易和项目型交易两种。配额型交易指总量管制下所产生的减排单位的交易,即在"限量与贸易"体制下,购买那些由管理者制定、分配(或拍卖)的减排配额。项目型交易指因进行减排项目所产生的减排单位的交易,主要是通过国与国合作的减排计划产生的减排量交易。

碳资产的开发有多种途径和方式,比较典型的机制有排放权贸易(Emission Trade,ET)、联合履约机制(Joint Implementation,JI)、清洁发展机制(Clean Development Mechanism,CDM)、欧盟碳排放交易体系(European Union Emission Trading Scheme,EU-ETS)、上游减排量(Upstream Emission Reductions,UER)、核证碳标准(Verified Carbon

Standard，VCS)、全球碳委员会（Global Carbon Council，GCC）、国家核证自愿减排量（China Certification Emission Reduction，CCER）等。

2.1.1 联合国气候变化框架公约下的机制

在1992年的联合国环境与发展会议上，155个国家签署了《联合国气候变化框架公约》（United Nations Framework Convention on Climate Change，UNFCCC）（以下简称公约）。公约的目标是减少温室气体排放，减少人为活动对气候系统造成的危害，减缓气候变化，增强生态系统对气候变化的适应性，确保粮食生产和经济可持续发展。根据《联合国气候变化框架公约》第一次缔约方大会的授权，缔约国于1997年12月11日在日本东京签署了《京都议定书》，议定书于2005年2月16日生效，议定书第六条、第十二条、第十七条确立了三种实现减排目标的灵活碳交易机制：排放权贸易（ET）、联合履约机制（JI）、清洁发展机制（CDM）。

1. 排放权贸易

排放权贸易（ET）是指一个发达国家将其超额完成减排义务的指标，即公约附件一所列缔约方之间协商确定的排放配额（Assigned Amount Units，AAU），以贸易的方式转让给另外一个未能完成减排义务的发达国家缔约方，同时从转让方的允许排放限额上扣减相应的转让额度。这些缔约方根据各自的减排承诺被分配各自的排放上限，并根据本国实际的温室气体排放量，对超出其AAU的部分或者短缺的部分，通过国际市场出售或者购买。ET的特点如下：

(1) 交易标的为强制减排配额指标AAU；
(2) 只能在公约附件一所列缔约方间交易。

2. 联合履约机制

联合履约机制（JI）是指发达国家之间通过项目级的合作，允许减排成本较高的公约附件一所列缔约方通过投资温室气体减排项目的方式从同属公约附件一所列的减排成本较低的另外一个缔约方获得减排量，目的是帮助公约附件一所列缔约方以较低的成本实现其量化的温室气体减排承诺，同时必须在转让方的AAU配额上扣减相应的额度。通过该机制，投资国可以获得项目活动产生的减排单位，从而用于履行其温室气体的减排承诺，而东道国可以通过项目获得一定的资金或有益于环境的先进技术，从而促进本国的发展。JI监督委员会（Joint Implementation Supervisory Committee，JISC）负责监督管理机制的运行，其下属秘书处负责定期公示各成员国签发的减排单位数量。JI

的特点如下：

(1) 交易标的为项目级减排量；

(2) 只能在公约附件一所列缔约方间交易，主要发生在经济转型国家和发达国家之间；

(3) 如果适用，项目开发采用 CDM 方法学。

3. 清洁发展机制

清洁发展机制（CDM）同发展中国家关系密切，即发达国家缔约方通过提供资金和技术的方式，与发展中国家开展项目级合作，在发展中国家实施既符合可持续发展政策要求，又产生温室气体减排效果的项目投资，提高发展中国家的能源利用率，减少排放。通过项目所实现的经核证的减排量（Certified Emission Reduction，CER），可经过碳交易市场用于公约附件一所列缔约方完成《京都议定书》第三条下减排目标的承诺。清洁发展机制的核心内容是允许其缔约方即发达国家与非缔约方即发展中国家进行项目级的减排量抵消额的转让与获得，从而在发展中国家开展温室气体减排项目。根据《京都议定书》第十二条，清洁发展机制主要解决两个目标：一是帮助非缔约方持续发展，为实现最终目标做出应有贡献；二是帮助缔约方进行项目级的减排量抵消额的转让与获得。CDM 项目的特点如下：

(1) 交易标的为项目级减排量 CER；

(2) CER 可保存；

(3) 在发达国家和发展中国家间进行交易；

(4) 项目的审定/核证必须由 EB 认证的具有相应行业资质的指定经营实体进行。

CDM 的执行理事会（Executive Board，EB）是 CDM 的全球管理机构，负责 CDM 方法学批准公布、CDM 项目的注册和减排量签发等，确保 CDM 项目能够满足议定书的要求。《京都议定书》对 CDM 项目的基本要求如下：

(1) 每个缔约方自愿参与；

(2) 产生真实、长期和可测量的温室气体减排效益；

(3) 项目所产生的减排效益必须具备额外性。

2.1.2 欧盟碳排放交易体系

《京都议定书》要求，从 2008 年到 2012 年，欧盟二氧化碳等 6 种温室气体年平均排放量要比 1990 年的排放量低 8%。为了帮助其成员国履行减排承诺，获取运用总量交易机制减排温室气体的经验，欧盟启动了世界上第一个温室气体排放配额交易机制。这个机制被认为是比税收更为友好的促使企业减少排放温室气体的办法。它涵盖了欧盟 28 个成员国,并于 2005 年初试运行,2008 年初开始正式运行。欧盟碳排放交易体系(EU-ETS)的建立,是欧盟应对气候变化政策的里程碑事件,也是欧盟经济有效地减少温室气体排放的关键工具。这是世界上第一个主要的碳市场,在我国统一碳交易市场启动前也是世界最大的碳交易市场。

欧盟碳排放交易体系属于总量交易(cap-trade),是指在一定区域内,在污染物排放总量不超过允许排放量或逐年降低的前提下,内部各排放源之间通过货币交换的方式相互调剂排放量,实现减少排放量、保护环境的目的。欧盟碳排放交易体系的具体做法是,欧盟各成员国根据欧盟委员会颁布的规则,为本国设置一个排放量上限,确定纳入排放交易体系的产业和企业,并向这些企业分配一定数量的排放许可权——欧盟碳排放配额(European Union Allowances,EUA)。欧盟所有成员国都制定了国家分配方案(Nation Allocation Plan,NAP),明确规定成员国每年的二氧化碳许可排放量(与《京都议定书》规定的减排标准相一致),各国政府根据总排放量向各企业分发 EUA。如果企业能够使其实际排放量小于分配到的排放许可量,那么它就可以将剩余的排放权放到排放市场上出售,获取利润;反之,它就必须到市场上购买排放权,否则会受到重罚。实践证明,EU-ETS 是一种有效的推动减排经济发展的工具,2005 年至 2019 年,其涵盖的设施减少了大约 35% 的排放量。2020 年后,欧盟排放交易体系不再采用国际碳信用,但是根据《巴黎协定》,在建立健全的会计框架体系后,其成员国可以决定使用多少"国际转移排放缓解成果"来冲抵本国的减排要求。缓解机制取代了诸如 CDM 及 JI 等机制,使欧盟成员国通过缓解成果转移参与国际碳市场交易。EU-ETS 的特点如下:

(1) EU-ETS 碳排放配额交易市场以欧盟碳排放配额(EUA)作为交易标的;

(2) 每年由欧盟统一分配 EUA,具时效性,不可保存;

(3) 通过双边协议,欧盟排放交易体系也可与其他国家的排放交易体系实现兼容;

(4) 由政府主管部门设定配额总量并通过一定的方法向企业分配,企业根据自身实际碳排放情况选择减排或在市场上购入配额,以实现本企业的减排任务;

(5) 通过"缓解机制"(Mitigation Mechanism)参与国际碳市场。

2.1.3 德国上游减排机制

根据欧盟《燃料质量指令》(EU2015/1513)，在德国境内从事液体燃料经营的公司有强制义务减少其所销售燃料的温室气体排放。德国《联邦排放控制法》规定了温室气体减排配额，从 2020 年起，所有相关公司需减少其经营销售燃料量的 6%的温室气体排放（在 2020 年前，此配额是 4%）。在每个合规年内，有减排义务的单位必须完成的减排量参考值是根据其销售的燃料的热值乘以基准值计算出来的。德国《联邦污染控制法》规定了每种燃料的基准值。每个义务单位负责计算其温室气体减排配额，生物燃料配额办公室（The Biofuel Quota Office）审核批准计算结果。

根据欧盟指令（EU2015/652），2020 年后的温室气体减排配额中的一部分可用上游减排量（UERs）抵消。鉴于此，德国政府出台了《上游排放减排条例》(Upstream Emission Reduction Ordinance，UERO) 以应对温室气体排放配额。在该条例中，温室气体特指二氧化碳、一氧化二氮和甲烷，上游排放指发生在原材料进入炼化厂或处理厂前的所有温室气体排放。在德国法律体系下，从 2020 年起，每个合规年获得的 UERs 都可以用来抵消强制温室气体减排义务，允许抵消额限制在前面提到的参考值的 1.2%以下。任何有义务方都需要按照要求公布其想要用 UERs 抵消配额的数量。德国联邦环境署负责 UER 注册系统管理以确保抵消可行，义务方可以在该注册系统中拥有 UER 证书账户。为了用 UERs 完成规定的配额份额，义务方必须将 UER 证书转到生物燃料配额办公室的折旧账户，该办公室将审核提交的 UER 证书是否满足在规定的范围内完成配额抵消要求。

在欧盟内外，任何国家减少上游排放的项目都可以产生 UERs，获得的 UER 证书可以售给德国境内的燃料供应商，以冲抵他们 6%的减排目标。特别在德国和英国的法律体系下，UERs 是燃料分销行业一种重要的减少排放的工具，自 2020 年起，该行业对 UERs 需求量保持高位。

德国上游减排机制具有以下特点：
（1）上游减排量抵消期为一年；
（2）上游减排量的计算采用 CDM 方法学；
（3）只限于油气田上游减排项目；
（4）项目的审定或核证第三方必须为欧盟成员国境内的经营实体。

2.1.4 核证碳标准

核证碳标准（VCS）是世界主要的自愿温室气体减排标准，由国际碳排放交易协会（International Emission Trading Association，IETA）与世界经济论坛（World Economics Forum，WEF）于2005年底提出倡议。VCS是企业界、非政府组织及市场专家紧密磋商的成果，为自愿碳减排交易项目提供了一个全球性的质量保证标准。该标准引用ISO 14064-2条文精神，遵循该标准可进行温室气体减排项目量化、监督与报告。VCS标准广泛受到碳补偿业界（项目开发者、广大补偿购买者、审定方、项目咨询方）的支持，为公司或个人提供了一个投资减少温室气体排放的途径，为打算进行温室气体减量计划的企业提供了一个自愿性减量登录平台，通过自由贸易来达成企业温室气体减量的目的，加速向低碳能源系统转变。VCS标准通过提供透明与标准化的碳排放减量市场，加强VCU交易流通性，保证VCU交易透明且确保避免重复计算。

VCS协会是一个独立非营利机构，负责管理自愿碳标准，所有自愿碳减排的签发、储备及取消都通过VCS登记处来完成。VCS批准的碳补偿被注册成为核证碳单位（Verified Carbon Units，VCUs）并进行交易，1个VCU代表1吨二氧化碳。

VCS的特点如下：

（1）VCS项目由一个非营利的组织管理；

（2）与CDM不同，批准的审计机构对同一项目既可以审定，也可以核查；

（3）VCS方法学也适用于联合国CDM机制及气候行动基金方法学；

（4）农业、林业及其他土地利用项目有其特殊的导则；

（5）所有VCS项目都在VCS项目数据库中做了公示。

2.1.5 全球碳委员会

全球碳委员会（GCC）是海湾研究与发展组织（Gulf Organisation for Research & Development，GORD）于2016年建立的，并获得政府组织交付和遗产最高委员会（Supreme Committee for Delivery and Legacy，SC）的资金支持，是中东和北非地区第一个自愿碳抵销项目。该机制旨在帮助组织减少碳足迹，通过采用低碳途径帮助部门经济多样化，并促进气候行动落地实施。GORD负责管理、监督和发展GCC。GCC在自愿碳市场中保持了公正的监管机构地位。GCC 负责批准项目和发放批准的碳信用额（ACC），并监督根据管理规则认证的验证者。GCC 政策事项由其咨询委员提供建议，该咨询委员会由愿意促进该地区气候行动的著名公共/私营部门组织组成。GCC 负责召集指导委员会开展技术工作和咨询，并在与温室气体减排项目和标准有关的具体领域与世界各国专家合作。

GCC 接受来自全世界的温室气体减排项目，尽管它特别强调中东和北非地区的低碳发展，但是该地区在碳市场中的代表性仍然很低。GCC 主要基于国际标准 ISO 14064-2、ISO 14064-3 和 GCC 规则进行自愿减排项目管理。

符合 GCC 条件的项目有如下两类：

（1）包括未在任何温室气体项目（包括清洁发展机制）下登记的项目；

（2）在 2016 年 1 月 1 日以后注册的 CDM 项目，并在 2016 年 1 月 1 日以后运行。

2.1.6 国家核证自愿减排机制

2014 年 12 月，国家发展和改革委正式发布《碳排放权交易管理暂行办法》。国务院碳交易主管部门根据国家控制温室气体排放目标的要求，确定国家以及各省、自治区和直辖市的排放配额总量。省级碳交易主管部门依据配额免费分配方法和标准，提出本行政区域内重点排放单位的免费分配配额数量，报国务院碳交易主管部门确定后，向本行政区域内的重点排放单位免费分配排放配额。2021 年 1 月 5 日，生态环境部部务会议审议通过《碳排放权交易管理办法（试行）》，于 2021 年 2 月 1 日起施行，在全国范围组织建立碳排放权注册登记机构和碳排放权交易系统。2021 年 7 月 16 日，全国碳排放权交易市场正式上线交易。

从碳市场交易的品种来看，目前以现货为主，包括两个品种：第一个是排放的配额，这是最核心的交易品种；第二个是自愿减排交易的减排量有一部分经过严格的筛选也会进入碳市场流通。在履约过程中，企业的碳排放量如果超出了国家给的碳配额，就需要购买其他企业的碳配额，随即形成碳交易。但也可以通过采用新能源等方式自愿减排，这种自愿减排量经过国家认证之后就可以成为 CCER。它可以在控排企业履约期间用于抵消部分碳排放，不仅可以适当降低企业的履约成本，同时也可以给减排项目带来一定收益，促进企业从高碳排放向低碳化发展。因此，CCER 抵消使用对于全国碳市场建设而言有着重要意义。

引入 CCER 的目的：一是降低排放企业的履约成本；二是促进未纳入碳

交易体系范围内的企业通过减排项目实现碳减排，相当于通过市场手段为能够产生减排量的项目提供补贴；三是进一步活跃碳交易市场，增加碳交易市场参与主体，促进碳交易市场的稳定运行。在我国，各试点均规定了 CCER 抵消机制，即纳入碳交易的单位可以通过购买国家核证自愿减排量抵消其超额温室气体排放。CCER 抵消机制的设计进一步扩大了碳交易市场对国家核证自愿减排量的需求，进而激励了温室气体自愿减排项目的实施。各地区对于 CCER 的抵消能力做了统一规定，即 1 个 CCER 等同于 1 个配额，可以抵消 1000 千克二氧化碳当量的排放。但各地区对于抵消比例和抵消条件的规定有所不同。

我国 CCER 项目的申请条件相较于 CDM 及 VCS 项目的申请条件有所不同，主要有以下几个特点：

（1）CCER 项目的申请条件是在 2005 年 2 月 16 日之后开工的项目，该条件与 CDM 的开工 6 个月内必须备案及 VCS 的开始运营后 2 年内有效相比，都宽松很多；

（2）CCER 项目业主无外资条件限制，该条件扩大了可申请项目的范围；

（3）CCER 项目注册申请可以与 CDM 项目注册申请并行，若 CDM 项目注册申请不成功，其还可作为 CCER 项目在国内市场进行交易；

（4）CDM 是通过联合国 CDM 执行理事会签发、在国际碳市场上交易的，CCER 则是由国家主管部门签发、在国内碳市场上交易的。

2.2 碳资产项目开发一般要求

以碳资产作为交易标的物的市场称为碳资产市场或者碳交易市场，它是以碳排放权（配额或者排放许可证）为基础，在某个确定区域及一定时期范围内产生的合法温室气体排放量。和普通商品类似，碳排放权可以在碳交易市场进行交易，由于碳排放交易体系的界定差异，全球碳交易市场类别也大相径庭。

世界碳交易类型主要有配额型交易和项目型交易两种。配额型交易指在总量管制下所产生的减排单位的交易，即在"限量与贸易（cap-and-trade）"体制下，购买那些由管理者制定、分配（或拍卖）的减排配额，如欧盟排放权交易机制的"欧盟排放配额"（EUAs）交易，《京都议定书》下附件一国家之间超额减排量（AAUs）的交易，通常是现货交易。项目型交易指因进行减排项目所产生的减排单位的交易，如清洁发展机制下的"排放减量权证"、联合履行机制下的"排放减量单位"，主要是通过国与国合作的减排计划产生的减排量交易，通常以期货方式预先买卖。

由于油气田企业还没有纳入国家配额管理，因此通过碳资产项目开发进行项目型交易是目前油气田企业主要的交易类型。

2.2.1 碳资产项目开发要素

由于中国不是《联合国气候变化框架公约》附件一中的缔约方国家，国内油气田企业开发的碳资产种类主要为联合国清洁发展机制 CDM 下的 CER、欧盟国家中如德国的上游减排机制 UERO 下的 UER 及中国自愿减排机制下的 CCER 等自愿减排项目，购买对象主要为发达国家或国内有减排需求的企业以及碳市场中的中间商。

我们经过梳理，总结了碳资产项目开发的六大要素，详见表 2-1。

表 2-1 碳资产项目开发的六大要素

要素	作用	要求
交易双方	卖方通过碳收益改善减排项目经济性；买方满足碳履约要求，主要有多边基金、政府基金、商业和发展银行、CERs 中间商等	项目参与方应按照机制要求提交项目设计文件，按要求提供项目相关信息，项目设计文件的编制必须依据批准的方法学
方法学	作为碳资产项目开发的基础，实现碳排放数据标准的统一与碳排放数据质量的控制	经管理机构事先批准并公开发布的方法学，项目设计文件的编制必须依据批准的方法学的要求
中介机构	为买卖双方提供技术等服务，增加项目开发成功率	熟悉碳交易机制及市场需求，有专业的碳资产项目开发团队及项目开发经验
国家主管部门	进行项目合规性审批，项目减排量购买资金情况、方法学应用情况审批，出具批准函	依规审理批复
第三方机构	具有碳资产交易机制下相应行业资质，开展项目第三方审定、核证，并出具报告	根据碳资产交易机制规则和要求，在项目设计文件的基础上独立评估项目活动或规划活动，以及审核和确定独立阶段性开展的项目核查期内的项目活动获得的减排量，并出具书面的核证报告或温室气体减排证明
管理机构	进行方法学的批准与发布，第三方机构资质认定，碳资产项目注册及减排量签发	先按照规则和要求签发特定数量的核证减排量（CER）到委员会的临时账户，然后再分发到项目参与方的账户

世界各国减排温室气体的成本差距较大,从总体上看,发达国家减排成本较高(不同部门之间也有差距),发展中国家的减排成本总体上较低。为降低整体减排成本,减少碳价对行业的冲击,国际组织或国家通过建立清洁发展机制(CDM)及中国自愿减排机制(CCER)等各种碳交易机制,鼓励减排成本较高的发达国家或企业向减排成本较低的发展中国家或企业提供资金技术支持,建设温室气体减排项目,获得经核证的减排量,用于其自身减排履约。这些机制的建立促进了国际碳交易的发展。在碳交易过程中,各个角色发挥着各自的作用,碳交易相关方的角色介绍见表2—2。

表 2—2 碳交易相关方的角色介绍

机构类型		作用及影响	主要动机
交易双方	控排企业	参与市场交易; 提高能效、降低能耗,通过实体经济中的个体带动全社会完成减排目标; 通过主体间的交易实现低成本减排	完成减排目标(履约); 低买高卖实现利润
	减排项目业主	提供符合要求的减排量,降低履约成本; 以碳收益促进未被纳入控排管理的企业主体的减排工作	出售减排项目所产生的减排量以获得经济效益、社会效益
	碳资产管理公司	提供咨询服务; 投资碳金融产品; 增强市场流动性	低买高卖实现利润
	碳基金等金融投资机构	丰富交易产品; 吸引资金入场; 增强市场流动性	拓展业务并从中获利
第三方中介	监测与核证机构	保证碳信用额的"三可"原则; 维护市场交易的有效性	拓展业务
	其他(如咨询公司、评估公司、会计师及律师事务所)	提供咨询服务; 进行碳资产评估; 进行碳交易相关审计	拓展业务

续表

机构类型		作用及影响	主要动机
第四方平台	登记注册机构	对碳配额及其他规定允许的碳信用指标进行登记注册； 规范市场交易活动，便于监管	保障市场交易的规范与安全
	交易平台	汇集发布交易信息； 降低交易风险和交易成本； 发现价格； 增强市场流动性	吸引买卖双方进场交易； 增强市场流动性并从中获益
监管部门	碳交易管理部门	制定有关配额型碳交易市场的监管条例，并依法依规行使监管权力； 对上市的交易品种，交易所制定的交易制度、交易规则进行监管； 对市场的交易活动进行监督； 监督检查市场交易消息的公开情况； 与相关部门相互配合，对违法违规行为进行查处	通过市场监管规范市场运行； 建立市场机制，促进节能减排

2.2.2 典型碳交易机制项目开发要求

虽然各类碳交易机制项目开发各有特点，但是都与最早的 CDM 项目开发方式紧密关联。下面以 CDM 项目的开发为例具体介绍碳资产项目的开发要求。

根据我国政府对 CDM 项目的管理要求，项目在 EB 注册前，需明确减排量外资购买方，并取得国家主管部门的批准函。因此，项目在开始实施前需要在碳市场寻找到合适的外资购买方，并签订减排量购买协议（Emission Reduction Purchase Agreement，ERPA），这是项目能够成功注册的重要前提。这就要求项目开发方需要尽可能早地开展项目开发工作，在项目可行性研究阶段就对项目进行跟踪分析，评估项目开发碳资产项目的可能性，熟悉并掌握碳市场发展变化，根据世界碳价选择开发机制及买方，以保证项目获得最大收益。同时，CDM 项目开发有严格的时限要求，如果项目建设工作将在 EB 公示项目设计文件前开始，则 CDM 强制要求在项目开始日前 6 个月内必须进行项目报备。因此项目开发方和外资购买方需要根据项目的实施情况，及时由熟悉国际业务流程的买方向 EB 进行项目报备。

项目要开发成功，必须要有符合开发机制的方法学。方法学是碳资产项目开发的基础，是实现碳排放数据标准的统一与碳排放数据质量控制的依据，只有严格按照方法学开发并计算项目减排量,才能确保减排结果的兼容性、可比性及可替代性,确保不重复计算及达成环境的完整性,才能获得国际认可。有经验的咨询方应能够帮助开发方选择适宜的方法学,并按方法学要求对项目的设计和建设提出相应要求,以确保项目能够按要求提供生产运行监控数据。在咨询方帮助开发方准备项目设计文件进行项目注册时,开发方应配合提供包括施工合同、设备采购技术规格书等的全部技术、经济及法规资料,咨询方按方法学要求,根据获得的资料合理确定项目的基准线。基准线是计算项目减排量的基础,关系到项目最终能够获得多少减排量,这就关系到项目的收益。同时,在项目设计文件中,咨询方应利用必要的证据资料对项目的额外性进行充分证明,全面考虑项目全生命周期的建设、运行成本,对项目的经济性进行客观、公正的论证,并确保支撑材料真实可信。项目额外性是项目获得 EB 注册认可的重要条件之一。

在项目运行监控阶段,咨询方需要协助开发方按开发机制要求定期完成项目运行监测人员培训并保存相关记录,指导开发方收集整理相关的项目生产建设证明资料,按项目开发机制要求提供生产监控数据,并确保提供的数据与现场数据相一致,以满足第三方现场核查要求。咨询方指导开发方按要求对项目确定的计量点的生产计量检测设备进行定期检定,并保证设备处于有效检定期内,以确保据此计算的项目减排量能够获得第三方认可。在前述基础上,咨询方按监控计划编制项目监测报告,测算项目减排量,并及时将监测报告提供给买方及第三方。

对项目审定、核查第三方的选择方面,应注意选择在 CDM 注册的具有相应行业资质的第三方,这样出具的审定或核查报告才能得到 EB 的认可。在现场审定或核查过程中,咨询方应协助项目开发方及时提供第三方要求的数据或证明材料,并回答第三方提出的问题;对第三方提出的需要澄清或整改的问题,在规定的时间内及时答复并提供相应证明材料。

2.2.3 油气田碳资产项目开发技术要求

油气田企业进行碳资产项目开发具有如下四个特点:一是经济效益好。项目开发成功后,项目获得的签发减排量通过国际或国内的碳市场进行交易,可获得良好收益,从而大大改善减排项目的投资收益指标,取得良好的经济效益和社会效益。二是开发周期长。以大庆油田开发的项目为例,CDM 项目及 CCER 项目的执行期为 10 年,UER 项目的执行期为 1 年。而项目的筛选、跟踪等前期开发时间往往需要 2~3 年,项目的整体开发周期较长,需要持续的人力资源投入。三是前期投入大。项目开发需要经过注册、审定、核查等阶段，前期投入较大。同时，由于碳资产项目的开发流程复杂、周期长，一旦在审定、注册、监测、交付等环节出现问题，项目将暂停甚至终止，导致前期投入的资金、人力、时间成本损失，风险较大。四是进入门槛高。进行碳资产项目开发，对企业和人员的要求较高，既需要企业有较强的抗风险能力、投资人力和时间，也需要项目人员具有全面的项目操作经验，能够掌握各种相关工程技术领域的知识，胜任国际商务工作。企业与人员都要能迅速适应行业的发展和变化。

鉴于目前CCER机制重新启动时间并不明朗，国际上时限要求相对较松的减排机制的碳交易价格相对较低，时限要求较高的减排机制碳交易价格相对较高，收益相对可观的实际，油气田企业对处于不同阶段的节能减排项目需要采取不同的开发策略：对处于规划、预可行性研究或可行性研究报告编制阶段的项目，应积极寻找国际买家，及时签订减排量购买意向书，积极引入碳资产开发专业队伍参与可行性研究报告编制工作，确保项目的额外性证明和设计符合碳交易机制要求，提高碳资产开发成功率，早开发早受益。对处于施工或运行阶段的项目，全面收集项目相关资料，根据项目特点及国际国内碳市场变化，对符合要求的项目择机开发，增加油气田碳资产收益。

根据项目的种类和开发机制要求不同，碳资产开发需要的资料不尽相同，但一个碳资产项目开发全流程大致会形成37种文件，详见表2-3。

表2-3 碳资产项目开发文件清单

序号	阶段	文件清单
1	项目筛选	项目可行性研究报告/规划方案
2		项目主要设备清单
3		工程项目概况和筹资情况说明
4		类似项目情况说明
5	项目开发	项目工艺流程图及说明
6		主要设备、装置技术规格书
7		基准收益率证明
8		地方政府相关政策法规
9		油井数量及技术参数说明
10		项目相关油井产油及伴生气历史产量数据表（如果需要）

续表

序号	阶段	文件清单
11	项目开发	油气比变化情况说明（如果需要）
12		项目设计文件（Project Design Document，PDD）
13		监测计划
14		项目申请表
15		减排量购买协议
16		企业资质状况证明文件复印件（营业执照、企业资质证明等）
17		工程项目可行性研究报告及批复文件（或核准文件，或备案证明）
18		可行性研究编制机构资质
19		可行性研究批复机构资质
20		环境影响报告（表）
21		环境影响报告单位资质
22		环境影响报告（表）批复文件
23		生态环境部认为有必要提供的其他材料
24		施工合同及开工报告
25		项目试车开始时间证明（投产证明等）
26		咨询合同
27		干气、轻烃销售发票
28		外购电量价格证明
29		原料购买证明
30		干系人调查问卷
31		其他需要的证明文件（如有）
32	项目实施	定期进行计量设备检定并提供证书（电表、流量计等）
33		检定单位资质证明文件
34		按照监控计划定期提供检测数据
35		第三方出具检测结果
36		监测小组成员及培训记录
37		监测报告

2.3 典型碳资产项目开发流程

各类碳减排机制具体的管理和运行规则各有特点，但总体开发流程与清洁发展机制（CDM）项目保持一致，下面以 CDM 项目为例具体介绍如何将工程项目开发为碳资产项目。

2.3.1 整体开发流程

碳资产项目开发需要与工程建设的各个阶段实现紧密融合。在工程的策划决策阶段（工程建议书、可行性研究报告）即需要充分考虑碳资产开发的可行性，将潜力项目列入碳资产开发计划，在选定的碳减排机制下寻找项目合作方并完成项目申报。在工程可行性研究报告批复后，碳资产项目开发进入注册阶段，此阶段需要同项目合作方签订减排量购买协议、编制项目设计文件、报批国家主管部门、邀请审定机构进行项目审定并向监管机构提交注册申请。获得备案是申请项目成为一个合格碳资产项目的标志。

当建设工程竣工验收并投入生产运营后，碳资产项目正式进入项目执行阶段。需要执行项目监测并编制监测报告，邀请核查机构按照约定的监测期进行减排量核查，拿到核查报告后向监管机构提交减排量备案申请，成功备案后获得项目减排量签发。

典型的碳资产项目开发流程如图 2-1 所示。

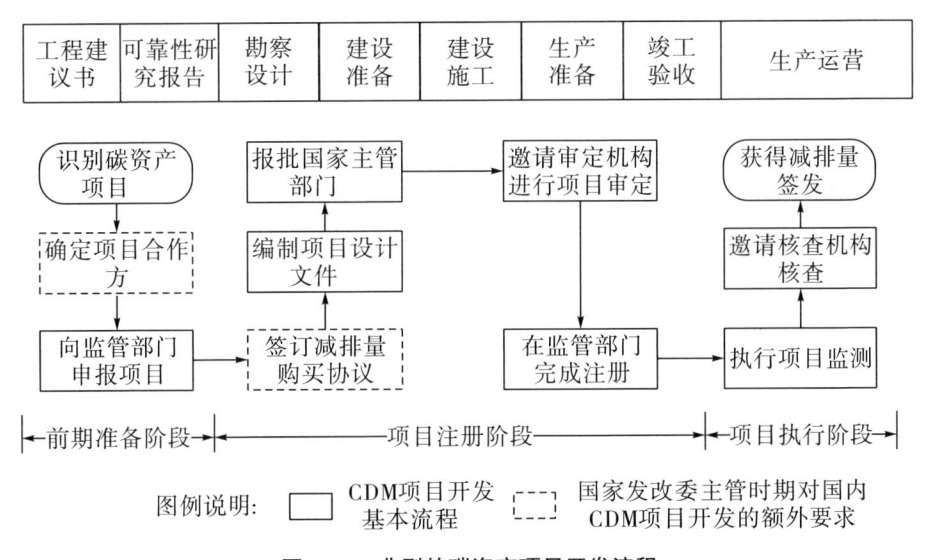

图 2-1 典型的碳资产项目开发流程

碳资产项目开发相关方包括项目业主、技术机构、项目合作方、监管部门、审定机构、核查机构。关于相关方的一般说明如下：

项目业主：指碳资产项目的所有者和开发方。

技术机构：指为碳资产项目开发提供专业技术支持的机构。

项目合作方：指通过碳资产项目合作履行减排义务的责任主体。

监管部门：指负责实施规则监管的机构或组织。

审定机构：在监管部门登记，具有项目审定资格的第三方机构。

核查机构：在监管部门登记，具有项目减排量核查资格的第三方机构。

碳资产项目开发各阶段涉及的相关方见表2-4。

表2-4 碳资产项目开发各阶段涉及的相关方

阶段	步骤	项目业主	技术机构	项目合作方	监管部门	审定机构	核查机构
前期准备阶段	识别碳资产项目	√	√				
	确定项目合作方	√	√	√			
	向监管部门申报项目	√	√		√		
项目注册阶段	签订减排量购买协议	√	√	√			
	编制项目设计文件	√	√	√			
	报批国家主管部门	√	√				
	邀请审定机构进行项目审定	√	√			√	
	在监管部门完成注册	√	√		√	√	
项目执行阶段	执行项目监测	√	√				
	邀请核查机构核查	√	√				√
	获得减排量签发	√	√	√	√		√

2.3.2 前期准备阶段

在前期准备阶段，需要从碳资产开发的角度对工程项目适用的碳减排机制、项目方法学、预计减排量等因素进行初步判断，在与国际买方对项目开发达成一致的合作意愿后，向监管部门完成项目申报。完成以上步骤意味着工程已具备很高的碳资产开发成功概率。

1. 识别碳资产项目

当工程的类型属于甲烷控排、余热余压利用、可再生能源利用、林业碳汇、节能提效等常见碳资产项目类型当中的一种时，就意味着工程存在碳资产开发的可能。根据项目的基本信息，项目业主可以在技术机构的支持下，对工程是否有适用的方法学、是否能产生减排量以及项目开发是否经济可行等进行初步判断。

项目业主首先需通过实地调研、查阅现有文献和公开数据源等方式，对项目实施所需的相关数据（包括能源使用情况、排放数据等信息）进行收集。碳资产项目开发的前提是要有适用的方法学，不同的方法学有不同的应用场景和适用条件，项目业主应根据自身情况选择合适的已公布的方法学，或者开发新的方法学。

工程项目可行性研究报告是碳资产项目能否成功开发的决定性因素，为进一步挖掘碳资产开发机会，最好在工程项目可行性研究报告中充分考虑碳资产开发的几个关键要素，其中很重要的一个是项目要具备额外性（额外性是指如果工程项目没有碳资产收入，该工程项目将面临一个或者多个障碍而导致无法实施，在碳资产收入帮助下，工程才能落地），额外性论证的关键过程是经济性分析，对应可行性研究中的经济性分析部分，只有工程项目内部收益率（Internal Rate of Return，IRR）低于基准值，才被视为工程项目在经济上是不可行的。普遍性分析作为额外性论证的关键环节，需要在可行性研究报告编制中予以考虑，将新建工程与区域内未申请碳减排项目的类似工程之间的差异性展现出来。除此以外，一些方法学的使用条件中还有关于工程建设布局和工艺流程的具体要求，如果在可行性研究报告编制时充分融合这些碳资产开发条件，将有助于项目的成功注册。

2. 确定项目合作方

在决定了将某项工程开发为碳资产项目以后，就可以将项目信息发送给潜在的项目合作方，就项目开发达成合作意向。包括像 CDM、CCER、VCS 等碳减排机制虽然未对在开发阶段确定项目合作方进行强制要求，但提前找到减排量购买方的"期货"交易模式会有效抵御碳交易市场的政策和金融风险。

出于对 CDM 项目东道国的利益保护，在我国发布的《清洁发展机制项目运行管理办法》（2011年修订版）第二十条第（五）款规定"可转让温室气体减排量的价格"由项目审核理事会审核，即在项目初期就必须找到买家并签订合同，同时 CERs 的价格要报国家发改委审批通过，以此规避 CERs 价格不确定性带来的风险。

在德国上游减排机制（UER 机制）中，"项目牵头方"作为一个职责范围更广阔的角色出现。"项目牵头方"主导从项目识别到 UER 证书签发的整个项目开发过程，允许由不履行配额履约义务的个人或组织担任，并在签发后将

UER证书流转到减排义务方账户。同样的，UER机制下的"项目牵头方"需要在项目初期就确定下来。

3. 向监管部门申报项目

在CDM机制下的碳资产项目活动开始前，需要进行项目预登记。项目业主需要向国家主管部门和监管部门（CDM项目预申报环节的监管部门是UNFCCC秘书处）提交《CDM项目活动预先审议表》（CDM-PC-FORM），经UNFCCC秘书处确认信息完整后在CDM网站上进行公示。公示的信息包括：

（1）拟议的CDM项目名称；

（2）拟议的CDM项目地点（项目所在地的详细地址信息、项目地理坐标）；

（3）项目采用的技术/措施；

（4）对项目信息的简要描述；

（5）项目业主的名称、所在地、联系方式等。

2.3.3 项目注册阶段

在项目注册阶段，需要按照相应的方法学编制项目设计文件，在获得国家主管部门批准后，邀请一家有资质的审定机构对项目情况进行审定；通过审定后，在监管部门进行项目注册。项目的成功注册是碳资产项目开发成功的里程碑。

2.3.3.1 签订减排量购买协议

按照我国《清洁发展机制项目运行管理办法》（2011年修订版）的有关要求，中国项目业主与项目合作方开展项目合作之初，双方需要将各自的职责和利益、面临的各类风险及其可能承担的责任进行约束，并签订减排量购买协议（Emission Reduction Purchase Agreement，ERPA）。

ERPA是一个法律结构十分复杂的英文协议，其内容涉及CDM项目的整个过程，包括从项目设计文件编制、项目审定、项目注册/备案、项目实施与监测、项目核查/核证，到项目减排量签发以及减排量交易等。国际上不存在统一的ERPA标准化文本，很多国际项目合作方会聘请国际知名律师事务所起草ERPA。项目业主需要在ERPA签订中针对各种潜在风险提出有利的条款或修改买方不合理的条款，才能有效维护自身的权益，降低法律风险。在ERPA中比较常见的法律风险如下所述。

1. 协议先决条件

为控制项目开发不确定性因素带来的法律风险，项目业主需要仔细评估己方和项目合作方在注册成功前各个阶段需要履行的义务，考虑将完成项目备案、项目审定或项目注册作为 ERPA 的先决条件，以降低项目开发过程中的违约风险。

2. 项目减排量交付

一般没有特别规定，在对减排量进行付款前的时间段内，减排量所有权已归项目合作方所有。一旦项目合作方未按协议要求付款，项目业主将陷入钱货两空的境地。项目业主可以通过所有权保留的方式，约定当财产交付时即发生减排量的转移，以此来保护自身权益。

3. 减排量交付不足

由于项目运行情况的不确定性以及监测方式变化等因素，项目每年所产生的减排量可能会和项目设计文件存在出入，导致交付量没有达到合同约定的数量。在很多 ERPA 中将交付不足规定为项目业主违约的情形之一，并制定了惩罚性条款；此外，可在 ERPA 中加入对减排量缺口进行补充交付或者经济补偿等补救措施条款，避免项目业主的重大损失。

4. 超额减排量购买权

当项目减排量超出协议约定交付量时，ERPA 一般约定项目合作方有"超额减排量购买的排他权"。实际上，超额减排量已不是协议约定的标的物，项目业主具有出售选择权，可以结合当时的情况重新签订合同，选择更有利的方式进行出售。

2.3.3.2 编制项目设计文件

编制项目设计文件（Project Design Document，PDD）是碳资产项目开发过程非常重要的一环，是审定机构及监管部门判断项目是否满足开发规则和要求的关键。

PDD 有规范的编制模板和编制要求，一般由项目活动描述、方法学和标准化基准线的应用、项目活动期限和减排计入期、环境影响分析、利益相关方调查意见、批准与授权六部分组成。CDM 项目设计文件的编制要求详见附录 7。

2.3.3.3 报批国家主管部门

《清洁发展机制项目运行管理办法》（2011 年修订版）第十四条规定：附件所列中央企业直接向国家发展改革委提出清洁发展机制合作项目的申请，其余项目实施机构向项目所在地省级发展改革委提出清洁发展机制项目申请。有关部门和地方政府可以组织企业提出清洁发展机制项目申请。国家发展改革委可根据实际需要适时对附件所列中央企业名单进行调整。

在向国家主管部门提出 CDM 项目申请时，需要提交以下材料：

（1）清洁发展机制项目申请表；

（2）企业资质状况证明文件复印件；

（3）工程项目可行性研究报告批复（或核准文件，或备案证明）复印件；

（4）环境影响评价报告（或登记表）批复复印件；

（5）项目设计文件；

（6）工程项目概况和筹资情况说明；

（7）国家发展改革委认为有必要提供的其他材料。

项目先后经过专家评审（评审时间不超过 30 日）和项目审核理事会审核后，由国家发展改革委同科学技术部和外交部作出批准函决定，并办理批准手续。

2.3.3.4 邀请审定机构进行项目审定

为了保证项目的真实性、方法学的适用性及减排量计算的准确性，项目业主需要寻第三方机构对项目进行审定，在 CDM 机制下该审定角色为指定经营实体（Designated Operational Entity，DOE）。项目审定的主要步骤包括项目设计文件公示、文件评审、现场审查、澄清与不符合项的出具以及审定报告的编写与签发。

1. 项目设计文件公示

DOE 对 PDD 的格式和完整性进行评审，确认符合要求后通过 UNFCCC-CDM 网站对 PDD 进行公示，征询利益相关方的意见并对公示期间收到的意见和质询在审定报告中予以答复。

2. 文件评审

在设计文件公示后开始文件评审，项目业主按照 DOE 要求的文件清单，提供包括项目设计文件、可行性研究报告及其批复文件、环境影响评价报告及其批复文件、国家主管部门批准函、支撑项目减排量计算和财务分析的所有凭证文件等。DOE 初步判断项目设计文件的合理性，并识别现场审查重点。

3. 现场审查

现场审查一般按照召开见面会介绍审定计划、收集和验证信息、召开总结会介绍审定发现的步骤实施。DOE 通过现场观察项目的建设环境、设备安装、调阅文件记录以及与当地相关方会谈，进一步判断确认项目设计文件是否符合审定要求。

4. 澄清与不符合项的开具

现场审查结束后，DOE 将根据文件评审和现场审查结果出具澄清与不符合项清单。对于 PDD 内容未达到某一审定细项要求的，需要进一步的澄清和修改，直到清单中所有项都得到了澄清或修改并符合审定要求。

5. 审定报告的编写与签发

DOE 采用监管部门规定的格式编写审定报告，报告内容要对项目审定过程进行描述，包括现场文件审查、现场审查、审定清单的逐条分析，澄清与不符合项的开具及咨询方的应对情况等。审定机构内部技术复审通过后签字盖章交付给项目业主，得到业主确认后上传至 UNFCCC 网站。

2.3.3.5　在监管部门完成注册

出具项目审定报告后，便可以向 CDM 执行理事会提出项目注册申请。CDM 执行理事会收到项目注册申请后会在 UNFCCC 网站进行公示，公示期（8 周）内如果没有 3 名或 3 名以上的 CDM 执行理事或缔约方提出重新审查的要求，则项目可以被认为已被批准和注册。项目业主需要根据项目减排量规模支付注册费，否则可能进入复审环节或被驳回。如果项目被 CDM 执行理事会驳回，项目业主可以按意见修改后重新提出申请。

2.3.4　项目执行阶段

在项目执行阶段，需要严格按照已备案的监测计划持续监测项目减排量，定期邀请核查机构对减排量进行核查；核查结束后向监管部门申请减排量签发。签发减排量是碳资产项目生产出的"商品"，具备可交易的价值属性。

2.3.4.1　执行项目监测

从项目计入期开始，项目业主就需要按照批准的监测计划持续监测项目减排量，并按照监管部门要求的格式为每个监测期编制监测报告。一般项目一个监测期为一年，部分大项目选择一个季度作为一个监测期，对于活动期限较短的机制（例如 UER 机制）会选择更短的监测期以降低风险。在项目监测期，需要项目业主开展以下工作：

（1）依据监测计划制定更加周密、职责分明、可操作性强的监测方案；

（2）落实岗位人员职责，开展监测培训；

（3）规范计量设备调校、检定管理；

（4）按要求的频率执行分析检测并获得检测报告；

（5）建立严格的数据质量控制体系，避免数据、信息的实质性偏差；

（6）注重数据支持性材料存档；

（7）定期编写项目监测报告，接受核查机构的核查/核证。

监测报告（Monitoring Report，MR）是记录减排项目数据管理、质量保证和控制程序的重要依据，是项目活动产生的减排量在事后可报告、可核证的重要保证。监测报告可由项目业主编制，或由项目业主委托的技术机构编制。监测报告的编制过程需要遵循规范的模板，一般包括项目活动描述、项目活动的实施、监测系统描述、监测数据和参数、减排量计算等内容。项目监测报告模板详见附录6。

2.3.4.2 邀请核查机构核查

为核查项目产生的减排量，需要邀请审定机构以外的另一家DOE开展项目核查/核证工作（如果是小型项目，可以和项目审定是同一家DOE），并出具核查报告。DOE需要在UNFCCC秘书处的同意下，将项目业主提供的监测报告提前（现场核查前21天之内）在CDM网站上进行公示。

公示期间，DOE采用文件评审、现场核查等方式对项目减排量进行核查。核查的主要内容包括项目是否严格按照监测计划进行了监测，查看数据原始记录凭证、审查计量仪器是否严格按照监测计划进行年检和校准等。此后，DOE需要每年两次（6月30日、12月31日）在CDM网站上更新核查状态，直到相应监测期所有澄清与不符合项关闭后提出减排量签发申请。

2.3.4.3 获得减排量签发

项目监测期减排量经过核查/核证后，由DOE按照《清洁发展机制项目活动发放申请表》（CDM-ISS-FORM）的要求，对项目基本信息、监测周期、监测期减排量进行说明，随表格一同提交项目监测报告、项目核查报告，并提出项目核证减排量（CERs）的发放申请。

UNFCCC秘书处对申请材料的完整性和报告信息的真实性进行检查，通过后向监管部门发送关于申请的简要说明并在CDM网站上进行公示。如果秘书处没有收到缔约方或3名以上理事会成员提出的审查请求，CDM项目减排量备案管理人员在得到监管部门的指示后进行CERs的签发。

2.4 油气田碳资产开发模式

随着人们环保意识的增强,越来越多的企业采取负责任的行动以应对气候变化,比如各大国际石油公司纷纷制定了2050年实现碳中和的发展战略。中石油也确立了2025年碳达峰、2050年碳中和的发展目标。在实现气候目标的过程中,企业对采用碳信用来实现其减排目标的需求显著增加,并且呈快速增长趋势。2021年,自愿碳市场的年交易额首次超过10亿美元,碳信用的签发量也比2020年增加了70%。据测算,为了实现全球气候目标,到2030年,自愿碳市场规模至少要增加15倍。碳资产项目开发对企业碳中和目标实现的作用愈发明显,企业对碳信用的需求在过去几年也显著增长,而且这种增长趋势还在延续。由于碳资产项目开发机制不同、要求不同,碳资产项目各参与方能力、经验及意愿不同,碳资产项目开发的模式也会有所不同。

2.4.1 项目开发模式

油气田企业可以根据自身资金状况、人力资源水平及碳资产开发经验和能力,选择不同的碳资产项目开发模式。一般来说,碳资产项目开发主要有以下几种模式。

2.4.1.1 代理服务模式

在此种模式下,油气田企业和合作方分工明确。油气田企业负责工程建设,负责提供项目开发所需的基础资料,负责对拟开发项目进行符合开发条件的改造,负责项目执行过程中监控数据的收集、提供,负责项目流量、电量等监控计量设备合格信息的提供,负责按项目监测计划要求提供必要的检验化验报告。合作方负责项目开发的整体运作并承担项目开发所有的基础费用和必需成本,代表油气田企业协调管理项目开发及运行过程,并负责指导油气田企业完成项目的开发执行工作。最终合作方获得全部减排量交易收益的80%~70%,油气田企业获得其余的20%~30%。

该模式的优点是油气田企业无需在项目开发前期做人力资源储备,工作启动快,并可最大化减少油气田企业碳资产开发的资金和人员投入,但仍可获得可观的收益,工作责任划分清晰,沟通效率高。但是由于油气田企业很少介入相关的项目开发工作,不利于知识的传递共享,不利于自身碳资产管理人员的培养。而且由于项目开发的成本和风险主要由合作方承担,油气田企业碳资产交易的收益也相对较少。

2.4.1.2 合作开发模式

在代理服务模式分工的基础上，油气田企业与合作方共同完成项目开发运作的全过程，双方共同承担基础费用和必需成本，项目产生的全部减排量交易收益由双方共享，各得50%或适当微调。

该模式的优点是双方共同承担项目开发风险，开发成本均担，能有效降低开发失败给双方带来的损失；油气田企业可较"代理服务模式"获得更多收益，参与项目程度更深，双方合作交流更密切、信息共享，有助于油气田企业碳资产管理人员队伍的培养。但该模式对油气田企业碳资产管理业务水平及风险承受能力有一定要求，油气田企业需提前组建碳资产管理专业团队，双方工作内容及责任划分要进一步细化厘清，分工协调较难，沟通工作量较大。

2.4.1.3 技术服务模式

在技术服务模式下，油气田企业负责项目的开发运作，承担项目开发的全部基础费用，合作方提供从项目评估到减排量签发交易，涵盖项目开发全过程的技术服务。油气田企业获得全部减排量交易收益，合作方按照人力资源投入成本阶段性收取技术服务费；在项目开发成功产生减排量交易收益后，视技术服务内容、开发工作介入深度及服务质量评价情况，合作方按照项目工程建设投资总额阶梯式收取1%~3%的技术服务费。

该模式下油气田企业与合作方双方责权明确，沟通成本较低，油气田企业可获得减排量交易的最大收益。但油气田企业需承担项目开发的全部基础费用，需组织专人进行项目开发配合，对资金和人力资源的要求较高。

2.4.1.4 碳金融模式

碳金融模式是以节能减排项目未来产生的减排量作为质押，由风险投资公司负责碳资产项目的开发并为项目的建设和运行提供现金流直到获得项目碳信用签发和出售，再根据项目投资协议由项目建设运营方和项目资金提供方共同分享或由投资方独享碳交易收益。

该模式可以有效解决油气田企业项目建设运行前期资金不足的问题，促进项目能够及时建成投产；对投资方来说，也可提前锁定未来的碳减排量以满足其未来碳履约或碳交易头寸需求。由于项目是以未来碳减排量作为交易标的的，受到项目种类、项目地址、项目对所在地区社会及生物多样性影响、市场上类似碳信用供给量及气候应对最佳行动变化趋势等因素的影响，碳信用的需求及价格都存在一定的不确定性，这将给投资方的未来收益带来较大的不确定性。因此投资方往往会要求按当前碳市场价格的一定折扣来购买未来碳减排量以减少投资额，规避未来风险。如果未来碳价上升，将给油气田企业带来较大的碳收益损失。同时，投资方也会对作为项目建设运行方的油气田企业提出较高要求，需要油气田企业了解熟悉当地干系人及生态系统管理需求，有良好的企业信誉，能够充分证明项目除了能够获得碳减排量，还能够带来社会、生物多样性及人权平等等额外收益。该模式对于油气田企业在项目开发资金和人力资源等方面的要求相对较低，获得的碳资产收益比例也相对较低。

2.4.1.5 贸易服务模式

贸易服务模式是指由合作方负责指导或代表油气田企业在相应的碳减排机制平台、国家登记机构或碳交易平台上开立账户，帮助油田企业发现贸易机会并帮助完成碳减排量交易。碳资产项目的开发相应工作职责及成本、风险全部由油气田企业承担，合作方根据项目特征及碳市场需求帮助油气田企业寻找到最佳交易路径并收取相应的服务费用。

该模式下，油气田企业可以利用合作方的碳交易途径和交易经验实现较高的碳交易价格和较快的碳资产交易收益，但是需要承担碳资产项目整个开发过程的资金及人力资源投入，对油气田企业的要求较高。

各种碳资产开发模式对比见表 2-5。

表 2-5 碳资产开发模式对比

模式	开发风险	人员投入	资金需求	知识转移	收益分配	对油气田企业的要求
代理服务模式	合作开发方承担较大风险	油气田企业人员投入少	油气田企业不承担碳资产项目开发成本，只承担工程建设成本	不利于油气田企业碳资产管理人员的培养和业务水平的提高	合作开发方获得全部减排量交易收入的 80%～70%，油气田企业获得其余的 20%～30%	一般

续表

模式	开发风险	人员投入	资金需求	知识转移	收益分配	对油气田企业的要求
合作开发模式	双方均担项目开发风险	油气田企业有必要建立专业部门负责项目开发的具体工作,且对人员专业水平要求较高	油气田企业与合作方共同承担碳资产项目开发成本,工程建设成本由油气田企业承担	项目完成后,油气田企业相关人员可掌握较全面的业务知识,专业水平可以得到锻炼提高	全部减排量交易收益双方均分,各得50%或适当微调	较高
技术服务模式	油气田企业承担较大风险	对油气田企业项目牵头管理人员要求较高,且需要安排专职人员进行项目开发配合	油气田企业承担碳资产项目开发成本及工程建设成本	有助于油气田企业获取项目开发管理层面相关的业务知识	油气田企业获得全部减排量交易收益,合作开发方阶段性收取技术服务费	高
碳金融模式	合作开发方承担绝大部分项目开发风险	油气田企业人员投入少	碳资产项目开发成本及工程建设运行成本全部由合作方承担	不利于油气田企业碳资产管理人员的培养和业务水平的提高	合作方获得全部或大部分碳资产收益	较低
贸易服务模式	油气田企业承担项目开发的全部风险	油气田企业负责全部工程建设运行及除碳交易外的碳资产项目开发工作,对油气田企业人力资源的要求很高	油气田企业承担碳资产项目开发成本及工程建设成本	不利于油气田企业对碳市场及碳交易渠道的掌握	油气田企业获得大部分碳资产收益,合作方按约定获得贸易服务费	最高

2.4.2 商务模式选择

油气田企业的碳资产项目开发成功后,项目获得的签发减排量通过在国际或国内碳市场进行交易,可获得良好收益。根据已开发成功的项目碳收益结果统计,收益可占到项目建设投资的5%以上(受签发减排量及碳价影响),可大大改善减排项目的投资收益指标,能够取得良好的经济效益和社会效益。同时,碳资产项目开发又有项目开发周期长、项目开发前期投入高的特点。根据现有项目开发经验,项目的筛选、跟踪等前期开发时间往往需要2～3年,项目的整体开发周期较长,需要持续投入人力资源。项目开发需要经过注册、审定、核查等阶段,前期投入较高。以已开发的CDM项目为例,仅项目注册费、审定费、核查费及技术咨询费投入就近300万元。综上,碳资产项目开发需要投入大量的专业技术人员和相当的财务资源，并且存在一定的项目开发失败风险。因此，在开发碳资产项目之前，需要考虑清楚以下因素：

(1) 项目的种类和规模范围。要搞清楚项目是属于林业碳汇类项目还是属于可再生能源项目等，以及项目所在地理位置、项目的范围及规模。项目的边界范围必须明确界定，项目的减排量也必须达到一定的规模。一般来说，年减排量小于1.5万吨的项目在经济上不具有开发价值。

(2) 项目开发资源需求。开发一个碳资产项目需要投入大量的时间和资金，企业应仔细评估项目开发需要配备多少专业技术人员、需要多少启动资金，以及保持项目运行需要投入哪些资源、开发投入能否取得相应回报。

(3) 项目开发能力要求。碳资产项目必须使用经批准的方法学来计算项目减排量，适宜的基准线和方法学的选择，将增加项目注册成功的概率，并加快项目准备工作。具有丰富经验或专业技能的开发者可以准确选择适宜的方法学，高效完成项目设计工作，选择合适的项目审定、核查第三方，确定潜在减排量信用购买者，增加项目注册、核查成功的概率，最大化项目碳减排量交易收益。

2.4.3 碳资产开发成功的关键因素

通过前面章节的介绍我们可以看到，一个成功碳资产项目的开发，首先要有适宜的方法学，按照方法学的要求进行项目开发并取得相应管理机构的注册认可；其次还要按照方法学的要求完成项目运行监控，核算监控期内的减排量并顺利获得签发减排量；最后签发减排量还要通过适宜的模式在碳市场上以较好的价格成功交割，以获得令人满意的碳收益。这三个方面都能够顺利达成，才能说一个碳资产开发是成功的。碳资产开发是否成功，涉及碳资产开发技术、项目运行数据管理及碳市场交易三个重要方面。

一个节能减排工程要想成功注册为碳资产项目，就需要根据工程所属项目类型、项目预期减排量、所使用的技术等基本工程特征，选择是否有相适应的碳资产开发方法学。方法学的项目边界界定及项目应用情景必须与工程相匹配，有了合适的方法学，才能开发碳资产，这是碳资产开发的前提条件。一个减碳工程可能适合不同碳交易机制下的方法学，但是不同碳交易机制对工程的所属行业或工程所处阶段时限特征以及项目开发流程等又会有不同的要求，碳交易机制的选择对于碳资产项目能否成功注册及获得良好收益也至关重要。合适碳交易机制的选择，准确方法学的应用，都需要碳资产开发者熟练掌握相应的碳资产开发技术。对碳资产开发的机制要求、每种方法学的适用条件了然于胸，才能顺利高效地完成碳资产项目的开发注册工作。

碳资产项目减排量的获得，从某种程度上说，是一种信用的获得。不同于一般产品，减排量的获得并不存在具体实物形态，它是独立第三方根据减排项目实际生产运行数据核算的结果，经管理机构认可后颁发给项目拥有者的一种可交易信用，属于无形资产。碳信用能否获得及获得多少，关键依靠项目生产运行数据是否完整准确、是否符合方法学监控计划要求。因此，项目注册成功后，项目运行过程中的同减排量核算相关的生产运行数据管理就成为影响项目结果的重要环节。项目开发人员需要制定监控计划，按要求设置项目运行数据监控点，以满足方法学要求；流量计、电表等监控设备应由具有资质的单位完成计量检定并处于有效的检定期内，以保证计量数据的可靠性；及时收集整理生产运行数据，完成本监控期监控报告，以满足监控期减排量准确核算的要求。这些都要求项目开发方建立相应的监控组织机构，开展技术培训并针对性地制定质量控制计划，以保证生产运行数据的完整、真实、准确、合规。

签发减排量交易是碳资产价值的最终实现，通过何种模式、何种途径及以什么价格交易都会对项目开发效果产生影响。油气田企业在策划碳资产开发时，需要对自身碳资产管理目标、人力资源条件、碳资产开发技术储备、资金设备情况以及风险承受能力等进行综合评估，从而确定最适合自身企业特点的碳资产开发模式及交易策略，以获得最优碳资产收益。如果说碳资产开发、排放数据管理更偏向技术，碳资产开发模式及交易就更加偏向管理，需要项目开发团队有很强的专业管理能力和经验。油气田企业可以借助内外部专业机构弥补这方面的不足。

2.5 碳交易和绿证、绿电的协同发展

在推进"双碳"目标的政策框架中，我国已形成了绿证交易、绿电交易、碳交易三种促进能源绿色低碳转型的市场机制，都是企业减碳效果的体现方式。它们之间存在区别，需要融合衔接、协同发展。

2.5.1 绿证、绿电和碳交易的区别

2.5.1.1 认证渠道和交易体系不同

绿电交易以实际消纳新能源为导向，用户通过参与交易履行消纳责任，随交易执行同步完成绿色价值向用户转移。目前，由电力交易中心履行主体责

任，依托区块链技术对市场交易全环节数据进行记录。

绿证交易则以绿色环境权益为导向，强调绿电环境权益的归属关系。绿证作为权证类交易，可为市场主体履行可再生能源消纳责任提供补充手段。绿证主要由国家可再生能源信息管理中心依托国家能源局可再生能源发电项目信息管理平台核定和签发，并依托交易认购平台开展交易。

目前，我国主要通过 CCER 项目参与碳交易。CCER 由国家发展改革委正式批准的认证中心完成认证，进而在国家自愿减排交易注册登记系统完成登记后，参与地方或全国的碳排放交易；少量也可以经买卖双方自行洽谈交易。

2.5.1.2 政策工具所处发展阶段不一

CCER、绿证政策出台较早，尽管两种产品的市场交易量还比较小，交易质量还不够理想，但是积累了较多的实践经验，如技术性规则、交易机制、风险识别等。目前，国内的替代补贴绿证和平价绿证两类并存，在继续核发平价绿证开展交易的同时，早期的替代补贴绿证仍然可以单独交易，不过相比国外绿证机制，国内绿证的性质、政策目的、法律依据尚需进一步明确。目前，绿电市场化交易尚处于试点探索阶段，只针对有限种类的绿电。未来，政策实施机制需要持续细化明确并不断完善。

2.5.1.3 交易价格受供需的影响存在区别

绿电的环境溢价、绿证及 CCER 的交易价格，是基于绿电隐含的碳减排量价值而定的。对于发电企业来说，均属于获得额外收益，这是三项政策存在一定联系的基础。在现行政策下，平价绿证需求空间有限，尤其是其不具备强制性、市场交易不活跃，因此其市场交易价格在三者中总体上最低（补贴绿证价格另当别论）；CCER 交易量与市场碳配额总量、CCER 可抵消碳配额的比例相关。随着中国碳市场的启动、纳入行业的逐步增多，若固定可抵消碳配额的比例，则 CCER 需求量将增加，其交易价格会随供求关系的变化上涨，但仍要低于碳配额履约价格才具有竞争力；在绿电交易方面，随着用电企业碳减排需求的增大，当使用绿电的减碳量获得碳核查认可时，绿电环境属性溢价将随着碳交易市场价格升高而升高，用电企业使用绿电可以降低绝对碳排放量，因此绿电溢价应高于 CCER 价格，而从操作便利性的角度看，绿电环境属性溢价不应高于碳配额交易价格。总体而言，基于单位电量的价格顺序大致为：绿证交易价格＜CCER 价格＜绿电溢价≤碳配额价格。

2.5.2 绿证、绿电和碳交易的联系

中国绿电、绿证及 CCER 三项政策工具面向的对象、制定时的出发点基本一致。绿电、绿证均立足于可再生能源发电项目，交易过程将可再生能源电力所具备的绿色属性转化为经济收益，提升项目的经济性。基于可再生能源发电的 CCER 项目所产生的 CCER 量，在参与碳市场交易时为项目提供额外收益。

绿电交易与绿证存在一定的制度衔接。2021 年，国家发展改革委和能源局批复的《绿色电力交易试点工作方案》要求"建立全国统一的绿证制度"，国家能源主管部门组织国家可再生能源信息管理中心，根据绿电交易试点需要批量核发绿证，并划转至电力交易中心，电力交易中心依据绿电交易结算结果将绿证分配至电力用户，即"证随电走"。由电网企业组织的绿电交易试点，初步考虑了绿电交易与绿证的衔接制度。通过绿电交易，绿证与绿电交易并轨，绿证仅作为一种绿色属性证明而非可交易的商品。

随着全国碳交易市场运转的日益规范，碳交易市场将更大地发挥主导作用。面向未来的可再生能源发电项目，三项政策工具之间可能存在竞争替代关系，从而制约其发展前景。未来可再生能源消纳责任权重制度、绿电交易、绿证交易和碳市场应系统推进，将绿电交易实现的减排效果核算到相应用户的最终碳排放结果中，进而激励更多的企业参与绿电交易，促进电-碳市场协同发展，形成强大合力，共助"双碳"目标的实现。

3 油气田适用方法学

我国的温室气体排放中,能源活动的温室气体排放量约占总排放量的80%,以石油石化企业为主。"双碳"目标下,我国油气田企业面临巨大的挑战,开发碳资产并加强碳资产管理刻不容缓。选择适用的碳减排方法学是碳资产能否成功开发的关键前提,本章梳理了全球不同减排机制下的碳减排方法学,形成了适用于油气田企业的方法学清单,以帮助油气田企业成功开发碳资产。

3.1 不同减排机制下的方法学

自灵活履约机制开创以来,全球范围内出现了多种减排机制,这些机制在管理者、方法学、项目规模、交易方式、减排量使用范围等方面存在一定共性,也具有差异。全球性的自愿减排标准包括清洁发展机制(CDM)、国家核证自愿减排量(CCER)、核证碳标准(VCS)等。除全球性减排标准外,碳市场也存在一些区域认可的减排体系,如德国的上游减排量(UER)、全球碳委员会(Global Carbon Council,GCC)等。

3.1.1 不同减排机制概况

CDM目前约有300个项目方法学(见附录1),涵盖了能源工业(可再生/不可再生能源)、能源分配、能源需求、制造业、化工行业、建筑行业、交通运输业、矿产品、金属生产、燃料的飞逸性排放(固体燃料、石油和天然气)、碳卤化合物和六氟化硫的生产和消费产生的飞逸性排放、溶剂的使用、废物处置、造林和再造林、农业以及碳捕获与封存16个行业和领域。目前,中国已经停止了CDM项目的申报。

我国分12个批次共备案205个CCER方法学(见附录2),其中172个由CDM方法学转化而来,根据方法学备案流程备案的方法学为28个,另有5个方法学修订版本。在已备案的CCER项目中,风电、光伏发电、农村户用沼气、水电项目最多，总数超过全部备案项目的80%。因此，建议大型风光电等并网可再生能源类型项目可筹备申请国家CCER。

VCS方法学同样由CDM方法学发展而来，按其覆盖范围分类，可分为能源（可再生/不可再生）类、工业加工处理类、建筑类、交通类、废物处理类、采矿类、农业类、林业类、草地类、湿地类以及畜禽粪便类。具体VCS方法学清单见附录3。目前，VCS不接受最不发达国家外的国家的并入国家或区域电网的风、光、余热余压、地热资源发电项目，发电自用或并入微电网除外。因此，油气田公司的大型风光电和余压发电项目如果电量上网，则不能申请VCS项目；如果作为厂用或者直供当地使用，可以考虑申请VCS项目。

UER项目适用CDM方法学体系（见附录1），任何减少上游排放的项目活动，且自身不属于控排范围的项目主体均可以申请UER项目。对于不上网的小型分布式光伏、地热源利用等可再生能源类型项目，以及余热余压等自用项目，伴生气回收、逸散甲烷回收等油气田自身减排类型项目，可以同步考虑UER项目和VCS项目。

GCC接收来自全世界的温室气体减排项目，目前经过批准的GCC项目方法学只有4个，详见附录4。

3.1.2 适用于油气田企业的方法学清单

通过系统梳理，筛选出适合油气田企业的方法学共有51项，根据减排方式的不同可分为节能提效、甲烷控排和回收利用、余热余压利用、可再生能源利用、林业碳汇以及其他类别。

（1）节能提效。油气田企业通过油气生产系统节能提效（加热炉提效、抽油机提效、机泵提效等节能工程等），可以直接减少化石燃料消耗，促进企业碳排放量的降低。油气田企业生产系统能效优化是企业"清洁健身"的前提，这一阶段既能实现节能减排，又能大幅降低光伏、风电、地热、余热利用等清洁能源项目的建设规模和建设投资。因此，优先考虑开发此类减排项目。

（2）甲烷控排和回收利用。甲烷作为仅次于二氧化碳的第二大温室气体，对气候变化的影响非常大。油气田在开采过程中会产生大量的放空气和伴生气，其主要成分为甲烷。荷兰环境评估所发布的《全球二氧化碳和温室气体总排放量的趋势：2020年报告》显示，2019年全球温室气体总排放中甲烷排放当量约占19%，甲烷管控对双碳目标的实现具有重要意义。同时，因甲烷的增温潜势是二氧化碳的25倍，减少甲烷排放能够获得巨大的减排量碳资产收益，在国际碳市场受到广泛青睐。

（3）余热余压利用。我国能源利用率相比发达国家较低，至少50%的工业能耗以各种形式的余热被直接废弃。油气田余热资源主要分为烟气余热、产品余热、冷却介质余热、可燃废物余热四大类。余热利用技术主要为锅炉余热回收利用技术、压缩机烟气余热发电技术、燃气发电机烟气余热预热导热油技术、尾气灼烧炉余热利用技术等。天然气从井口、管网到用户压力逐级递减，其间释放巨大的压差能量，传统的天然气节流调压过程中，丰富的压力能未得到充分合理的利用。因此，面对天然气行业的快速发展，余压能资源日趋丰富，对天然气压力能进行回收利用，可有效提升能源利用效率，提高天然气开采及运输的经济性，减少综合能耗和外购能源，对气田节能减排与清洁替代、降本增效具有重要意义。"十四五"期间，余压资源利用是油气田企业节能减排工作的重要发展路径之一。

（4）可再生能源利用。煤炭、石油和天然气三大传统化石能源不可再生且会造成环境污染，从可持续发展的角度看，发展清洁的可再生能源是目前的研究重点和今后的发展方向。油气田所在区域多蕴含丰富的风、光、地热、生物质等可再生能源，且拥有大量的土地资源，具备规模利用基础条件，在油气田开发建设中具有广阔应用前景。

（5）林业碳汇。林业碳汇是指通过实施造林、再造林和森林管理，减少毁林活动，吸收大气中的二氧化碳并与碳汇交易结合的过程、活动或机制，既有自然的属性也有社会经济属性。林业碳汇可谓目前世界上最为经济的"碳吸收"手段，也是最具生态保护的方式。林业碳汇的交易量在欧盟占比高达40%，中国是碳交易大国，按欧盟碳交易现货价格计算，中国林业碳汇未来10年的市场规模预计达3000亿元左右。林业碳汇既符合建设生态文明的需求，又能创造经济效益，实现生态保护与经济发展的良性循环。但对于油气田企业而言，专门开展林业碳汇项目价值不大。

（6）其他。天然气的开发利用是"双碳"背景下我国取得长足发展的一项必要的资源保障。为推动全社会节约用电、提高能效、保护环境、促进经济社会可持续发展，我国组织实施了"中国绿色照明工程"，旨在发展和推广高效的照明电器产品，逐步替代传统的低效照明电器产品，改善照明质量、节约照明用电，以建立一个优质高效、经济舒适、安全可靠、有益人们工作和生活的照明环境。

适用于油气田企业的碳减排方法学分类见表3-1。其中，"CM"代表CCER机制下的常规项目方法学，"CMS"代表CCER机制下的小型项目方法学，"AR-CM"代表CCER机制下的造林/再造林项目方法学，"VM"代表

VCS 机制下的方法学,"GCCM"代表 GCC 机制下的方法学,"V01""V02"代表版本号,表格中方法学的次序按照使用次数由多到少排列。

表 3-1 适用于油气田企业的方法学分类

应用类型		方法学编号	方法学名称
节能提效		CMS-008-V01	针对工业设施的提高能效和燃料转换措施
		CMS-007-V01	供应侧能源效率提高—生产
		CM-056-V01	蒸汽系统优化基准线方法学
		CM-063-V01	通过改造透平提高工厂的能效
		CMS-037-V01	通过将向工业设备提供能源服务的设施集中化提高能效
		CMS-006-V01	供应侧能源效率提高—传送和输配
		CM-018-V01	在工业或区域供暖部门中通过锅炉改造或替换提高能源效率
		CM-079-V01	通过对化石燃料蒸汽锅炉的替换或改造提高能效,包括可能的燃料替代
		CM-039-V01	通过蒸汽阀更换和冷凝水回收提高蒸汽系统效率
		GCCM002	泵系统节能
甲烷控排和回收利用	伴生气回收利用	CM-029-V01	燃放或排空油田伴生气的回收利用
		CM-014-V01	利用油井伴生气作为原料以减少燃放或放空
		CM-065-V01	回收排空或燃放的油井气并供应给专门终端用户
		VM0040	回收原本会排放到大气中的温室气体将其转化为有用的塑料材料并销售到塑料市场
	减少泄漏	CM-041-V01	减少天然气管道压缩机或门站泄漏
		CM-049-V01	利用以前燃放或排空的渗漏气为燃料新建联网电厂
		CM-042-V01	通过采用聚乙烯管替代旧铸铁管或无阴极保护钢管减少天然气管网泄漏
		VM0014	煤层气(CBM)渗流中逸出甲烷的拦截与破坏

续表

应用类型		方法学编号	方法学名称
余热余压利用		CM-005-V02	通过废能回收减排温室气体
		CMS-025-V01	废能回收利用（废气/废热/废压）项目
		CM-035-V01	利用液化天然气气化中的冷能进行空气分离
		CM-068-V01	利用氨厂尾气生产蒸汽
		CMS-038-V01	来自工业设备的废弃能量的有效利用
可再生能源利用	可再生能源发电	CM-001-V02	可再生能源发电并网
		CMS-080-V01	在新建或现有可再生能源发电厂新建储能电站
		CMS-002-V01	联网的可再生能源发电
		CMS-003-V01	自用及微电网的可再生能源发电
		CMS-058-V01	可再生能源户自发电
		CM-011-V01	替代单个化石燃料发电项目的部分电力的可再生能源项目
		GCCM001	利用可再生能源发电并供给电网或自备用户使用
	生物质能利用	CM-075-V01	生物质废弃物热电联产项目
		CM-073-V01	供热锅炉使用生物质废弃物替代化石燃料
		CM-017-V01	向天然气输配网中注入生物甲烷
		CM-085-V01	生物基甲烷用作生产城市燃气的原料和燃料
	地热供暖	CM-022-V01	供热中使用地热替代化石燃料
林业碳汇		AR-CM-001-V01	碳汇造林项目方法学
		AR-CM-002-V01	竹子造林碳汇项目方法学
		AR-CM-005-V01	竹林经营碳汇项目方法学
		AR-CM-003-V01	森林经营碳汇项目方法学
		AR-CM-004-V01	可持续草地管理温室气体减排计量与监测方法学
		CM-099-V01	小规模非煤矿区生态修复项目方法学

续表

应用类型		方法学编号	方法学名称
其他	气体燃料利用	CM-012-V01	并网的天然气发电
		CM-038-V01	新建天然气热电联产电厂
		CM-030-V01	天然气热电联产
		CM-016-V01	在工业设施中利用气体燃料生产能源
		CM-025-V01	现有热电联产电厂中安装天然气燃气轮机
	燃料转换	CM-087-V01	从煤或石油到天然气的燃料替代
		CMS-032-V01	从高碳电网电力转换至低碳化石燃料的使用
		CMS-045-V01	热电联产/三联产系统中的化石燃料转换
	绿色照明改造	CMS-011-V01	需求侧高效照明技术
		CMS-012-V01	户外和街道的高效照明

3.2 节能提效类核算方法

油气田企业生产系统能效优化主要包括生产系统优化和耗能设备提效两个部分：生产系统优化主要集中于集输系统、注水系统、机采系统，常见的系统能效优化技术有低温集输、注水系统仿真优化等；耗能设备提效主要针对加热炉、抽油机及各类机泵等主要用能设备，常见的提效手段有更换高效燃烧器、更换长效换热加热炉、安装变频器等。

目前涉及节能提效的方法学有10个，按使用次数由多到少排序：CMS-008-V01、CMS-007-V01、CM-056-V01、CM-063-V01、CMS-037-V01、CMS-006-V01、CM-018-V01、CM-079-V01、CM-039-V01、GCCM002。

3.2.1 CMS-008-V01 针对工业设施的提高能效和燃料转换措施

CMS-008-V01 的编制参考自小规模 CDM 项目方法学 AMS-Ⅱ.D：Energy efficiency and fuel switching measures for industrial facilities（第12.0版）。

1. 应用场景

该方法学包括在单个或多个工业、采矿和矿产生产设施实施的任何能效改进措施。项目活动可能涉及：

（1）提高工艺能效，影响单个生产步骤/要素过程（如熔炉、窑）或一系列生产步骤/元素过程（如涉及多台机器的工业过程），将原材料（如原料）和其他投入转化为中间形式或最终成品（如熔融金属、瓷砖、钢锭）。

（2）提高设施内提供能量（热/电/机械）的能量转换设备（如锅炉、电机）的能效。

2. 适用的前置条件

满足以下条件，项目适宜开发：

（1）可直接测量和记录项目边界内的能源使用。

（2）项目活动所采用措施带来的能源使用变化能同其他不受项目活动影响的因素所带来的变化明显地区分开。

（3）单个项目活动的年总节能量（包括一个或多个设施）不得超过 60 GW·he，相当于年使用燃料的最大节能量 180 GW·h$_{th}$。

（4）如果节能设备中含有制冷剂，则项目案例中使用的制冷剂应无消耗臭氧层的潜力。

3. 禁用的限制条件

当存在以下情况时，项目不宜开发：

（1）工程情况受国家相关政策要求需保密无法公开。

（2）节能量超过 60 GW·he/a。

4. 项目开发的基础资料

应用该方法学，需要准备以下资料：

（1）设计文件：规划方案、可行性研究报告、初步设计报告、环境影响评价报告。

（2）如项目实施前至少一年每天监测现有设施能源消耗数值，且有 90% 的能源消耗数值在年平均值±10%的范围内，需提供项目实施前年均耗电量及来源情况、燃料消耗情况、载能介质使用情况、消耗臭氧制冷剂使用情况。

（3）如能够保守地证明基准线能源使用和排放量只是成品生产率（例如，每年或每批生产的成品数量）的函数，并且每单位生产的基准线能源使用和排放量与平均值的差异不超过±10%，需提供项目实施前年均耗电量及来源情况、燃料消耗情况、载能介质使用情况、消耗臭氧制冷剂使用情况、产品或服务量。

（4）载能介质使用情况应包括载能介质使用量、焓等参数，及根据"确定热能或发电系统的基准线效率的工具"中的相关规定确定的设施生产载能介质效率。

5. 工程设计兼顾内容

适用该方法学的情景，在工程设计阶段应兼顾以下内容：设置监测项目实施后电能、燃料消耗、载能介质流量、焓、消耗臭氧制冷剂使用量的监测设施。

3.2.2 CMS-007-V01 供应侧能源效率提高—生产

CMS-007-V01 的编制参考了小规模 CDM 项目方法学 AMS-Ⅱ.B.：Supply side energy efficiency improvements-generation（第9.0版）。

1. 应用场景

该方法学适用于引入更加高效的电力或热力生产单元，以更加高效的新设备完全取代现有电力站、区域热力站及联产设施，升级改造现有化石燃料燃烧生产单元的项目活动。

2. 适用的前置条件

满足以下条件，项目适宜开发：通过减少机组能源或燃料消耗向电力系统供电或向供热系统供热，最大节能量为每年 60 GW·he。

3. 禁用的限制条件

当存在以下情况时，项目不宜开发：

（1）属于生物质热电联产、可再生能源类型的项目。

（2）工程情况受国家相关政策要求需保密无法公开。

（3）节能量超过 60 GW·he/a。

4. 项目开发的基础资料

应用该方法学，需要准备以下资料：

（1）设计文件：规划方案、可行性研究报告、初步设计报告、环境影响评价报告。

（2）项目实施前后受能效措施影响的化石燃料电力站、区域热力站或热电联产设施化石燃料年消耗情况、年发电量、产热量情况、使用天然气的密度。

5. 工程设计兼顾内容

适用该方法学的情景，在工程设计阶段应兼顾以下内容：

（1）设置燃料使用和热能、电能输出计量仪表。

（2）如果化石燃料有煤炭，设计文件应有符合相关要求的检测煤炭含碳量、热值及天然气密度的要求。

3.2.3 CM-056-V01 蒸汽系统优化基准线方法学

CM-056-V01 的编制参考了 CDM 项目方法学 AM0018：Baseline methodology for steam optimization systems（第3.0版），也应用了以下工具

的最新版本：额外性论证与评价工具，电力消耗产生的基准线、项目和/或泄漏排放的计算工具，化石燃料燃烧产生的项目或泄漏排放的计算工具，基准线情景识别与额外性论证组合工具。

1. 应用场景

该方法学适用于涉及蒸汽系统优化的项目活动。

2. 适用的前置条件

满足以下条件，项目适宜开发：

(1) 生产设施的产出是同质的。

(2) 生产设施在稳定状态下的产量是相对稳定的。

3. 禁用的限制条件

当存在以下情况时，项目不宜开发：

(1) 对蒸汽消耗的监测不是持续的。

(2) 工程情况受国家相关政策要求需保密无法公开。

(3) CO_2 减排量低于 15000 t/a。

4. 项目开发的基础资料

应用该方法学，需要准备以下资料：

(1) 设计文件：规划方案、可行性研究报告、初步设计报告、环境影响评价报告。

(2) 历史生产数据和蒸汽消耗数据。

5. 工程设计兼顾内容

适用该方法学的情景，在工程设计阶段应兼顾以下内容：

(1) 如果项目活动节省的蒸汽量被利用，则需要论证这部分蒸汽的利用没有导致温室气体排放的增加。

(2) 如果项目活动所优化的蒸汽来自热电联产系统，则需要论证锅炉减少的蒸汽生产量等于项目活动所省的蒸汽量。

3.2.4 CM-063-V01 通过改造透平提高工厂的能效

CM-063-V01 的编制参考了 CDM 项目方法学 AM0062：Energy efficiency improvements of a power plant through retrofitting turbines（第 2.0 版），也参考了以下工具的最新版本：化石燃料燃烧产生的项目或泄漏排放的计算工具、基准线情景识别与额外性论证组合工具、电力系统排放因子计算工具。

1. 应用场景

该方法学适用于在现有的化石燃料发电厂里，通过改造蒸汽透平和气体透平以提高能效的项目活动。

2. 适用的前置条件

满足以下条件，项目适宜开发：

(1) 发电使用化石燃料，没有产生生物质或者垃圾余热。

(2) 影响透平能源效率的运行参数在基准线和项目情景中保持不变（可以有±5%的误差）。

(3) 计入期的项目活动不能提高现存透平的寿命。

(4) 被以下两类涵盖的活动在该方法学下不能被认为是自愿减排项目活动：

1) 所有透平生产商提供的推荐性日常或者预防性维护活动（包括更换和大修）；

2) 预防性维护的高级实践，比如高级清洗系统，在实施后效率比历史效率高。

3. 禁用的限制条件

当存在以下情况时，项目不宜开发：

(1) 工程涉及燃料转换。

(2) 使用循环电厂、废热发电厂的电力来满足工业的内部需求。

(3) 工程情况受国家相关政策要求需保密无法公开。

(4) CO_2减排量低于15000 t/a。

4. 项目开发的基础资料

应用该方法学，需要准备以下资料：

(1) 设计文件：规划方案、可行性研究报告、初步设计报告、环境影响评价报告。

(2) 以类似特征分析电厂，特征包括规模（在铭牌额定值50%内）、技术（蒸汽透平或气体透平）、年龄（在类似电厂的极值内，多十年或者少十年），以覆盖电力公司定义的相关地理区域供应的电量。如果相关地理区域不包括至少五个类似的电厂，其必须扩展到整个东道国。其他注册的项目活动将不被包括到该分析中。在项目设计文件中提供类似电厂的文件记录证据和数量信息。

(3) 项目活动实施前近三年的维修记录、输送到电网的电量。

(4) 使用公认标准测量改造透平后的负载能源效率和最大发电量，并在项目设计文件中清晰地记录测量流程和结果。

5. 工程设计兼顾内容

适用该方法学的情景，在工程设计阶段应兼顾以下内容：

(1) 针对蒸汽透平，项目活动下每个改造后的透平的蒸汽供给和电力生产应该分别衡量。

(2) 测量的净电量应该连同销售收据一起接受交叉检查。

3.2.5 CMS-037-V01 通过将向工业设备提供能源服务的设施集中化提高能效

CMS-037-V01 的编制参考了小规模 CDM 项目方法学 AMS-Ⅱ.H.: Energy efficiency measures through centralization of utility provisions of an industrial facility（第 3.0 版）。

1. 应用场景

该方法学包括将工业设施的多个公用设施（电力、蒸汽/热/热空气和冷却）集成到一个公用设施中而实施的能效措施。单一公用设施应由热电联产或冷热电联产装置组成，取代一个或多个现有公用设施，和/或新建设施。

2. 适用的前置条件

满足以下条件，项目适宜开发：

(1) 本方法学中天然气被定义为来自天然气田（非伴生气）或油田的伴生气、主要成分为甲烷的气体。

(2) 在项目活动实施后，现有的冷水机组、锅炉、发电机组等可继续运行。

(3) 项目活动实施后，设施可仍与电网相连（有可能向电网输出电力）。

3. 禁用的限制条件

当存在以下情况时，项目不宜开发：

(1) 工程取代了现有的热电联产电厂或冷热电联产系统。

(2) 没有工程实施前三年的历史数据。

(3) 项目设备采用了导致全球变暖及破坏臭氧层的制冷剂。

(4) 工程情况受国家相关政策要求需保密无法公开。

(5) 节能量超过 60 GW·he/a。

4. 项目开发的基础资料

应用该方法学，需要准备以下资料：

(1) 设计文件：规划方案、可行性研究报告、初步设计报告等。

(2) 项目活动取代了之前从电网获得的电力或本应从电网获得的电力数量、项目活动向电网输出的电力数量，项目活动取代了之前从自备电厂运行中获得的电力。

（3）对于取代之前从现有自备电厂运行中获得电力的项目，请提供项目实施前三年消耗的燃料种类、数量、发电量；对于取代本应建造（非现有）的自备电厂电力的项目，请提供至少两家类似规格的设备制造商年消耗燃料种类、数量及发电量信息。

（4）项目活动取代的自备蒸汽设施运行参数：燃料种类、对应蒸汽热量、被取代蒸汽生产系统的效率，其中被取代蒸汽生产系统的效率应根据方法学的要求确定。

（5）用于在项目边界内生产冷冻水及自备电厂或电网的电力消耗参数：

1）现有冷水机组的性能系数（Coefficient of Performance，COP），单位为 $MW \cdot h_{th}/(MW \cdot he)$，项目不存在情况下冷却器的冷量输出数量应根据方法学的要求确定；

2）项目不存在情况下冷却器的冷量输出数量；

3）消耗电力情况。

（6）被置换冷水机组制冷剂的使用条件及参数：制冷剂的种类、被置换的冷水机组的信息、基于过去至少三年的历史充装记录的被置换冷却器制冷剂的历史泄漏率，单位为 t/a。

（7）项目实施后电力、燃料消耗及可能的制冷剂泄漏信息。

5. 工程设计兼顾内容

适用该方法学的情景，在工程设计阶段应兼顾以下内容：

（1）设置所有所需电力消耗监测设施。

（2）设置蒸汽流量、温度、压力等监测设施。

（3）应有现有冷水机组冷量输出监测设施：监测冷水流量、进出冷却器水温度差等。

（4）设置项目实施后燃料消耗、制冷剂消耗监测设施或要求。

3.2.6　CMS-006-V01 供应侧能源效率提高—传送和输配

CMS-006-V01 的编制参考了小规模 CDM 项目方法学 AMS-Ⅱ.A.：Supply side energy efficiency improvements—transmission and distribution（第 10.0 版）。

1. 应用场景

该方法学适用于通过采用将电力输配系统中的变压器替换为更高效的变压器或改善区域热力系统管道的保温效果等技术措施来减少能源损失的项目活动。项目类型包括升级改造现有输配系统或现有系统扩充。

2. 适用的前置条件

满足以下条件，项目适宜开发：

（1）通过提高输电/配电系统的能源效率（例如，提高输电/配电系统的电压等级，用更高效的变压器替换现有变压器）来减少技术能源损失，从而每年节省 60 GW·he 的电力。

（2）通过提高热能（如蒸汽或热水）配电系统的效率（例如增加区域供暖系统中的管道绝缘量），从而每年节省 180 GW·h 的化石燃料。

3. 禁用的限制条件

当存在以下情况时，项目不宜开发：

（1）仅仅由于改善操作或维修程序而减少技术性损耗的措施。

（2）引入组合电容器和调压变压器减少配电损耗。

（3）工程情况受国家相关政策要求需保密无法公开。

（4）节能量超过 60 GW·he/a。

4. 项目开发的基础资料

应用该方法学，需要准备以下资料：

（1）设计文件：规划方案、可行性研究报告、初步设计报告、环境影响评价报告。

（2）项目减少的损失能量种类（电力、热力），热力所消耗的化石燃料种类。

（3）通过基准线方法学计算基准情景下的技术损失能量。

（4）项目运行情况下技术损失能量、引入的温室气体种类及数量。

5．工程设计兼顾内容

适用该方法学的情景，在工程设计阶段应兼顾以下内容：

（1）根据项目情况设置的技术损失能量监测设施。

（2）提出温室气体使用量的监测要求。

3.2.7 CM-018-V01 在工业或区域供暖部门中通过锅炉改造或替换提高能源效率

CM-018-V01 的编制参考了 CDM 项目方法学 AM0044：Energy efficiency improvement projects-boiler rehabilitation or replacement in industrial and district heating sectors（第 2.0.0 版）。

1. 应用场景

该方法学适用于通过项目参与者实施的锅炉修复或更换，在多个地点提高锅炉热能效率的项目活动。

2. 适用的前置条件

满足以下条件，项目适宜开发：

(1) 锅炉所有人实施项目边界内所有锅炉的修复/安装工作。

(2) 项目活动仅限于修复/安装锅炉以提高效率，且项目边界内未进行燃料转换。

(3) 项目边界内的每台锅炉仅使用一种类型的燃料。

3. 禁用的限制条件

当存在以下情况时，项目不宜开发：

(1) 项目边界的地理范围不明确。

(2) 对项目边界内的锅炉有强制性的关于最低效率等级的规定。

(3) 工程情况受国家相关政策要求需保密无法公开。

(4) CO_2 减排量低于 15000 t/a。

4. 项目开发的基础资料

应用该方法学，需要准备以下资料：

(1) 设计文件：规划方案、可行性研究报告、初步设计报告、环境影响评价报告。

(2) 各锅炉运行参数：燃料种类，项目未实施情况下最近连续三年的燃料消耗量，消耗燃料热量，输出热量，根据蒸汽流量、压力和温度实际测得的基准线数据，按照国家或国际标准确定的热效率的总体不确定系数，锅炉效率实际测量值（输出功率小于 29 MW），按照国际标准确定的热效率的总体不确定系数（输出功率小于 29 MW），区域内其他类似锅炉的热效率参考值（输出功率小于 29 MW），项目不存在情况下锅炉在预定项目投产年度内输出的热量，项目锅炉制造商提供的热输出估算值，项目运行后锅炉消耗的燃料数量。

(3) 前置和限制条件涉及的法规资料。

(4) 如果项目参与者是第三方，将与实施锅炉效率改进活动的项目主办方现场签订合同协议。

(5) 项目参与方应通过书面证据（即建筑规范文件等）对项目边界内锅炉的最低效率等级是否有强制规定进行确认。

5. 工程设计兼顾内容

适用该方法学的情景，在工程设计阶段应兼顾以下内容：

(1) 设置项目锅炉热输出监测设备，注意要能监测蒸汽、热水、锅炉给水、排污、冷凝水的流量、温度、蒸汽压力等参数。

（2）设置入炉燃料（油、气、煤）数量监测设备。

（3）计量设施应根据适当的国家/国际标准进行定期维护和测试。

3.2.8 CM-079-V01 通过对化石燃料蒸汽锅炉的替换或改造提高能效，包括可能的燃料替代

CM-079-V01 的编制参考了 CDM 项目方法学 AM0056：Efficiency improvement by boiler replacement or rehabilitation and optional fuel switch in fossil fuel-fired steam boiler systems（第 1.0 版）。

1. 应用场景

该方法学适用于在现有设施中进行以下项目活动：

（1）完全替代还具有剩余寿命的一个或多个锅炉。

（2）在现有蒸汽生成系统上添加或改造新装置。

（3）实施化石燃料转换。

2. 适用的前置条件

满足以下条件，项目适宜开发：

（1）项目活动中的蒸汽通过使用化石燃料蒸汽锅炉产生。

（2）国家/地方法规不要求更换或改装现有设备。

（3）对于项目边界内锅炉的最低效率等级，没有强制执行的国家/地方法规/标准。

（4）国家/地方法规/计划不限制设施在燃料转换前使用化石燃料。

（5）项目活动开始前后的蒸汽质量（即压力和温度）相同。

（6）项目边界内的所有锅炉仅使用一种化石燃料；如果实施化石燃料转换，则应涉及项目边界内的所有锅炉；可以使用少量其他启动或辅助燃料，前提是它们不超过总燃料使用量的 1%。

（7）要想实施化石燃料转换，必须采取能源效率措施和燃料转换措施。

3. 禁用的限制条件

当存在以下情况时，项目不宜开发：

（1）在蒸汽分配系统和蒸汽消耗过程（即需求侧）中采取能效提高措施。

（2）在项目活动实施之前，废热回收发生在项目边界之外的过程中，而不是蒸汽生产过程中。

（3）在热电联产系统中进行锅炉替换或者改造。

（4）工程仅涉及化石燃料转换。

（5）工程情况受国家相关政策要求需保密无法公开。

（6）CO_2减排量低于15000 t/a。

4. 项目开发的基础资料

应用该方法学，需要准备以下资料：

（1）设计文件：规划、方案、可行性研究报告、初步设计报告。

（2）项目锅炉使用燃料种类、年消耗量、煤来源（地上或地下煤矿）。

（3）项目实施前现有锅炉蒸汽发生能力，项目实施前需按照方法学的方法进行监测获取必要数据。

（4）项目实施后各负荷等级的年蒸汽发生量。

（5）前置和限制条件涉及的相关法规、标准要求等资料。

（6）项目参与者应通过书面证据（如建筑规范文件、行业法规等）确认没有强制执行的国家/地方法规/标准规定项目边界内锅炉的最低效率等级，这些文件应在验证时提交给指定经营实体。

5. 工程设计兼顾内容

适用该方法学的情景，在工程设计阶段应兼顾以下内容：需要对项目实施前后的锅炉进行蒸汽发生能力监测，需要制定监测方案，同时设置监测设备，测量仪器应按照适当的国家/国际标准进行定期维护和测试的制度。

3.2.9　CM-039-V01 通过蒸汽阀更换和冷凝水回收提高蒸汽系统效率

CM-039-V01 的编制参考了 CDM 项目方法学 AM0017：Steam system efficiency improvements by replacing steam traps and returning condensate（第2.0版）。

1. 应用场景

该方法学适用于通过更换蒸汽阀减少漏失，提高冷凝水回收以提高能源效率的项目活动。

2. 适用的前置条件

满足以下条件，项目适宜开发：

（1）蒸汽是在使用化石燃料的锅炉中产生的。

（2）蒸汽疏水阀的定期维护或冷凝水的回流不是项目所在国的普遍做法或法规要求。

（3）至少有五个类似的其他电厂可以获得蒸汽疏水阀状况和冷凝水回流的数据。

3. 禁用的限制条件

当存在以下情况时，项目不宜开发：

(1) 所选工厂的平均疏水器（阀）故障率比项目活动实施前工厂的故障率高5%以上。

(2) 所选工厂的平均相对冷凝水回流比项目活动实施前工厂的相对冷凝水回水低5%以上。

(3) 没有制定定期蒸汽疏水器（阀）维护计划，未定期更换故障蒸汽疏水器（阀）。

(4) 工程情况受国家相关政策要求需保密无法公开。

(5) CO_2减排量低于15000 t/a。

4．项目开发的基础资料

应用该方法学，需要准备以下资料：

(1) 设计文件：规划方案、可行性研究报告、初步设计报告、环境影响评价报告。

(2) 修理和维护措施实施前后项目疏水器（阀）故障参数：故障类型（吹通、泄漏、快速循环）、应用类型［工艺蒸汽、滴水和示踪、蒸汽流量（无冷凝水）］、阀编号、节流孔孔径、年运行时数、进出口压力。

(3) 项目实施前（至少2年）后冷凝水回流参数：锅炉回流冷凝水的平均焓、锅炉除氧器补给水的平均焓、返回锅炉的冷凝水量、锅炉产出蒸汽的平均焓、锅炉产出蒸汽的量。

(4) 项目锅炉参数：锅炉效率（实际监测值与设备生产厂家提供参数值中较大者）、燃料种类。

(5) 项目耗电参数：项目实施后处理及泵送1 t冷凝水的耗电量、项目实施后补充1 t补充水的耗电量。

5．工程设计兼顾内容

适用该方法学的情景，在工程设计阶段应兼顾以下内容：

(1) 设置疏水器年运行时数及进出口压力监测设施。

(2) 设置冷凝水回流参数：锅炉回流冷凝水的平均焓、锅炉除氧器补给水的平均焓、返回锅炉的冷凝水量、锅炉产出蒸汽的平均焓、锅炉产出蒸汽的量的监测设施。

(3) 项目实施后处理及泵送冷凝水量及耗电量、补充水量及耗电量监测设施。

3.2.10　GCCM002泵系统节能

GCCM002的编制参考了CDM项目方法学AM0020：Water pumping

efficiency improvements，同时参考了以下 CDM 工具的最新版本：电力系统排放因子计算工具、额外性论证与评价工具。

1. 应用场景

符合该方法学的项目活动可分为如下两类：

第 1 类：用更节能的泵送系统改造或更换现有泵送系统，以降低能耗，包括减少摩擦损失、提高泵的能效、提高电机的能效，以及安装变速驱动装置等措施。

第 2 类：升级或重新设计泵送系统，或提供替代解决方案，以满足历史泵送系统的原始目的，同时避免或减少能源密集型泵送要求。

2. 适用的前置条件

满足以下条件，项目适宜开发：

（1）泵仅由电机操作，不由机械驱动装置（如涡轮机或发动机）操作。

（2）泵送系统泵送的流体（如水、油、化学品、牛奶等）的物理性质在基准线和项目中保持一致。

（3）项目活动不得涉及增加泵送系统的容量（适用于所有第 1 类项目和第 2 类中的泵送系统升级项目）或增加容量（第 2 类项目下实施的替代解决方案）超过项目边界内的基准线泵送容量。

（4）泵送系统的总体用途不得改变。

（5）如果在项目活动中改变了电源（如从电网变为离网电源），则不能因改用清洁能源（如有）而要求减排。

3. 禁用的限制条件

当存在以下情况时，项目不宜开发：

（1）第 2 类项目活动的非电力相关排放（如甲烷排放）超过整体排放的 2%。

（2）工程情况受国家相关政策要求需保密无法公开。

4. 项目开发的基础资料

应用该方法学，需要准备以下资料：

（1）设计文件：规划方案、可行性研究报告、初步设计报告、环境影响评价报告。

（2）与监测参数有关的所有假设都应该透明公开地进行解释和记录。

（3）项目活动实施前，泵送系统正常运行至少一年的耗电量、流量等数据记录。

5. 工程设计兼顾内容

无工程设计兼顾内容。

3.2.11 应用案例

某化石燃料（天然气）蒸汽锅炉系统的锅炉改造提高效率项目成功备案为CDM项目，满足方法学"AM0056：通过对化石燃料蒸汽锅炉的替换或改造提高能效，包括可能的燃料替代"。该项目的主要目的是提高锅炉的能源效率和降低燃料消耗，同时保持现有的蒸汽质量和产量；如果没有该项目，在要求同样的蒸汽质量和产量的情况下，锅炉的能源效率利用不高，而且燃料的消耗量也会增加。该项目估计年平均减排量约为 66098 tCO_2。

1. 方法学的适用性

该项目将包括以下方面的改造和安装，以实现能源和包装锅炉节省的温室气体：①新的省煤器；②新改进的过热器；③对流管道的相关修改。新的省煤器装置将通过从废气中回收热量来提高能源效率。节能器本质上是（热交换）机械装置，利用废气预热锅炉给水，减少总热需求，从而减少蒸汽生产的燃料消耗。本项目提出的过热器机组还利用烟道气的热量将湿蒸汽转化为干蒸汽，从而提高能源效率。过热器被放置在从燃烧室流出的烟道气的路径上，使蒸汽被加热到其饱和温度以上，在恒定压力下除去水分。该项目的方法学适应性分析见表3-2。

表3-2 方法学适应性分析

CM-079-V01 的适用标准	该项目的适用理由
此方法学适用于现有设施内的项目活动： 1. 完全更换一个或多个剩余寿命的锅炉； 2. 为现有蒸汽装置安装额外的新设备发电系统（改造）； 3. 实现化石燃料的可选开关	拟议的工程项目活动为现有锅炉加装新设备，包括： 1. 新的省煤器； 2. 新改进的过热器； 3. 对流管道的相关修改
项目活动中的蒸汽是通过使用化石燃料燃烧的蒸汽锅炉生产的	项目活动中生产蒸汽的两台锅炉只使用化石燃料（天然气）
国家/地方法规不要求更换或改造现有设备。项目参与者应通过文件（如建筑规范文件、行业法规等）来确认这一点	Al Bayroni 综合体位于朱拜勒工业城市内，需要遵守皇家法规 Jubail、Ras Al Khair 和延布在皇家委员会中指定的环境法规（RCER-2010）没有规定更换或改造现有锅炉的要求

续表

CM-079-V01 的适用标准	该项目的适用理由
对于项目边界内的锅炉的最低效率等级，没有实施的国家/地方法规/标准。项目参与者应通过文件（如建筑规范文件、行业法规等）来确认这一点	标准 RCER-2010 没有要求锅炉最低效率额定值
在项目活动开始之前和之后，蒸汽质量（即压力和温度）是相同的	项目实施前后蒸汽质量（温度和压力）保持不变
在实施项目活动的设施中，现有的蒸汽发生系统可能由一个以上的锅炉组成	项目活动包括修复两台锅炉
项目范围内的所有锅炉只使用一种化石燃料。如果实施化石燃料转换，应涉及项目边界内的所有锅炉。可以使用少量其他启动燃料或辅助燃料，注意不要超过总燃料使用量的1%	这些锅炉只使用一种化石燃料——天然气

2. 项目边界

项目边界包括主要用于蒸汽发生过程（在蒸汽发生系统内）的所有设备，包括辅助系统。蒸汽发生系统的最相关的组件包括锅炉、燃料供应、燃烧空气系统、给水系统（包括凝结水返回系统和废气排放系统）。此外，所有需要和主要用于蒸汽发生的组件也是蒸汽发生系统的一部分。工程项目的边界为蒸汽发生系统，包括两个锅炉装置及其相关组件。

3. 基准线情景

根据对各种基准线情景的描述，最终确定该项目的基准线情景为：继续使用现有锅炉。

4. 减排量计算

项目的减排量是由基准线排放量减去项目排放量和泄漏量得到的。

基准线排放量是通过3台锅炉的整体产汽系统的效率程度计算的，综合分析，选择100～120 t/h作为锅炉废热代表性汽量。基准线排放量的计算公式如下：

$$BE_y = \frac{44}{12} \cdot EF_{C,FF,BL} \cdot OXID_{FF,BL} \cdot SEC_{syst} \qquad (3-1)$$

式中：y——计入期内，项目实施的第 y 年；

BE_y——在第 y 年基准设备容量范围内产生蒸汽所产生的基准排放（tCO_2/a）；

SEC_{syst}——多炉产汽系统比能耗（tC/GJ）；

$EF_{C,FF,BL}$——基准线化石燃料碳排放因子（tC/GJ）；

$OXID_{FF,BL}$——基准线化石燃料氧化因子；

$\dfrac{44}{12}$——CO_2 的分子量与碳的分子量之比。

本项目预计每年可节省高达 20.18% 的燃料消耗。因此，在典型系统负荷等级（100~120 t/h）下，项目实施后预计燃油消耗量为 138312972.9 Nm³/a。在估算项目排放时，使用了"计算化石燃料燃烧产生的项目或泄漏二氧化碳排放的工具"（2.0）。该工具要求使用如下公式计算二氧化碳的项目排放量：

$$PE_{FC,JY} = \sum FC_{i,j} \times COEF_{i,y} \qquad (3-2)$$

式中：$PE_{FC,JY}$——第 y 年 j 过程中化石燃料燃烧产生的二氧化碳排放量（tCO_2/a）；

$\sum FC_{i,j}$——第 y 年在 j 过程中燃烧的 i 型燃料的数量（质量或体积单位/年）；

$COEF_{i,y}$——第 y 年 i 型燃料的二氧化碳排放系数（tCO_2/质量或体积单位）；

i——燃料类型；

j——生产蒸汽的各个过程。

本项目的泄露量计算公式如下：

$$LE_{CH_4,y} = (FC_{PJ,y} \cdot NCV_{PJ,y} \cdot EF_{PJ,upstream,CH_4} - FC_{BL,y} \cdot EF_{BL,upstream,CH_4}) \cdot GWP_{CH_4} \qquad (3-3)$$

式中：$FC_{PJ,y}$——项目工厂在第 y 年燃烧的化石燃料数量（t 或 m³），按照"计算化石燃料燃烧产生的项目或泄漏二氧化碳排放的工具"对其进行监测；

$NCV_{PJ,y}$——在第 y 年燃烧的化石燃料的平均净热值（GJ/t 或 GJ/m³），如使用"计算化石燃料燃烧产生的项目或泄漏二氧化碳排放的工具"对其进行监测；

$EF_{PJ,upstream,CH_4}$——项目活动中使用的化石燃料从生产、运输、分配所使用的化石燃料所产生的甲烷排放的排放因子，如果所使用的化石燃料为液化天然气（LNG），则包括液化、运输、再气化和压缩到传输或分配系统的产生甲烷排放的排放因子，tCH_4/GJ 燃料；

$FC_{BL,y}$——在第 y 年没有项目活动时本应燃烧的化石燃料，GJ。

最终估算出，从 2014 年 10 月 1 号至 2024 年 9 月 30 号，项目总减排量约为 660980 tCO$_2$e。

5. 监测

项目的监测数据包括：安装单个锅炉产生的蒸汽所划分的负荷等级；安装多个锅炉产生的蒸汽所划分的负荷等级；项目活动中使用的化石燃料从生产、运输、分配过程使用化石燃料产生的甲烷排放的排放因子，对于液化天然气，则为液化、运输、再气化和压缩到传输或分配系统中的上游无固定甲烷排放的排放因子；在液化、运输、再气化和将液化天然气压缩成天然气输送或分配系统的过程中，化石燃料燃烧/电力消耗导致的上游二氧化碳排放的排放因子；产生的蒸汽压力；产生的蒸汽温度等。

3.3 甲烷控排和回收利用类核算方法

石油与天然气系统的甲烷逸散排放是指油气从勘探开发到消费全过程的甲烷排放，涉及油气勘探、采油采气、集输处理和油气储运 4 个环节。逸散途径主要包括伴生气排放、管道和设备泄漏、储罐挥发、火炬燃烧和放空等。甲烷的逸散排放不仅会造成资源浪费，还会加重温室效应，对工农业生产以及人身安全等产生严重影响。油气田企业应实施有效的甲烷控排措施来减少甲烷的逸散。

目前涉及甲烷控排的方法学总共有 8 个，其中适用于伴生气回收利用的方法学有 4 个，按使用次数由多到少排序：CM-029-V01、CM-014-V01、CM-065-V01、VM0040；适用于减少泄漏的方法学有 4 个，按使用次数由多到少排序：CM-041-V01、CM-049-V01、CM-042-V01、VM0014。

3.3.1 CM-029-V01 燃烧或排空油田伴生气的回收利用

CM-029-V01 的编制参考了 CDM 项目方法学 AM0009：Recovery and utilization of gas from oil wells that would otherwise be flared or vented（第 6.0 版），此外还参考了最新批准的如下工具：化石燃料燃烧产生的项目或泄漏排放的计算工具，电力消耗产生的基准线、项目和/或泄漏排放的计算工具，额外性论证与评价工具。

1. 应用场景

该方法学适用于从油田中回收和利用伴生气与气举气的项目活动，在没有项目活动的情况下，这些气体将被排放或燃烧。项目活动包括回收后在移动或固定设备中进行压缩和相分离等预处理过程。

2. 适用的前置条件

满足以下条件，项目适宜开发：

（1）所有采出气均来自正在运行的油井，且在开采伴生气时正在采油。

（2）通过可移动或者固定设备预处理（压缩和气液分离）后，工程回收的气体不经加工就输送到天然气管道，或输送到生产烃类物［如干气、液化石油气（Liquified Petroleum Gas，LPG）和聚合物］的加工厂，这些干气可以：

1) 直接输送到气体管道里；

2) 先压缩成压缩天然气（Compressed Natural Gas，CNG），然后通过罐车拉运，解压后最终进入燃气管道。

（3）部分伴生气可在现场使用，以满足现场能源需求。

（4）不能改变活动边界范围内的油井的石油生产流程，如增加产量或提高产品质量。

（5）只有在实施气举措施的活动中，才允许往油层及其生产系统喷注气体。

3. 禁用的限制条件

当存在以下情况时，项目不宜开发：

（1）回收气来自气井，且气井气和油井气没有清晰的界面。

（2）改变了产量或质量，比如提纯、脱碳。

（3）没有清晰的界面，不能和其他无关的设施、能耗清晰地切分开。

（4）工程情况受国家相关政策要求需保密无法公开。

（5）CO_2减排量低于 15000 t/a。

4. 项目开发的基础资料

应用该方法学，需要准备以下资料：

（1）工程可行性研究报告或规划方案。

（2）如果没有工程可行性研究报告，则需提供工程情况说明文件，明确说明工程是否全部新建还是部分扩建、新建部分是哪些，油气终端主要工程量及工艺流程，伴生气来源（油井还是气井）及集输工艺，伴生气加工后成品形式以及如何外运或利用，年回收伴生气量，能耗情况，财务内部收益率、企业已有类似项目情况等。

5. 工程设计兼顾内容

适用该方法学的情景，在工程设计阶段应兼顾以下内容：

（1）测定回收伴生气的静热值。

（2）应有单独的电表计量项目边界进出的用电量。

（3）工程运行产生的化石燃料消耗要有计量。

（4）所有计量仪表精度应符合工程所在地区国家标准。

3.3.2　CM-014-V01 利用油井伴生气作为原料以减少燃放或放空

CM-014-V01 的编制参考了 CDM 项目方法学 AM0037：Flare (or vent) reduction and utilization of gas from oil wells as a feedstock（第 2.1 版）。

1. 应用场景

该方法学适用于回收原本将被燃放的伴生气，将其用于现有或新的最终用途设施，以生产有用的化学产品的项目活动。

2. 适用的前置条件

满足以下条件，项目适宜开发：

（1）项目使用的油井伴生气在项目开始前的三年内被燃烧或排放，且有记录。

（2）在项目中，之前燃烧的伴生气用作原料，在适用的情况下，部分用作化工过程中的能源，以生产有用的产品（如甲醇、乙烯或氨）。

3. 禁用的限制条件

当存在以下情况时，项目不宜开发：

（1）回收气体部分来自气井，且气井气和油井气没有清晰的界面。

（2）项目没有清晰的界面，与项目无关的设施、能耗无法清晰地切分开。

（3）工程情况受国家相关政策要求需保密无法公开。

（4）CO_2 减排量低于 15000 t/a。

4. 项目开发的基础资料

应用该方法学，需要准备以下资料：

（1）项目可行性研究报告/规划方案。

（2）如果没有可行性研究报告，则需提供项目情况说明文件，明确说明项目是否全部新建还是部分扩建、新建部分是哪些，主要工程量及工艺流程描述，伴生气来源（油井还是气井）及集输工艺，伴生气用作原料的形式以及如何外运或利用，年回收伴生气量，项目能耗情况，财务内部收益率、企业已有类似项目情况等。

（3）需提供项目运行之前年均运输燃放的伴生气消耗的化石燃料量、用电量，生产化工产品的耗电量，生产化工产品时作为原料或燃料消耗的各类化石燃料的量，化石燃料/原料的含碳量，化工产品的含碳量，生产的化工产品的量。

5. 工程设计兼顾内容

适用该方法学的情景，在工程设计阶段应兼顾以下内容：

（1）需设置流量计监测项目运行后的年利用的伴生气的量，并设置取样口，用来监测伴生气平均含碳量和甲烷的所占质量分数。

（2）需设置流量计监测利用设施生产的化工产品数量，监测石油和天然气加工厂输送的伴生气的流量，监测终端利用设施消耗化石能源（用作原料或燃料）的量，并设取样口。

（3）要有单独的电表计量项目运行期间的用电量。

（4）项目运行产生的化石燃料消耗要有计量。

（5）所有计量仪表精度要符合国家标准。

3.3.3 CM-065-V01 回收排空或燃放的油井气并供应给专门终端用户

CM-065-V01 的编制参考了 CDM 项目方法学 AM0077：Recovery of gas from oil wells that would otherwise be vented or flared and its delivery to specific end-users（第1.0版），此外还参考了以下工具最新批准的版本：化石燃料燃烧产生的项目或泄漏排放的计算工具，电力消耗产生的基准线、项目和/或泄漏排放的计算工具，额外性论证与评价工具，基准线情景识别与额外性论证组合工具。

1. 应用场景

该方法学适用于从油井中回收原本将被燃烧或排放的伴生气，并安装一个新的气体处理设备进行处理，处理后的天然气可通过压缩天然气移动装置输送至可明确识别的特定最终用户，和/或输送至项目所在国的现有天然气管道。

2. 适用的前置条件

满足以下条件，项目适宜开发：

（1）所有回收的伴生气均来自正在运行且在回收伴生气时正在采油的现有油井。

（2）项目油井至少有三年的伴生气燃烧或排放记录。

（3）处理后的天然气将仅在项目所在国使用。

（4）处理后的天然气由 CNG 移动装置输送给特定的终端用户，则以下规定适用：

1）在项目活动开始之前，终端用户已经存在，且在现有的供热设备中供热；

2）热量是现场产生的，输入热量的设施不符合项目活动的条件；

3）在提交项目验证之前应确定项目中包括的所有最终用户，在授信期内项目不得包括任何新的最终用户。

（5）处理天然气供应商与各最终用户之间的协议应满足一项要求，即允许对交付天然气的使用进行监控，并确认最终用户不会通过单独的 CDM 项目申请处理天然气使用信用。项目参与方可以与最终用户就分享该项目产生的 CER 达成协议，可获取伴生气和非伴生气的碳含量数据。

（6）如果项目汕川包括气举系统，气举气体必须是来自项目边界内油井的伴生气。

3. 禁用的限制条件

当存在以下情况时，项目不宜开发：

（1）项目没有清晰的界面，与项目无关的设施、能耗等不能清晰地切分开。

（2）工程情况受国家相关政策要求需保密无法公开。

（3）CO_2 减排量低于 15000 t/a。

4. 项目开发的基础资料

应用该方法学，需要准备以下资料：

（1）项目可行性研究报告/规划方案。

（2）如果没有可行性研究报告，则需提供项目情况说明文件明确说明项目是否全部新建还是部分扩建、新建部分是哪些，主要工程量及工艺流程描述，伴生气来源、回收量分别是多少以及集输工艺，如何外运或利用，处理后去往终端用户的伴生气量、成品气的碳含量，项目边界内能耗情况（包括电力、化石燃料消耗，车辆运输消耗燃料等），财务内部收益率、企业已有类似项目情况等。

5. 工程设计兼顾内容

适用该方法学的情景，在工程设计阶段应兼顾以下内容：

（1）在油井分离的伴生气进入处理设施或 CNG 母站前，设置流量计及取样口。

（2）在气井分离的非伴生气进入处理设施或 CNG 母站前（与油井伴生气混合前），设置流量计及取样口。

（3）在输送成品气给终端用户的气体管道处设置流量计和取样口。

（4）在输送成品气到天然气管道处设置流量计和取样口。

（5）在 CNG 子站出口设置流量计和取样口。

（6）要有单独的电表计量项目运行期间的用电量。

（7）项目运行产生的化石燃料消耗要有计量。

（8）所有计量仪表精度要符合国家标准。

3.3.4 VM0040 回收原本会排放到大气中的温室气体将其转化为有用的塑料材料并销售到塑料市场

VM0040 的编制参考了 CDM 项目方法学 AMS-Ⅲ.BA.：Recovery and recycling of materials from E-waste（第 3.0 版）。

1. 应用场景

该方法适用于将原本会排放到大气中的二氧化碳和甲烷转化为有用的塑料材料并销售到塑料市场的项目活动。此类项目活动通过两种方式减少温室气体排放：

（1）将二氧化碳和甲烷封存到塑料材料中。

（2）利用封存的二氧化碳和甲烷制造塑料材料。

2. 适用的前置条件

满足以下条件，项目适宜开发：

（1）项目活动通过碳捕获和利用技术将 CO_2 和 CH_4 转化为长链热聚合物，以生产有用的塑料材料，这种塑料材料必须满足以下条件：①预期寿命（非降解期）至少为 100 年；②可生物降解，在这种情况下，温室气体将重新释放到大气中，项目只能计算与原始塑料置换相关的减排量，不得考虑温室气体的捕获和封存。

（2）由项目活动生产的塑料材料制成的塑料产品必须能够在商业市场上销售。

（3）项目活动必须直接从 CO_2 和 CH_4 中生产聚羟基烷酸酯（Polyhydroxyalkanoate，PHA），通过合成材料置换以下塑料：聚丙烯（Polypropylene，PP）、聚苯乙烯（Polystyrene，PS）、聚乙烯（Polyethylene，PE）[包括高密度聚乙烯（High Density Polyethylene，HDPE）、低密度聚乙烯（Low Density Polyethylene，LDPE）和线性低密度聚乙烯（Linear Low Density Polyethylene，LLDPE）]、热塑性聚氨酯（Thermoplastic Polyurethane，TPU）、丙烯腈-丁二烯-苯乙烯树脂（Acrylonitrile Bbutadiene Styrene，ABS）、聚碳酸酯（Polycarbonate，PC）、聚对苯二甲酸乙二醇酯（Polyethylene Terephthalate，PET）、聚氯乙烯（Polyvinyl Chloride，PVC）。

（4）如果将 CO_2 用作原料，则其必须是原本将被排空的 CO_2（即 CO_2 不是专门为本项目活动加工/生产的），或者必须来自直接空气捕捉技术。

（5）当 CH_4 用作原料时，CH_4 应是合格的，且不被碳浓度更高的燃料替代。

3. 禁用的限制条件

当存在以下情况时，项目不宜开发：

（1）将 CO_2 和 CH_4 结合作为原料来制造单一塑料材料。

（2）生产塑料材料的 CO_2 原料是专门为本项目活动加工/生产的。

（3）工程情况受国家相关政策要求需保密无法公开。

（4）CO_2 减排量超过 60000 t/a。

4. 项目开发的基础资料

应用该方法学，需要准备以下资料：

（1）设计文件：规划方案、可行性研究报告、初步设计报告、环境影响评价报告。

（2）按照监测要求收集的所有数据应以电子方式存档，并在最后一个记录期结束后保存至少 2 年。

5. 工程设计兼顾内容

适用该方法学的情景，在工程设计阶段应兼顾以下内容：所有测量均应按照相关行业标准，使用经过校准的测量设备进行。

3.3.5 CM-041-V01 减少天然气管道压缩机或门站泄漏

CM-041-V01 的编制参考了 CDM 项目方法学 AM0023：Leak detection and repair in gas production, processing, transmission, storage and distribution systems and in refinery facilities（第 4.0 版），同时引用最新批准的基准线情景识别与额外性论证组合工具。

1. 应用场景

该方法学适用于通过引入先进的 LDAR（Leak Detection and Repair，泄漏侦查和维修程序）计划减少部件物理泄漏的项目活动。

2. 适用的前置条件

满足以下条件，项目适宜开发：

（1）组件存在物理泄漏问题。

（2）仅当组件在项目验证时被纳入项目边界，在计入期检测到组件新的物理泄漏才适用。

（3）由于现行法规和立法而需要修复的物理泄漏，只有在能够证明相关法规和立法在该国未得到执行的情况下才适用。

（4）该方法学的基准线情景只能是维持原有的泄漏防护措施。

3. 禁用的限制条件

当存在以下情况时，项目不宜开发：

（1）在常规LDAR计划下检测和修复的物理泄漏。

（2）通过拧紧/重新润滑或类似措施修复的物理泄漏。

（3）记录在维护日志、维护计划、维护指南、工人日志或其他类似来源上，应按照最新计划维护或更换，但在项目活动开始日期之前未进行维护或更换的部件上发现的物理泄漏。

（4）通过工艺改进减少排放。

（5）通过工艺加热器或锅炉、发动机和热氧化器减少天然气或炼厂气的燃烧。

（6）工程情况受国家相关政策要求需保密无法公开。

（7）CO_2减排量低于15000 t/a。

4. 项目开发的基础资料

应用该方法学，需要准备以下资料：

（1）运营公司目前采用的渗漏检测和修复做法以及相关的当地行业和监管标准。

（2）运营公司前三年或三年以上的泄漏检测维修记录和报告。

（3）设备部件规格和设计标准。

（4）指导员工如何识别和修复物理泄漏的内部程序的书面材料。

（5）采访公司的关键员工尤其是物理泄漏检测和维修负责人的采访记录。

（6）关于用于检测物理泄漏的技术和测量仪器以及可用于指导维修的维修材料文件。

（7）项目计划或正在采用高级LDAR的设计方案和运行维护资料。

5. 工程设计兼顾内容

该方法学针对已建成的天然气管道及炼厂设施，所以无需工程设计内容。

3.3.6 CM-049-V01 利用以前燃放或排空的渗漏气为燃料新建联网电厂

CM-049-V01的编制参考了CDM项目方法学AM0074：Methodology for new grid connected power plants using permeate gas previously flared and/or vented（第3.0版），此外还参考了最新批准的工具：化石燃料燃烧产生的项

目或泄漏排放的计算工具,电力消耗产生的基准线、项目和/或泄漏排放的计算工具,额外性论证与评价工具,电力系统排放因子计算工具。

1. 应用场景

该方法学适用于将现有天然气处理设施中燃烧和/或排放的渗漏气体用作新并网发电厂(以下简称新发电厂)燃料的项目活动。

2. 适用的前置条件

满足以下条件,项目适宜开发:

(1) 在项目开始前至少三年内,气体处理设施的渗漏气被燃放。

(2) 当项目活动是一个独立的法律实体,与天然气处理设施无关时,只有新发电厂的运营商具有该项目所有权,或新发电厂的运营商和天然气处理设施的运营商属于同一法人实体。

(3) 新发电厂生产的所有电力都被输送到电网。

(4) 当从天然气处理设施向新发电厂输送渗透气体时,需要通过一条专用管道,该管道是作为项目活动的一部分建立的,不用于输送任何其他气体。

(5) 新发电厂是为项目活动而建造的,并将从天然气处理设施开始商业运营后回收的渗透气体用作燃料。

3. 禁用的限制条件

当存在以下情况时,项目不宜开发:

(1) 用于发电厂运行的其他燃料,限于辅助和备用用途,其用量超过项目电厂每年总燃料使用量的15%。

(2) 工程情况受国家相关政策要求需保密无法公开。

(3) CO_2减排量低于15000 t/a。

4. 项目开发的基础资料

应用该方法学,需要准备以下资料:

(1) 项目设计文件:规划方案、可行性研究报告、初步设计报告。

(2) 新建电厂、渗漏气升压站运行所需化石燃料类型、用量及电力消耗量。

(3) 渗漏气输送的所有相关项目活动和设备的个数。

5. 工程设计兼顾内容

适用该方法学的情景,在工程设计阶段应兼顾以下内容:

(1) 设计文件应证明渗漏气从天然气处理设施到新的电厂的运输是在专用的管道中进行的,该管道是项目活动的一部分,且不用于其他气体运输。

(2) 若电厂还使用其他燃料,只可作为自用电和备用电使用(如电厂的启动和停车、中断渗漏气供应），且不应超过电厂全年燃料使用总量的15%。

(3) 项目边界内的流量需要准确计量。

(4) 项目边界内用电、电能输出需要准确计量。

(5) 所有计量仪表精度要符合国家标准和方法学要求。

3.3.7 CM-042-V01 通过采用聚乙烯管替代旧铸铁管或无阴极保护钢管减少天然气管网泄漏

CM-042-V01的编制参考了CDM项目方法学AM0043：Leak reduction from a natural gas distribution grid by replacing old cast iron pipes or steel pipes without cathodic protection with polyethylene pipes（第2.0版），同时涉及最新版本的工具——额外性论证与评价工具。

1. 应用场景

该方法适用于用聚乙烯管替换天然气分配网无阴极保护的铸铁管或钢管的项目活动。

对于铸铁管：

(1) 项目覆盖的电网是一个天然气配送系统，该系统在低压（≤50 mbar）下运行且不包括输气管道或储气设施。

(2) 该项目涉及用聚乙烯管道更换已使用至少30年的铸铁管道。

(3) 项目边界内的铸铁管道的泄漏至少有2.0 km，或者可以证明管道替换段的泄漏至少为流经替换段的总气体量的0.5%。

对于钢管：

(1) 项目活动覆盖的电网是一个天然气配送系统，该系统工作压力范围为最高50 mbar，或为0.05~0.40 bar，或为0.4~4.0 bar，不包括输气管道或储气设施。

(2) 该项目活动包括使用聚乙烯管道更换至少使用30年的无阴极保护钢管。

(3) 项目边界内钢管的泄漏频率为至少0.5次/km。

2. 适用的前置条件

满足以下条件，项目适宜开发：

(1) 管道的更换是正常维修和维护以及计划中的管道更换之外的补充。

(2) 在工程中，与气体泄漏相关的气体分配系统不存在供应中断或气体短缺。

(3) 总供气能力和配气模式不会因工程而改变。

（4）天然气分配系统没有或近三年内没有进行可能会引起压力或其他运行状况改变的气源更换工程（如改供城市燃气）。

3. 禁用的限制条件

当存在以下情况时，项目不宜开发：

（1）工程情况受国家相关政策要求需保密无法公开。

（2）CO_2减排量低于 15000 t/a。

4. 项目开发的基础资料

应用该方法学，需要准备以下资料：

（1）工程可行性研究报告或方案书，必要时需提供初步设计报告或施工图等文件。

（2）与管道运营、维修相关的记录和资料。

5. 工程设计兼顾内容

无工程设计兼顾内容。

3.3.8 VM0014 煤层气（CBM）渗流中逸出甲烷的拦截与破坏

VM0014 的编制参考了 CDM 项目方法学 ACM0008：Consolidated methodology for coal bed methane, coal mine methane and ventilation air methane capture and use for power (electrical or motive) and heat and/or destruction through flaring or flameless oxidation（第7.0版），以及 AM0009：Recovery and utilization of gas from oil wells that would otherwise be flared or vented（第4版），此外还参考了以下工具最新批准的版本：化石燃料燃烧产生的项目或泄漏排放的计算工具，电力消耗产生的基准线、项目和/或泄漏排放的计算工具，识别基准线情景并论证额外性的组合工具，电力系统排放因子计算工具。

1. 应用场景

该方法学适用于采用以下技术捕获和销毁从煤层露头释放到大气中的甲烷的项目活动：

（1）利用气体排水井和监测井作为气体拦截井，在存在甲烷气体渗漏的位置附近钻探。

（2）使用气体膜、表面覆盖物或地下水平井来捕获地表或其下方的甲烷逸散。

（3）已知甲烷气体渗漏位置或附近的无组织甲烷捕获项目活动，项目基准线是甲烷的部分或全部大气释放，捕获的甲烷燃烧或用于现场发电产热或输送天然气管道供用户使用。

2. 适用的前置条件

满足以下条件，项目适宜开发：

(1) 项目将在煤层上实施，或在有甲烷渗漏记录的暴露煤层露头实施。

(2) 气体拦截井必须位于有渗漏记录的煤层露头处和下倾的传统煤层气井之间，即传统煤层气井本身不具备拦截井的资格。

3. 禁用的限制条件

当存在以下情况时，项目不宜开发：

(1) 在活跃的传统煤层气开采井中捕获甲烷。

(2) 在活动或废弃煤矿捕获甲烷。

(3) 采煤活动前煤层甲烷的脱气。

(4) 在甲烷截留位置"下倾"注入任何流体/气体，以增强甲烷捕获。

(5) 工程情况受国家相关政策要求需保密无法公开。

4. 项目开发的基础资料

应用该方法学，需要准备以下资料：

(1) 设计文件：规划方案、可行性研究报告、初步设计报告、环境影响评价报告。

(2) 作为监测的一部分收集的所有数据应以电子方式存档，并在最后一个记分期结束后保存至少两年。

5. 工程设计兼顾内容

适用该方法学的情景，在工程设计阶段应兼顾以下内容：

所有测量均应按照相关行业标准，使用经过校准的测量设备进行。

3.3.9 应用案例

某油田伴生气回收利用项目成功备案为 CDM 项目，满足方法学"AM0009：燃烧或排空油田伴生气的回收利用"。如果没有这个项目，伴生气将会被燃烧。项目主要将伴生气回收加工成干气、液化石油气（LPG）、凝析油等可供销售的能源产品，部分伴生气被直接用于现场发电。项目的伴生气总回收量为 558.85×10^3 m^3/d，平均每年减少伴生气排放 291032 t。

1. 方法学的适用性

该油田伴生气回收利用项目的主要目标是从油田的一些油井中回收利用伴生气。在该项目活动开展之前，伴生气在石油中转站被燃烧。该项目所涉及的所有油井在项目开始实施之前均已投产并正在生产石油，且在进行伴生气回收时，油井仍将继续运行并生产石油。项目回收的伴生气经过加工可供销售和/

或用于替代碳强度相等或更高的化石燃料。

该项目活动只是回收利用先前燃烧的伴生气,不会导致生产地区所提取的石油或高压气体的体积以及组分发生任何变化,燃料消耗也不会因为这个项目活动的增加而增加。同时,回收的大部分伴生气将用于家庭或工业用途,即使没有这个项目活动,这些能源需求都将存在,会由其他同样或更密集的碳来源来满足。

因此,该项目活动满足方法学"AM0009:燃烧或排空油田伴生气的回收利用"的使用要求。

2. 项目边界

该项目边界包括:

(1) 回收伴生气的所有油井;

(2) 在没有进行该项目时,排放和/或燃烧伴生气的设施和场所;

(3) 伴生气回收和运输的基础设施,包括新的收集和运输管道、储气罐、控制和测量设备、压缩机等;

(4) 伴生气处理设施。

该项目一共包含 6 个子项目,每个子项目的项目边界分别如图 3-1 (a) ~ (f) 所示。

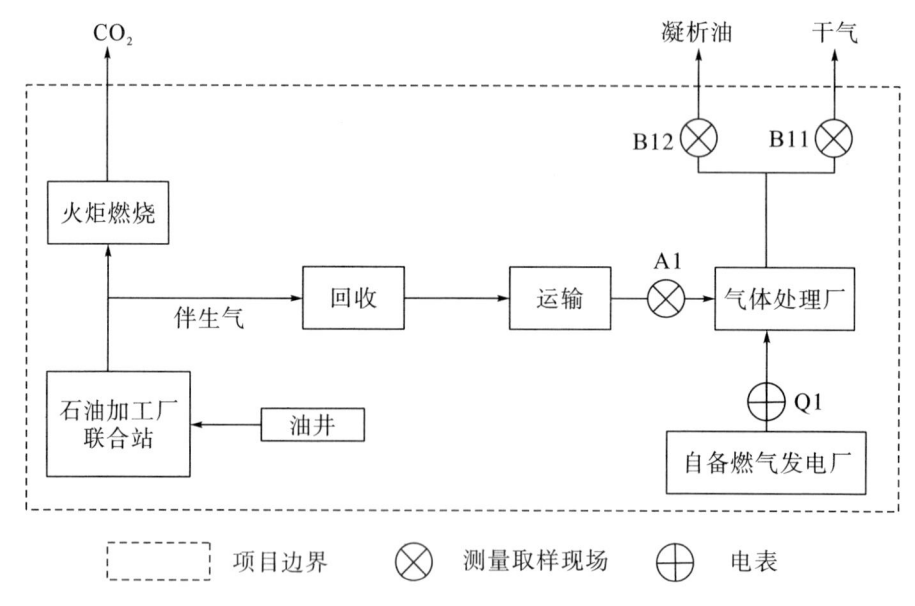

(a) 子项目1:区块1拟议项目活动

图 3-1 项目边界示意图

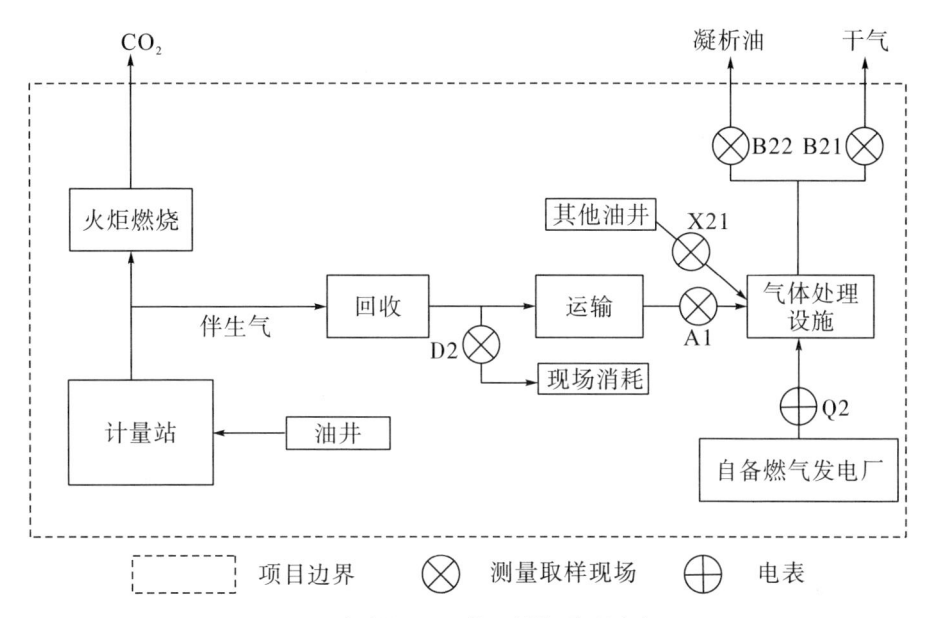

(b）子项目2：区块2拟议项目活动

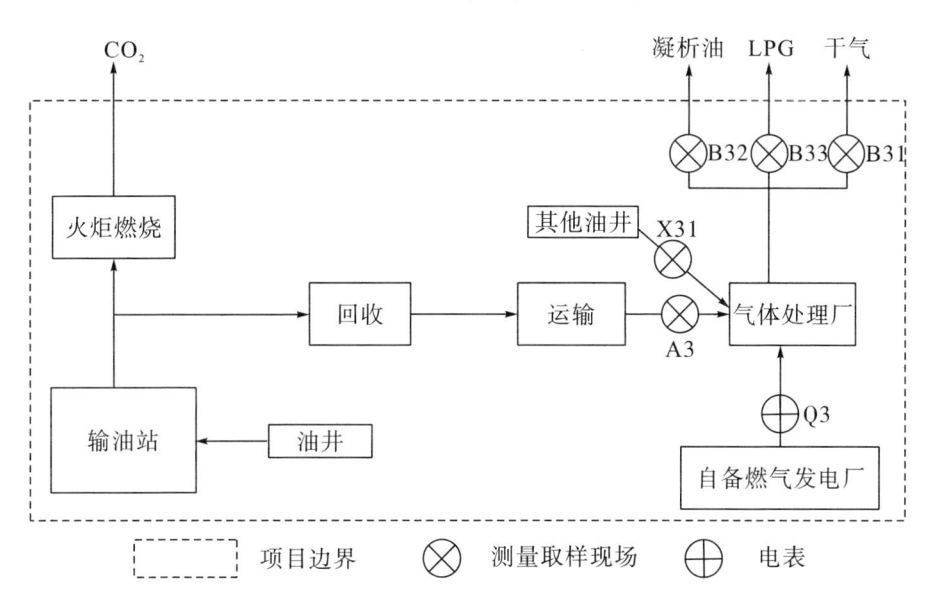

(c）子项目3：区块3拟议项目活动

图 3-1（续）

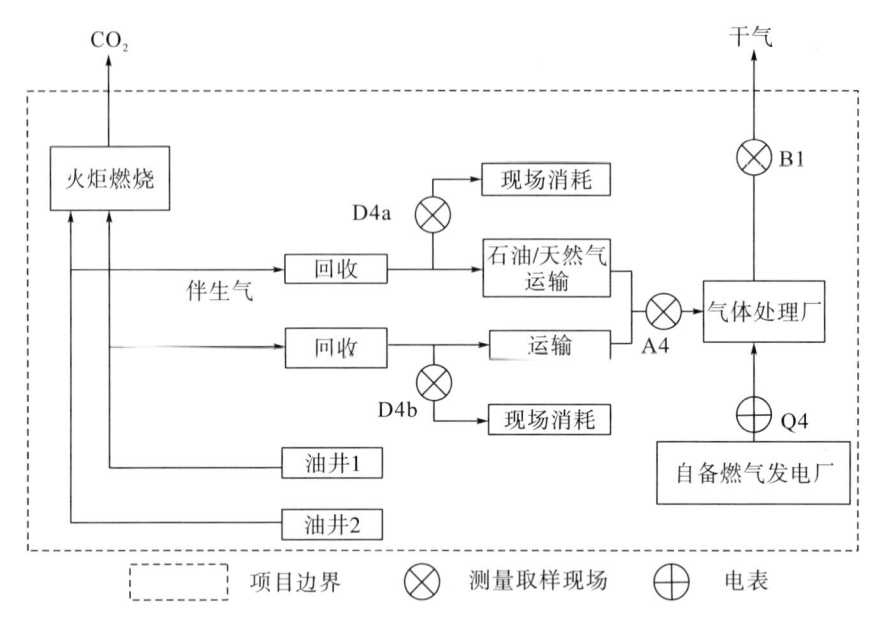

（d）子项目4：区块4拟议项目活动

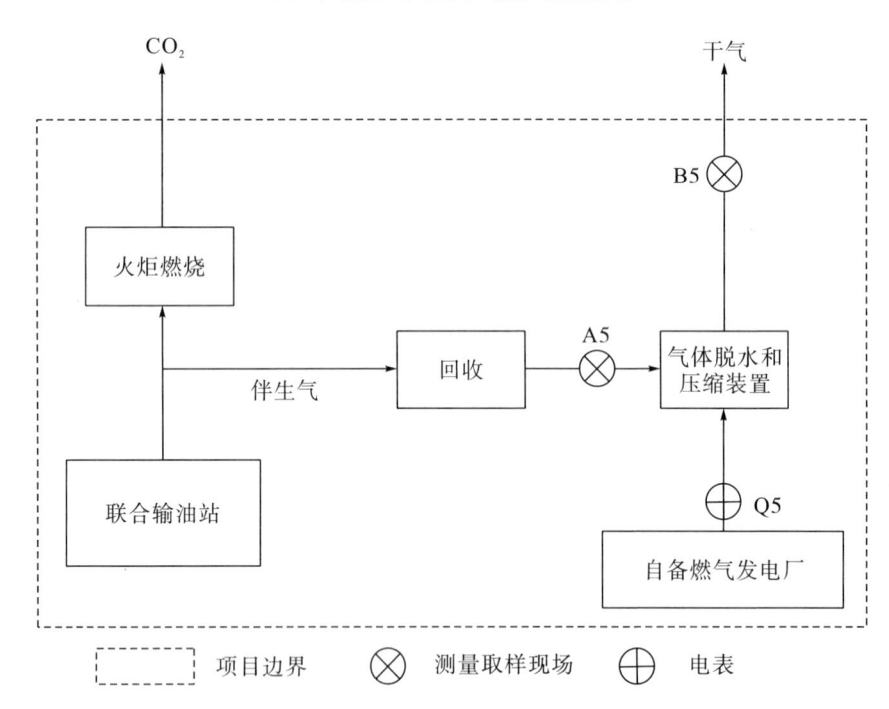

（e）子项目5：区块5拟议项目活动

图 3-1（续）

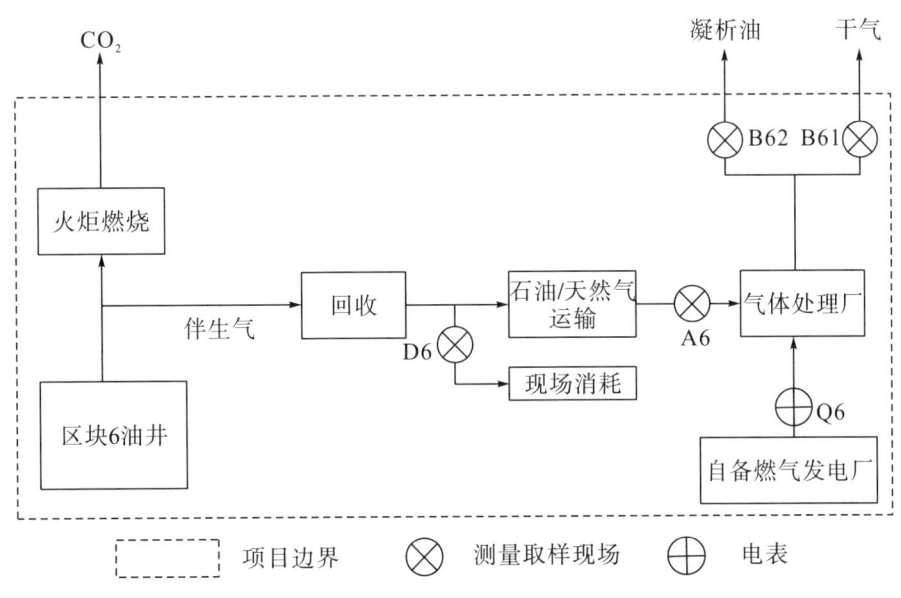

(f) 子项目6：区块6拟议项目活动

图 3-1（续）

3. 基准线情景

基准线的识别步骤以及额外性论证会在第 4 章进行详细阐述，此处不做赘述。基准线情景确定过程见表 3-3，最终确定该项目的基准线情景为替代方案 2。

表 3-3 基准线情景确定过程

	替代方案	选用/排除	理由
1	将伴生气直接在采油现场放空	排除	技术上可行，但法律不允许
2	在采油现场燃放伴生气	选用	可行且是最具经济吸引力的选择
3	现场使用相关气体发电	排除	远距离传输电力不可行，电力分配中的传输损耗比天然气管道中的传输损耗高
4	现场使用相关气体生产液化天然气	排除	投资太高，在拟议的项目中，只有相对少量的天然气被回收（仅是目前燃烧的伴生气），不值得投资于液化天然气基础设施。同时拟议项目的地理位置限制了成功建立液化天然气生产设施的技术和经济可行性
5	将伴生气注入油气藏	排除	塔里木油田采油方法的研究涉及复杂的油藏模拟

续表

	替代方案	选用/排除	理由
6	实施相关气体和产品的回收、运输、加工和分配活动，而无需登记为清洁发展机制项目活动	排除	技术和法律上合理，但不具有经济吸引力
7	回收、运输和利用伴生气作为原料制造有用产品	排除	当地市场对伴生气产品的需求不大，而且将伴生气运输到中国中部地区近2000公里的成本很高。此外，利用气体作为原料生产有用产品的工厂往往需要大量投资和稳定的气体供应。然而，该项目伴生气将逐年减少，无法保证如此稳定和持久的供应

4. 减排量计算

项目的减排量由基准线排放量减去项目排放量和泄漏量得到。

本项目的基准线排放量为在没有拟议项目活动的情况下，伴生气燃烧产生的CO_2排放量。在实际工况中，伴生气并没有完全燃烧，部分伴生气以甲烷和其他挥发性气体的形式释放出来，这部分的测量较为困难。因此，为了确定基准线排放量，假设伴生气完全燃烧转化为CO_2。

项目排放量包括：

（1）在回收、运输和预处理伴生气的过程中，因泄漏、放空和燃烧而产生的CH_4排放。

（2）在回收、运输和预处理伴生气的过程中消耗化石燃料（包括伴生气）产生的CO_2排放。

（3）电力消耗产生的CO_2排放。

由于本拟议项目中回收的伴生气直接供应给最终用户，只替代碳强度相等或更高的化石燃料，不会取代可再生能源，同时不会导致额外的燃料消耗，因此项目活动不会导致任何泄漏。最终估算得出，从2009年10月至2017年12月，项目总减排量约为2351542 tCO_2e。

5. 监测

本项目的监测数据主要是各个监测点的伴生气、干气、液化石油气以及凝析油的体积和组成，以及用电量［具体监测点见图3-1（a）～（f）］。

3.4 余热余压利用类核算方法

《工业节能"十二五"规划》要求，在钢铁、有色金属、化工、建材、轻工等余热余压资源丰富行业，全面推广余热余压回收利用技术，推进低品质热源的回收利用，形成能源的梯级综合利用。目前涉及余热余压利用的方法学有5个，都为CCER方法学，按使用次数由多到少排序：CM-005-V02、CMS-025-V01、CM-035-V01、CM-068-V01、CMS-038-V01。

3.4.1 CM-005-V02 通过废能回收减排温室气体

CM-005-V02的编制参考了CDM项目方法学ACM0012：Consolidated baseline methodology for GHG emission reductions from waste energy recovery projects（第5.0版），此第二版在第一版的基础上将方法学中要求遵守和符合法律法规的要求根据我国国情进行了细化，以便于在实际运用中更加明确。

1. 应用场景

本方法学适用于在已建或者新建设施上利用废能生产有用能源，用于发电、热电联产、直接作为过程热、元过程的热能生产、产生机械能、提供反应热等的项目活动。

2. 适用的前置条件

满足以下条件，项目适宜开发：

（1）对于回收余压的项目活动，余压只用于生产电力，并且利用余压的所发电量可以监测。

（2）项目实施前，法律法规不要求项目设施回收利用废能。

（3）如果因为项目活动导致项目设施的生产规模扩大，增加的容量必须按新建设施处理。

（4）非正常情况下（如紧急事故、关闭）释放的废能不计入项目减排计算。

（5）如果项目设施有多种废气流，并且可交互使用于各种工序，那么不能因为自愿减排项目活动的实施而减少自愿减排项目活动之前部分或者全部回收的各种废气的流量。

3. 禁用的限制条件

当存在以下情况时，项目不宜开发：

（1）从单循环发电厂回收废气/废热用于发电。

（2）在没有项目活动供应反应热的情况下部分回收废能媒介流，并且在项目活动下增加该废能媒介流的回收，以替代用于供应反应热目的的化石燃料。

（3）工程情况受国家相关政策要求需保密无法公开。

（4）CO_2减排量低于15000 t/a。

4. 项目开发的基础资料

应用该方法学，需要准备以下资料：

（1）项目设计文件：规划方案、可行性研究报告、初步设计报告。

（2）对于项目实施前废能介质未被回收利用的情况，项目利用废能向接收设施提供电能或机械能所需资料：

1）项目活动提供给接收设施的电量，当项目不存在时，接收设施的电力由基准线情景中的电网或其他确定的来源提供。

2）项目实施前的年最大电量（可能是接收设施或电网的现场设备在项目实施前的年最大发电能力）。

3）项目活动蒸汽轮机产生并提供给接收设施（在没有项目活动的情况下，该接收设施将由基准线电机驱动）的机械能。

4）项目实施前接收设施的每年可产生的最大机械能。

5）项目实施前基准线自备发电设施发电信息：所用化石燃料种类、按照方法学的要求确定自备发电厂的发电效率。对于新建或使用不足三年的设施，应提供燃料种类、设备效率设计值或制造商提供的效率数值。对于基准线情景是一个新建的独立的发电厂，提供燃料种类、同类技术参考发电设施的制造商提供的效率值最高值。在没有项目活动的情况下，为接收者提供机械动力的基准线电机的效率。

（3）对于项目实施前废能介质未被回收利用的情况下，项目利用废能提供热能或机械能所需资料：

1）项目实施后每年由项目活动供给接受设施的净热量（焓）及供给化学反应器的热量（焓）；

2）项目未实施情况下供热设施使用化石燃料的种类及热效率；

3）项目活动年蒸汽轮机产生并供给接受设施的机械能（在项目活动不存在时由化石燃料锅炉产生的蒸汽驱动的蒸汽轮机提供动力）；

4）在项目活动不存在时由化石燃料锅炉产生的蒸汽驱动的提供机械能的蒸汽轮机的效率及化石燃料的种类（在项目活动中由回收利用废能的蒸汽轮机驱动）。

（4）对于项目实施前废能介质未被回收利用的情况，回收废能用于热电联产的项目需要的资料：

1) 项目实施后每年由项目活动供给接受设施的净热量（焓）；

2) 在项目活动年由蒸汽轮机产生的供给接受设施机械设备（如泵和压缩机）的机械能（在项目活动不存在时该设备由化石燃料锅炉产生的蒸汽驱动）；

3) 在没有项目活动的情况下，可提供机械动力的基准设备（蒸汽轮机）的效率；

4) 项目活动年向接收设施提供的电量；

5) 在项目活动年由蒸汽轮机产生的供给接受设施机械设备（如泵和压缩机）的机械能（在项目活动不存在时该设备由电动机驱动）；

6) 在项目活动不存在时，提供机械能的机械设备（在项目活动中由蒸汽轮机提供）的电动机的效率；

7) 在没有项目活动的情况下，使用或将会使用的化石燃料的热电联产厂的效率（结合热和发电效率）及燃料的种类。

（5）对于项目实施前废能介质部分回收利用的项目，需提供以下资料：

1) 项目实施后每年利用确定的废能介质流的发电量、蒸汽运行的蒸汽轮机提供的机械能总量、向接收设施中单元工艺/反应器（仅用于工艺加热，而非反应热）提供的净热量（焓），项目接收设施接收电量占项目发电总量的百分比；

2) 项目未实施情况下需提供现有设施采用部分确定的废能介质流的发电量、采用所产生的蒸汽驱动的蒸汽轮机提供的机械能总量、项目实施前连续三年接收设施中单元工艺/反应器（仅用于工艺加热，而非反应热）产生的净热量（焓）的数据记录。

（6）对于项目实施前废能介质部分回收利用的新建或运行不足三年的项目应提供的资料：项目实施后每年利用确定的废能介质流的发电量、采用所产生的蒸汽驱动的蒸汽轮机提供的机械能总量、向接收设施中单元工艺/供热单元/化学反应器提供的净热量（焓），项目接收设施接收电量占项目发电总量的百分比。

（7）直接燃烧废气或产生用来燃烧废气的蒸汽所用的化石燃料信息：

1) 项目每年能源生产所用废气量、项目不存在情况下最近三年的能源生产所用的捕获的废气量及燃烧这些废气所用的燃料量；

2) 项目活动实施前，用于产生蒸汽的锅炉的效率、所捕获的废气量及燃烧这些废气所用蒸汽热量最近三年的历史数值、项目每年捕获的废气量；

3) 直接燃烧废气或产生用来燃烧废气的蒸汽所用的化石燃料的种类。

(8) 项目耗能信息：项目活动补充废物能量在单元工艺或热电联产厂现场消耗化石燃料的种类及数量，用于气体净化设备的电力消耗或其他补充电力的消耗量。

(9) 前置和限制条件涉及的法规资料。

5. 工程设计兼顾内容

适用该方法学的情景，在工程设计阶段应兼顾以下内容：

设置监测设施，具体监测对象如下：

(1) 项目排放：主要包括作为辅助燃料的化石燃料的量和项目运行消耗的电量。

(2) 基准线排放：

1) 项目活动利用废能媒介回收的废能生产并供给用户的热能/电力/机械能；

2) 没有项目活动时，利用废能媒介生产的能量；

3) 废能媒介的量；

4) 供给接收设施的热能的性质（如进出蒸汽的压力、温度，反应物/产物的浓度等）；

5) 用户返回项目活动处理单元的热能的属性（如冷凝水的压力和温度）；

6) 没有项目活动时，处理单元、电厂、热电联产厂或机械转换设备的效率等。

3.4.2 CMS-025-V01 废能回收利用（废气/废热/废压）项目

CMS-025-V01 的编制参考了小规模 CDM 项目方法学 AMS-Ⅲ.Q.：Waste energy recovery (gas/heat/pressure) projects（第 4.0 版）。

1. 应用场景

该方法学适用于利用现有设施的废气和/或余热，并将所识别的废能承载介质流转化为有用能量的项目活动。废能承载介质流可以是以下活动的能量来源：热电联产、发电、直接工业用途、基本单元过程的供热、产生机械能。

2. 适用的前置条件

满足以下条件，项目适宜开发：

(1) 在项目活动实施之前，无法规要求项目设施回收和/或利用废能。

(2) 废能的回收应为新项目（在项目活动实施之前废能未被回收），项目活动每年产生的减排量不得超过 60000 t。

(3) 在异常运行条件下（如紧急事件、设施关停等），排放的废能承载介质流在减排量计算中不予考虑。

（4）项目活动中产生的电力可输送至电网，也可自用。

3. 禁用的限制条件

当存在以下情况时，项目不宜开发：

（1）在单循环电厂（如燃气轮机或柴油发电机）回收废气/余热/余压。

（2）工程情况受国家相关政策要求需保密无法公开。

（3）CO_2减排量超过 60000 t/a。

4. 项目开发的基础资料

应用该方法学，需要准备以下资料：

（1）设计文件：规划方案、可行性研究报告、初步设计报告。

（2）基准线的确定应基于项目活动开始日期或审定开始日期之前三年的相关运行数据。对现有设施，如果已有三年运行历史，但缺乏充足的可用于决定基准线的运行数据，所有历史信息应可得（需要至少一年的运行数据）。

5. 工程设计兼顾内容

适用该方法学的情景，在工程设计阶段应兼顾以下内容：

（1）对所有能量流和物质流进行的计量。如果使用了多种废能，则需对每种废能产生的各种能量进行单独监测。

（2）对于电力供给电网的情况，应监测净电量。

3.4.3　CM-035-V01 利用液化天然气气化中的冷能进行空气分离

CM-035-V01 的编制参考了小规模 CDM 项目方法学 AMS-Ⅰ.B.：Mechanical energy for the user with or without electrical energy（第10.0版）。

1. 应用场景

该方法学适用于从新的或现有的 LNG 气化装置回收低温能量的空气分离装置的建设和运行的项目活动。

2. 适用的前置条件

满足以下条件，项目适宜开发：

（1）新建空气分离装置完全或部分通过 LNG 气化设备回收的冷能可满足其冷却能量的需求。

（2）新建空气分离装置产生的氧气和氮气纯度等于或高于 99.5%。

（3）新建空气分离装置与回收冷能的 LNG 气化设备位于同一地点，即低温能量载体不会储存或运输到不同的地点。

（4）无论是否使用 LNG 气化厂的冷能，都可以运行新建空气分离装置，可在电厂调试期间进行以确定基准线参数为目的的运行试验。

（5）在LNG气化厂的冷能未被使用时，LNG气化厂和新建空气分离装置采用的技术应与"基准线方案选择和额外性证明程序"选择基准线方案中确定的技术相同；此外，在这段时间内，空气分离装置能够提供与使用LNG气化设备的冷能运行时相同数量和质量的空气分离产品。

（6）如果LNG气化设备是新的，则可以在有或无低温能量回收的情况下运行该厂，并在电厂调试期间进行以确定基准线参数为目的的运行试验。

（7）就现有的LNG气化厂而言，以下条件也适用：

1）加热气化器，其中热量是由化石燃料燃烧产生的（如浸没式燃烧气化器），或电能消耗产生的（如电加热器）；

2）热量来自环境水或空气的环境蒸发器，如开架式蒸发器或环境空气蒸发器；

3）两者的混合。

（8）现有LNG气化厂的冷能没有用于有用的目的，在项目活动实施之前被浪费掉了。

（9）项目活动不会导致现有LNG气化厂的产出质量或数量发生重大变化。

3. 禁用的限制条件

当存在以下情况时，项目不宜开发：

（1）工程情况受国家相关政策要求需保密无法公开。

（2）总装机容量超过15 MW。

4. 项目开发的基础资料

应用该方法学，需要准备以下资料：

（1）设计文件：规划方案、可行性研究报告、初步设计报告。

（2）项目不存在情况下LNG气化器类型。

（3）LNG气化耗电资料。

对新建设施：

1）调试运行测试期间气化的LNG的量及其耗电量；

2）项目运行期间连续一年记录每小时内进出低温回收换热器的LNG的平均热（焓）及流量、根据设备制造商提供的技术规范能量转换装置在最佳运行条件下的最高效率、项目年LNG气化量及年用电量。

对现有设施：

1）项目实施前最近三年的年气化LNG的量及年耗电量；

2）项目运行期间连续一年记录每小时进出低温回收换热器的 LNG 的平均热（焓）及流量、项目活动实施前最近三年记录的能源转换装置的最高历史效率、项目年 LNG 气化量及年用电量。

（4）LNG 气化化石燃料消耗资料。

对新建设施：

1）调试运行测试期间气化的 LNG 的量及其消耗化石燃料的种类和数量；

2）项目运行期间连续一年记录的每小时内进出低温回收换热器的 LNG 的平均热（焓）及流量、根据设备制造商提供的技术规范能量转换装置在最佳运行条件下的最高效率、项目年 LNG 气化量及年消耗化石燃料的量。

对现有设施：

1）项目实施前最近三年的年气化的 LNG 的量及年消耗化石燃料的种类和数量；

2）项目运行期间连续一年记录的每小时内进出低温回收换热器的 LNG 的平均热（焓）及流量、项目活动实施前最近三年记录的能源转换装置的最高历史效率、项目年 LNG 气化量及年消耗化石燃料的量。

（5）空气分离耗电资料：调试运行测试期间空气分离产品的量及其耗电量；项目运行期间连续一年记录的每小时内进出低温回收换热器的 LNG 的平均热（焓）及流量、根据设备制造商提供的技术规范能量转换装置在最佳运行条件下的最高效率、项目年空气分离产品的量及其年用电量。

（6）空气分离消耗燃料资料：调试运行测试期间空气分离产品的量及其消耗化石燃料的种类和数量；项目运行期间连续一年记录的每小时内进出低温回收换热器的 LNG 的平均热（焓）及流量、根据设备制造商提供的技术规范能量转换装置在最佳运行条件下的最高效率、项目年空气分离产品的量及其年消耗化石燃料的量。

（7）如空气分离产品的终端用户与项目不在一个地点，则存在产品运输环节，需提供的资料：空气分离产品运输年消耗的化石燃料数量及种类、空气分离产品的年装车量、空气分离产品的年运抵量。

（8）以上资料有的可能需要项目投产后才能获得，其余相关资料应尽量提供。

5. 工程设计兼顾内容

适用该方法学的情景，在工程设计阶段应兼顾以下内容：

（1）设置必要的监测设施，仪表应按照设备制造商的说明进行安装、维护和校准，并符合相关标准。如果没有此类标准，则使用国家标准；如果没有国家标准，则使用国际标准。

（2）监测内容：LNG气化量，耗电量，进出低温回收换热器的LNG的平均热（焓）及流量，燃料消耗量，空气分离产品的量，空气分离产品的装车量、运抵量。

3.4.4 CM-068-V01 利用氨厂尾气生产蒸汽

CM-068-V01的编制参考了CDM项目方法学AM0098：Utilization of ammonia-plant off gas for steam generation（第1.0版），同时也涉及最新版本的工具：电力系统排放因子计算工具，化石燃料燃烧产生的项目或泄漏排放的计算工具，电力消耗产生的基准线、项目和/或泄漏排放的计算工具，基准线情景识别与额外性论证组合工具。

1. 应用场景

该方法学适用于在现有氨生产厂收集和利用氨厂尾气（Ammonia-plant off gas，AOG）集中热能的项目活动。项目开始之前AOG被排放。

2. 适用的前置条件

满足以下条件，项目适宜开发：

（1）在项目活动中，AOG只是用来集中蒸汽满足项目现有的合成氨生产厂房及附近设施的供热需求。

（2）AOG被送入现场锅炉产生蒸汽，而不会与其他燃料混合。

（3）在项目活动实施前的最近三年，现有的合成氨生产厂房及/或该项目附近的设施只使用化石燃料（无混合的生物燃料，或者没有利用的余热）满足蒸汽生产需求。

3. 禁用的限制条件

当存在以下情况时，项目不宜开发：

（1）所在国家地区的法律规定不允许排空AOG。

（2）项目活动导致现有氨生产厂产品的质量或数量产生了变化。

（3）工程情况受国家相关政策要求需保密无法公开。

（4）CO_2减排量低于15000 t/a。

4. 项目开发的基础资料

应用该方法学，需要准备以下资料：

（1）设计文件：规划方案、可行性研究报告、初步设计报告。

（2）项目实施前，项目参与方应提供制造商最初的工艺厂设计规范和设施的布局图，以及随后修改的设计规格和布局图，显示AOG是排空的。

(3) 项目实施前最近三年现有氨生产厂的运营和实施记录。

5. 工程设计兼顾内容

适用该方法学的情景，在工程设计阶段应兼顾以下内容：

(1) 应详细说明监测过程，包括测量仪表的使用、监测责任和质量控制/质量保证（QA/QC）的过程。

(2) 所有仪表根据行业标准定期校准。

(3) 收集数据作为监测的一部分，应做电子存档并在计入期结束后至少保存两年。

3.4.5 CMS-038-V01 来自工业设备的废弃能量的有效利用

CMS-038-V01 的编制参考了小规模 CDM 项目方法学 AMS-II.I.：Efficient utilization of waste energy in industrial facilities（第 1.0 版）。

1. 应用场景

该方法学是应用技术或采取措施以提高从工业设施、采矿设施等单一源头回收的废能发电或者供热的利用。对于目标生产过程，废能产量和目标产品产量的比例是恒定的。

2. 适用的前置条件

满足以下条件，项目适宜开发：

(1) 项目活动采取的能效提高措施的影响，可以与其他不受项目活动影响的因素引起的能量使用的变化区别开（比如信号噪声比）。

(2) 基准线和项目情景下的产品输出是同质的，产量在±10%内变化，安装容量不变。

3. 禁用的限制条件

当存在以下情况时，项目不宜开发：

(1) 生产过程发生改变。

(2) 使用了辅助燃料或燃料共燃。

(3) 单个项目活动一年的节电量超过 60 GW·h，燃料的节能量超过 180 GW·h（热能单位）。

(4) 工程情况受国家相关政策要求需保密无法公开。

4. 项目开发的基础资料

应用该方法学，需要准备以下资料：规划方案、可行性研究报告、初步设计报告。

5. 工程设计兼顾内容

适用该方法学的情景，在工程设计阶段应兼顾以下内容：对项目活动产生的能量和消耗的能量、产量，燃料气的热焓值、进出口压力和温度等进行监测。

3.4.6 应用案例

某水泥厂余热回收发电项目成功备案为 CDM 项目，使用了方法学"ACM0012：利用废能回收减排温室气体"。项目单位现有两条水泥熟料生产线：一条于 1978 年引进建设，产能为 3700 t/d；另一条于 2005 年 4 月建成，采用干法新工艺，产能为 5000 t/d。两条水泥线路耗电量约为 $46×10^4$ MW·h，大量余热通过水泥旋转熟料的窑头和窑尾排入大气。

项目单位拟投资建设上述水泥生产过程的余热有效回收设施，分两期建成 16.5 MW 余热回收电站：于 2007 年建成 5000 t/d 水泥线 9.0 MW 余热回收发电系统，于 2008 年建成 3700 t/d 水泥线 7.5 MW 余热回收发电系统；于 2009 年 4 月全线投运。电站年发电能力为 $12×10^4$ MW·h，向水泥生产工业设施提供 $11.04×10^4$ MW·h 的电力。

该项目开展时间为 2009 年至 2015 年，为期 7 年，预估减计期内的碳减排年平均值为 94711 tCO_2e，估计减少总量为 683978 tCO_2e。

1. 方法学的适用性

项目活动利用水泥回转窑的余热发电，满足 ACM0012 的所有适用条件。方法学的适应性分析见表 3-4。

表 3-4 方法学的适应性分析

方法学的适用条件	拟议的项目活动
如果项目活动是利用废压发电，则利用废压产生的电力应该是可测量的	项目活动未使用废压，该条件不适用
项目活动中产生的能源可以在工业设施内使用，也可以输出到工业设施外	项目活动产生的电力用于现场水泥工业设施
项目活动中产生的电力可输电网	项目活动已接入电网
项目活动中的能源可以由产生废气/热的工业设施的所有者或由工业设施内的第三方产生	项目活动中的电力由水泥设施所有者产生
当地条例允许产生废气的工业设施使用在项目活动实施之前使用的化石燃料	化石燃料不受水泥生产法规的限制

续表

方法学的适用条件	拟议的项目活动
该方法学包括新设施和现有设施。对于现有设施，该方法学适用于现有能力。如果计划进行扩容，则新增的容量必须作为新设施处理	拟议的项目活动是在现有的水泥设施上为发电项目建造新的余热回收设施
项目活动中使用的废气/压力在现有设施没有项目活动的情况下被燃烧或释放到大气中。这应通过直接测量，或能量平衡分析，或能源账单，或工厂工艺设计，或在项目实施前能源部的现场检查来证明	项目活动中使用的废热是在现有设施中没有项目活动的情况下释放到大气中的，这可以通过能源部的现场验证来证明
碳信用额度由使用废气/热/压力的能源生成器获得。如果将能源输出到其他设施，则由业主签署一份协议。项目发电厂与接收电厂约定，接收电厂不会因使用零排放能源而要求减少排放	项目活动产生的电力用于项目业主的水泥设施，项目活动产生的碳信用额度只由项目业主拥有
对于那些包括在项目边界内的设施和接收方，在项目活动实施之前（当前情况）在现场产生能源（基准线能源来源），可以在以下时间内获得碳信用额度：目前正在使用的设备的剩余寿命和信用期	项目活动的便利在15年内折旧，选择10年作为计入期
工厂非正常运行（紧急、停机）释放的废气/压力不计入项目活动	只有在正常运行状态下，余热才能转化为电能
热电联产不使用循环发电方式进行发电	项目活动中不存在热电联产过程

2. 项目边界

项目边界包括项目活动边界和基准线边界。项目活动边界包括整个废热回收（Waste Heat Recovery，WHR）动力系统，包括窑尾悬浮预热器废气余热锅炉（Suspension Preheater，SP）、窑头篦式冷却机废气余热锅炉（Air Quenching Cooler，AQC）、水泥回转窑带 SP 和 AQC 段生产线、汽轮机、发电机、辅助设备等。项目基准线边界包括水泥厂内除已有电力系统外的所有工业设施，以及向项目主体供电的电网的所有并网电厂。基准排放源为电网使用化石燃料发电的 CO_2 排放，不考虑使用上述化石燃料发电过程中的 CH_4 和 N_2O 排放；由于没有使用化石燃料作为废热回收发电的辅助燃料，项目活动没有 CO_2 排放，也没有其他温室气体排放。本案例的项目边界如图 3-2 所示。

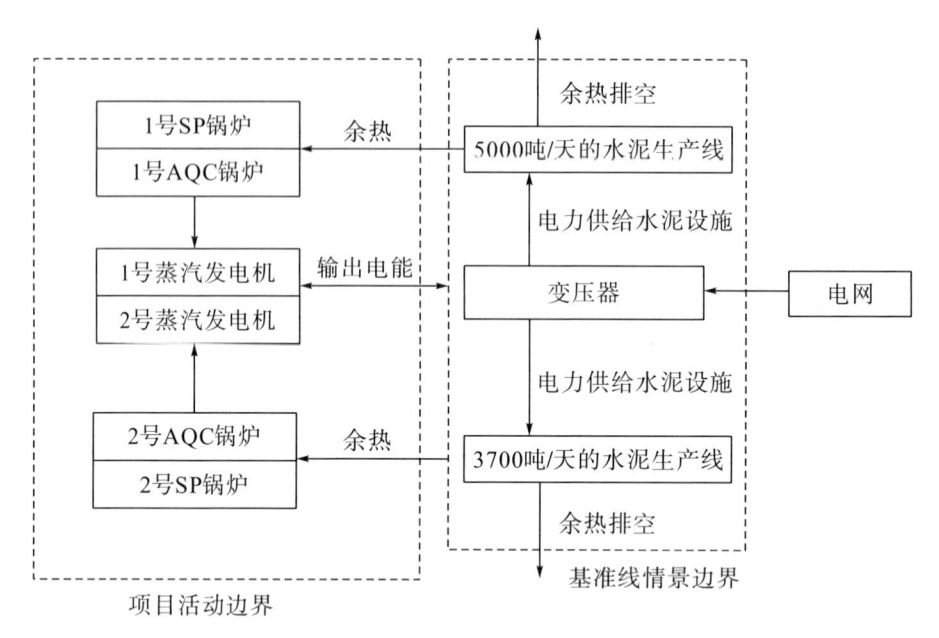

图 3－2　本案例的项目边界示意

3. 基准线情景

经过分析，得出两种最有可能的备选方案：

方案 1：实施拟议的项目活动，但不采用清洁发展机制模式。

方案 2：将余热直接排放到大气中，电力由东部电网供应，用于水泥生产。

选择障碍分析来验证项目的额外性，最终确定采用替代方案 2，即将余热直接排放到大气中，电力由东部电网供应，用于水泥生产。基准线情景确定过程见表3－4。

表 3－4　基准线情景确定过程

	替代方案	选用/排除	理由
1	余热被回收用于发电，但未备案成减排项目	排除	合理，但不是最经济的选择
2	直接向大气释放余热（不利用废压能）	选用	水泥生产过程中产生的余热直接释放到大气中，符合所有适用的法律法规要求，且方便经济

续表

	替代方案	选用/排除	理由
3	废气/废能作为能源出售	排除	水泥内部设施、附近的村庄和其他工业工厂没有其他的热负荷，也没有其他经济适用的方法来利用水泥生产的余热
4	将废气直接放空	排除	水泥生产过程不产生可燃废气

4. 减排量计算

项目活动在第 y 年减少的碳排放量由第 y 年因电力置换而产生的基准线排放量减去项目在第 y 年的碳排放量和第 y 年的二氧化碳泄漏排放量。

本项目第 y 年的基准线排放量是包括第 y 年项目活动产生的能源基准线排放和适用化石燃料的蒸汽产生的基准线排放（如果有的话），将在没有项目活动的情况下用于燃烧废气。

项目排放量：根据对项目边界的描述，仅回收水泥回转窑释放的余热发电，拟不使用辅助燃料项目活动，废热将被排放到大气中作为基准线情景项目紧急情况，因此项目排放量为0。

最终估算出，从2009年到2015年间，项目总减排量约为683978 tCO_2e。

5. 监测

根据 ACM0012 的监测方法，监测数据主要有项目活动对水泥设施的供电量、电网向项目活动提供的电力、利用余热产生的能量。

3.5 可再生能源利用类核算方法

可再生能源发电是可再生能源开发利用的主要方式。目前涉及可再生能源发电的方法学总共有7个，按照使用次数由多到少依次是：CM-001-V02、CMS-080-V01、CM-002-V01、CMS-003-V01、CMS-058-V01、CM-011-V01、GCCM001。

生物质能作为一种绿色、清洁、可再生的新能源，因具有遍在性、丰富性、可再生性等特点，得到了人们的认可，是未来发展的主要能源之一。生物质能是唯一可替代化石能源转化成各种形态的燃料以及其他化工原料或者产品的碳资源，也是唯一能直接储存和运输的可再生能源，在解决未来能源需求、全球变暖、生态环境保护方面有着重要地位。截至2016年，我国生物质能利用占生物质资源总量的比例还不到8%，因此，生物质能利用领域碳减排潜力巨大，积极探索和应用此领域碳减排方法学对推动生物质能利用项目的实施，减少温室气体排放和减缓全球气候变暖意义重大。目前适用于油气田行业的涉及生物质能利用的方法学有 4 个，使用次数由多到少依次为：CM-075-V01、CM-073-V01、CM-017-V01、CM-085-V01。

地热能利用技术是油气田企业发展新能源，建设节能低碳工程的重要选项之一。国内已开发的油气田地热资源主要用于供暖、养殖、原油加热和小规模发电，整个利用量仅占其资源量的极小部分。油气田企业要实现绿色低碳化发展，对地热能的开发利用在路径选择方面非常具有竞争力。目前涉及地热能利用的方法学仅有 1 个，编号为 CM-022-V01。

3.5.1　CM-001-V02 可再生能源发电并网

CM-001-V02 的编制参考了 UNFCC-EB 的 CDM 项目方法学 ACM0002：Grid-connected electricity generation from renewable sources（第 16.0 版），该版本相较于第一版来说，简化了排放因子计算的要求，并根据 ACM0002（第 16.0 版）更新了部分相关内容。

1. 应用场景

该方法学适用于可再生能源（包括水、风、地热、太阳能、波浪和潮汐）发电类型，可以是新建电厂或是对现有发电厂的改造、修复（或翻新）、更换或容量增加的项目活动。

2. 适用的前置条件

满足以下条件，项目适宜开发：

（1）当工程活动为对现有电厂进行增容、改造、修复或更换（风力、太阳能、波浪或潮汐发电增容项目除外）时，现有电厂/机组应在历史参考期（最短五年）前开始商业运行，且在该最小历史参考期开始至项目实施期间，没有对电厂/机组进行产能扩张、翻新、修复。

（2）对于水力发电厂，应当至少符合下列条件之一：

1）工程在现有的单个或多个水库中实施，任何水库的容量均不发生变化。

2）工程在现有的单个或多个水库中实施，其中水库的容量增加，通过公式计算功率密度大于 4 W/m²。

3）工程产生新的单个或多个水库，通过公式计算功率密度大于 4 W/m²。

4）工程是一个涉及多个水库的综合水电项目，如果使用公式计算的任何水库的功率密度≤4 W/m²，则应适用以下所有条件：

①工程总装机容量计算的功率密度大于 4 W/m²；

②水库之间的水流不被不属于工程的任何其他水电机组使用；

③功率密度≤4 W/m² 的发电厂的装机容量应≤15 MW，且不及综合水电工程总装机容量的 10%。

3. 禁用的限制条件

当存在以下情况时，项目不宜开发：

(1) 涉及可再生能源燃料替代化石燃料。

(2) 工程属于生物质直燃发电厂类型。

(3) 非发电上网或区域电网边界不清晰。

(4) 工程情况受国家相关政策要求需保密无法公开。

(5) CO_2 减排量低于 15000 t/a。

4. 项目开发的基础资料

应用该方法学，需要准备以下资料：

(1) 项目可行性研究报告或可行性研究报告初稿、可行性研究报告批复、可行性研究报告编制及批复机构资质。

(2) 环境影响评价报告、环境影响评价报告批复、环境影响评价报告出具机构资质。

(3) 工程项目工艺流程图及说明、本地区内类似项目的情况说明。

(4) 工程项目主要设备清单、技术规格书。

(5) 工程项目概况和筹资情况说明、基准收益率证明。

(6) 工程业主企业资质复印件（营业执照、资质证书等）。

(7) 地方政府相关政策法规。

(8) 区域电网接入方案。

5. 工程设计兼顾内容

适用该方法学的情景，在工程设计阶段应兼顾以下内容：

(1) 项目实施前在项目地点投入运行的现有的可再生能源发电厂的年均历史净上网电量应当计量。

(2) 地热发电项目：至少每三个月在生产井和蒸汽发电厂的界面处抽取不凝性气体样本。

(3) 每天使用文丘里管式流量计对从地热井释放出来的蒸汽量进行测量。

(4) 每月记录一次发电厂/发电机组的上网和下网电量。

(5) 对于综合水电项目，项目发起人应：

1) 证明上游发电厂/机组的水流直接溢出到下游水库，并共同构成综合水电项目的发电能力。

2）分析供水至发电机组的水平衡，包括水库的所有可能组合，以及不修建水库的情况。水平衡的目的是证明在CDM项目活动下建造的水库的特定组合对优化发电量的要求。该演示必须在不同季节的水可用性的特定场景中进行，以优化发电机组入口处的水流。因此，在实施CDM项目活动之前，水平衡将考虑河流、支流（如有）的季节性流量和至少五年的降雨量。

3.5.2 CMS-080-V01 在新建或现有可再生能源发电厂新建储能电站

CMS-080-V01的编制参考了CDM项目方法学ACM0002：Grid-connected electricity generation from renewable sources（第15.0版），以及国家发展改革委的中国自愿减排项目方法学CM-001-V01：可再生能源发电并网项目的整合基准线方法学（第一版），同时还参考了下列工具的最新版本：电力系统排放因子计算工具（第4.0版）、额外性论证与评价工具（第7.0版）。

1. 应用场景

该方法学适用于在新建或现有的可再生能源发电厂（风电/光伏）新建储能电站的项目活动。

2. 适用的前置条件

满足以下条件，项目适宜开发：

（1）建设地点原本不存在储能电站项目。

（2）新建储能电站应与所在电网通过独立的集电线路相连，且电量可以单独核算。

3. 禁用的限制条件

当存在以下情况时，项目不宜开发：

（1）项目年减排量大于60000 tCO_2e。

（2）工程情况受国家相关政策要求需保密无法公开。

4. 项目开发的基础资料

应用该方法学，需要准备以下资料：

（1）设计文件：规划方案、可行性研究报告、初步设计报告。

（2）所有监测数据应将电子档保留到计入期结束后的两年，由业主方专门设立的节能减排项目小组负责人负责。

5. 工程设计兼顾内容

适用该方法学的情景，在工程设计阶段应兼顾以下内容：

（1）在项目投产之前，项目业主与电网公司应对监测设备进行检查与调试,以确保仪器的正常运行。项目投产后,所有仪表均需至少半年校准一次。

(2) 一旦电表发生故障无法获取活动数据,项目若安装了备用电表,则采用备用电表数据;若未安装备用电表,则业主方应当自愿放弃故障部分的减排量。

(3) 所有测量仪器都应该按照相关行业标准予以校准。

3.5.3　CMS-002-V01 联网的可再生能源发电

CMS-002-V01 的编制参考了 UNFCC-EB 的小规模 CDM 项目方法学 AMS-Ⅰ.D.：Grid connected renewable electricity generation（第 17.0 版）。

1. 应用场景

该方法学包括利用可再生能源发电单元（如光伏、水力、潮汐/波浪、风力、地热和可再生生物质）进行发电,产生的电能用于安装新发电厂,增加现有电厂产能,现有工厂/装置的改造、修复、替换以及通过电网向确定的用户设施供电的项目活动。

2. 适用的前置条件

满足以下条件,项目适宜开发：

(1) 水库至少满足以下条件之一的水电站才有资格采用该方法学：

①项目在现有水库中实施,水库容量不变；

②项目在现有水库中实施,水库容量增加,功率密度大于 4 W/m²；

③项目产生了新水库,发电厂的功率密度大于 4 W/m²。

(2) 如果增加的发电机组既有可再生组件,也有不可再生组件（如风力/柴油机组）,则 CDM 项目活动 15 MW 的合格限制仅适用于可再生组件。如果添加的机组燃用化石燃料,则整个机组的容量不得超过 15 MW。

(3) 项目涉及改造或更换现有可再生发电机组,符合小型工程条件的,改造或改装机组的总输出不得超过 15 MW。

(4) 项目涉及在现有可再生发电设施中增加可再生发电机组的,则增加的机组总容量应低于 15 MW,且应与现有机组保持物理距离。

3. 禁用的限制条件

当存在以下情况时,项目不宜开发：

(1) 工程包含热电联产。

(2) 发电上网且区域电网边界不清晰。

(3) 工程情况受国家相关政策要求需保密无法公开。

(4) 总装机容量超过 15 MW。

4. 项目开发的基础资料

应用该方法学，需要准备以下资料：

(1) 项目可行性研究报告或可行性研究报告初稿。

(2) 项目环境影响评价报告。

(3) 项目可行性研究报告、环境影响评价报告批复文件。

(4) 区域电网接入方案。

5. 工程设计兼顾内容

适用该方法学的情景，在工程设计阶段应兼顾以下内容：

(1) 项目与接入电网的电量结算点处需设置符合项目所在国家标准的双向计量电表。

(2) 对于改造或扩建项目，应对项目发电设施和原发电设施的发电量分别计量，并按照项目监测方案要求分别提供历史发电量和预测未来发电量。

3.5.4 CMS-003-V01 自用及微电网的可再生能源发电

CMS-003-V01 的编制参考了 UNFCC-EB 的 CDM 项目方法学 AMS-I.F.：Renewable electricity generation for captive use and mini-grid（第 2.0 版）。

1. 应用场景

该方法学包括利用可再生能源发电单元（如光伏、水力、潮汐/波浪、风力、地热和可再生生物质）取代至少由一个化石燃料发电机组提供的配电系统的电力的项目活动，产生的电能可用于安装新发电厂，增加现有电厂产能，现有工厂/装置的改造、修复、替换以及通过电网向用户设施供电。在没有项目活动的情况下，用户将从下列一个或多个来源获得电力：国家或地区电网（以下简称电网）、化石燃料自备电厂、碳密集型微型电网。

2. 适用的前置条件

满足以下条件，项目适宜开发：

(1) 水库至少满足以下条件之一的水电站才有资格采用该方法学：

1) 项目在现有水库中实施，水库容量不变；

2) 项目在现有水库中实施，水库容量增加，功率密度大于 4 W/m^2；

3) 项目产生了新水库，发电厂的功率密度大于 4 W/m^2。

(2) 当项目活动是增加现有可再生能源电厂的可再生能源发电机组和装机容量，增加部分应低于 15 MW，并应与现有机组在物理上明确区分。

(3) 当项目活动是改建或替代，改建或替代机组的总装机容量不应超过 15 MW，以此确保为小型项目。

（4）如果增加的机组同时使用可再生和不可再生能源，则可再生能源机组的装机容量不能超过 15 MW；如果使用的不可再生能源包含化石燃料，则整个机组的装机容量不能超过 15 MW。

3．禁用的限制条件

当存在以下情况时，项目不宜开发：

（1）工程包含热电联产。

（2）非发电上网或区域电网边界不清晰。

（3）工程情况受国家相关政策要求需保密无法公开。

（4）总装机容量超过 15 MW。

4．项目开发的基础资料

应用该方法学，需要准备以下资料：

（1）项目可行性研究报告或可行性研究报告初稿、可行性研究报告批复、可行性研究报告编制及批复机构资质。

（2）环境影响评价报告、环境影响评价报告批复、环境影响评价报告出具机构资质。

（3）工程项目工艺流程图及说明、本地区内类似项目的情况说明。

（4）工程项目主要设备清单、技术规格书。

（5）工程项目概况和筹资情况说明、基准收益率证明。

（6）工程业主企业资质复印件（营业执照、资质证书等）。

（7）地方政府相关政策法规。

（8）区域电网接入方案。

5．工程设计兼顾内容

适用该方法学的情景，在工程设计阶段应兼顾以下内容：

（1）应对消耗物质的种类和数量、混燃系统中生物质与化石燃料的混合比例等进行计量。

（2）项目用电需要准确计量。

（3）如果项目活动产生的电力、蒸汽、热用于第三方，即项目边界内的其他设施，供需双方必须签订用能合同，确保不发生供需双方减排量重复计算。

3.5.5　CMS-058-V01 用户自行发电类项目

CMS-058-V01 的编制参考了小规模 CDM 项目方法学 AMS-Ⅰ.A.：Electricity generation by the user（第 16.0 版）。

1. 应用场景

该方法学适用于利用可再生发电单元,如太阳能光伏发电、水力发电、风力发电和可再生生物质发电,新建发电厂、替换现有现场化石燃料发电以及向单个家庭/用户或家庭/用户组供电的项目活动。

2. 适用的前置条件

满足以下条件,项目适宜开发:

(1) 当项目活动为向用户供电时,适用范围仅限于没有电网连接的单个家庭和用户,但以下情况除外:

1) 一组家庭或用户通过由可再生能源发电机组供电的独立迷你电网供电,其中发电机组的容量不超过 15 MW(即连接到迷你电网的所有可再生能源机组的装机容量总和小于 15 MW),如基于社区的独立的可再生电力系统;

2) 对于基于可再生能源的照明应用,每个系统的减排量每年少于 5 tCO_2e,并且应通过对目标家庭进行代表性抽样调查或者东道国政府机构的官方统计数据证明,在没有项目活动的情况下使用化石燃料进行发电;

3) 一组家庭或用户在项目活动开始日期(或有正当理由的验证开始日期)之前连接到电网,然而在计入期内,电网为家庭和用户提供的电力在任何给定的日历月内都不足 36 个小时,或者东道国的电网家庭覆盖率不足 50%。

(2) 水库至少满足以下条件之一的水电站才有资格采用该方法学:

1) 项目在现有水库中实施,水库容量不变;

2) 项目在现有水库中实施,水库容量增加,功率密度大于 4 W/m^2;

3) 项目产生了新水库,发电厂的功率密度大于 4 W/m^2。

(3) 如果增加的机组同时有可再生和非可再生成分,则可再生成分应小于 15 MW,如果机组加上化石燃料,整个单元的装机量不能超过 15 MW。

3. 禁用的限制条件

当存在以下情况时,项目不宜开发:

(1) 小型项目机组的输出总量超过 15 MW。

(2) 工程包含热电联产系统。

(3) 小型项目的单元经改造或修整后输出总量超过 15 MW。

(4) 扩建项目增加的容量超过 15 MW,与现存单元没有明确的物理界线。

(5) 非发电上网或区域电网边界不清晰。

(6) 工程情况受国家相关政策要求需保密无法公开。

4. 项目开发的基础资料

应用该方法学,需要准备以下资料:

(1) 项目可行性研究报告或可行性研究报告初稿、可行性研究报告批复、可行性研究报告编制及批复机构资质。

(2) 环境影响评价报告、环境影响评价报告批复、环境影响评价报告出具机构资质。

(3) 工程项目工艺流程图及说明、本地区内类似项目的情况说明。

(4) 工程项目主要设备清单、技术规格书。

(5) 工程项目概况和筹资情况说明、基准收益率证明。

(6) 工程业主企业资质复印件（营业执照、资质证书等）。

(7) 地方政府相关政策法规。

(8) 区域电网接入方案。

5. 工程设计兼顾内容

适用该方法学的情景，在工程设计阶段应兼顾以下内容：

(1) 项目用电需要准确计量。

(2) 对于只使用生物质或者生物质和化石燃料的项目，生物质和化石燃料的投入量应被准确计量。

(3) 对于消耗生物质的项目，每种燃料的消耗应准确计量。

(4) 任何给定月份，电网给家庭或其他用户发的电小于36个小时的项目，应安装监测表来持续监测供给家庭或其他用户的电力状态及记录给定阳历月份电网不可获得的小时数。

3.5.6 CM-011-V01 替代单个化石燃料发电项目的部分电力的可再生能源项目

CM-011-V01 的编制参考了 UNFCC-EB 的 CDM 项目方法学 AM0019：Renewable energy projects replacing part of the electricity production of one single fossil fuel fired power plant that stands alone or supplies to a grid, excluding biomass projects（第2.0版）。

1. 应用场景

该方法学适用于利用零排放可再生能源（风力、地热、太阳能、径流水力、波浪和/或潮汐）取代已确定的单个发电厂的项目活动。

2. 适用的前置条件

满足以下条件，项目适宜开发：

(1) 对于水力发电工程，水库功率密度（装机发电能力除以水库满水位的表面积）应大于 4 W/m²。

(2) 基准线发电厂要有足够的能力满足计入期内预期的需求增长。

(3) 如果所建项目仅仅替代一个指定的独立发电厂产生的电量，该发电厂应该被明确地识别出来。

3. 禁用的限制条件

当存在以下情况时，项目不宜开发：

(1) 非发电上网或区域电网边界不清晰。

(2) 现有发电厂余下的技术寿命和经济寿命小于拟议项目的计入期。

(3) 基准线发电厂的已配置容量和项目电厂的已配置容量之和在给定时间内高于基准线发电厂的最大容量。

(4) 工程情况受国家相关政策要求需保密无法公开。

(5) CO_2 减排量低于 15000 t/a。

4. 项目开发的基础资料

应用该方法学，需要准备以下资料：

(1) 项目可行性研究报告或可行性研究报告初稿、可行性研究报告批复、可行性研究报告编制及批复机构资质。

(2) 环境影响评价报告、环境影响评价报告批复、环境影响评价报告出具机构资质。

(3) 工程项目工艺流程图及说明、本地区内类似项目的情况说明。

(4) 工程项目主要设备清单、技术规格书。

(5) 工程项目概况和筹资情况说明、基准收益率证明。

(6) 工程业主企业资质复印件（营业执照、资质证书等）。

(7) 地方政府相关政策法规。

(8) 区域电网接入方案。

5. 工程设计兼顾内容

适用该方法学的情景，在工程设计阶段应兼顾以下内容：

(1) 项目与接入电网的电量结算点处需设置符合项目所在国家标准的双向计量电表。

(2) 对于地热项目，应当使用文丘里管式流量计（或者其他至少具有相同精确度的设备）对从地热井释放出来的蒸汽量进行测量。需要测量文丘里管式流量计的上游温度和压力。蒸汽量的计量应当是连续的，并且遵守相关的国际标准。能够实现在生产井中以及蒸汽田和发电厂接触面处对不凝性气体进行抽样。

3.5.7 GCCM001 利用可再生能源发电并供给电网或自备用户使用

GCCM001 的编制参考了 CDM 项目方法学：ACM0002：Grid connected electricity generation from renewable sources；AMS Ⅰ.D.：Grid connected renewable electricity generation；AMS Ⅰ.F.：Renewable energy generation for Captive use and mini-grid. 同时还参考了以下工具的最新版本：电力系统排放因子计算工具，电力消耗导致的基准线、项目和/或泄漏排放计算工具，额外性论证与评价工具。

1. 应用场景

该方法学适用于利用可再生能源（太阳能、风能、潮汐能、波浪能）发电，建立和运营一个新的公用事业规模发电厂（Utility Scale Power Plant，USPP）或分布式发电厂（Distributed Power Plants，DPPs），或电池储能或电池储能系统（Battery Storage, or Battery Energy Storage Systems，BESS），取代由国家或地区电网提供的配电系统的电力，向电网或特定用户供电的项目活动。

2. 适用的前置条件

满足以下条件，项目适宜开发：项目活动实施之前，现场已实现电网连接。

3. 禁用的限制条件

当存在以下情况时，项目不得开发：

（1）工程涉及热电联产系统。

（2）工程涉及任何种类的化石燃料的联合燃烧。

（3）使用电网功率或基于化石燃料的自备功率作为与 BESS 设置相关的辅助负载，并采用基于制冷剂或具有全球变暖潜力的清洁剂［如氢氟碳化合物（Hydrofluorocarbon，HFC）或氟氯化碳（Chlorofluorocarbon，CFC）］的冷却和/或灭火系统。

（4）工程情况受国家相关政策要求需保密无法公开。

4. 项目开发的基础资料

应用该方法学，需要准备以下资料：

（1）设计文件：规划方案、可行性研究报告、初步设计报告、环境影响评价报告。

（2）与监测参数有关的所有假设都应该透明公开地解释和记录。

（3）可再生能源发电机组在项目实施前 3 年的年平均发电量，如果机组使用时间少于 3 年，则需提供至少 1 年的年平均发电量。

5. 工程设计兼顾内容

无工程设计兼顾内容。

3.5.8　CM-075-V01 生物质废弃物热电联产项目

CM-075-V01 的编制参考了 CDM 项目方法学 ACM0006：Consolidated methodology for electricity and heat generation from biomass（第 12.1.0 版）。

1. 应用场景

该方法学适用于运行生物质能热电联产的项目活动，可包括以下活动，或在适用情况下，包括这些活动的组合：

(1) 在目前没有发电或发电的地点安装新工厂。

(2) 在当前发电或发热的地点安装新工厂、新工厂取代现有工厂或在现有工厂附近运营（产能扩建项目）。

(3) 提高现有生物质发电厂和热电厂的能效（能效提高项目），这也可能导致产能扩张。

(4) 在现有发电厂和热电厂或在没有项目的情况下建造的新发电厂和火电厂（燃料转换项目）中，全部或部分用生物质替代化石燃料。

2. 适用的前置条件

满足以下条件，项目适宜开发：

(1) 项目工厂使用的生物质仅限于生物质残渣、沼气、垃圾衍生燃料（Refuse Derived Fuel，RDF）、专用种植园的生物质。

(2) 化石燃料可在项目工厂内混合燃烧，混合燃烧的化石燃料量不超过以能源为基础燃烧的燃料总量的 80％。

(3) 项目工厂使用的生物质储存时间不得超过一年。

(4) 项目工厂使用的生物质在燃烧前未经过化学或生物处理（如通过酯化、发酵、水解、热解、生物或化学降解等），允许进行干燥和机械加工，如粉碎和造粒。

(5) 在燃料转换项目中，如果没有以下方面的资本投资，在技术上不可能使用生物质或增加生物质的使用量：

1) 改造或更换现有的热发生器/锅炉；

2) 安装新的热发生器/锅炉；

3) 为项目建立一个新的生物质专用供应链；

4) 生物质制备和投料设备。

3. 禁用的限制条件

当存在以下情况时，项目不宜开发：

(1) 生产沼气的废水产生源若不在 CDM 项目内时，沼气使用量超过燃料总能量的 50%。

(2) 因为实施项目活动而导致生产原材料的增加或使生产工艺发生其他实质性的变化。

(3) 工程情况受国家相关政策要求需保密无法公开。

(4) CO_2 减排量低于 15000 t/a。

4. 项目开发的基础资料

应用该方法学，需要准备以下资料：

(1) 项目可行性研究报告/规划方案、可行性研究报告批复/核准批复。

(2) 项目工艺流程图及说明（含生物质污水处理）、类似项目情况说明。

(3) 项目主要设备清单和相关信息、主要装置技术规格书、项目使用的主要燃料的情况（至项目前三年内）。

(4) 专职生物质原料生产种植园种植生物质的情况和耕地面积。

(5) 生物质残余物处理方式及残余物存放设施的具体参数。

(6) 对场外给场地供热的面积和平均供热量等的统计。

(7) 对场外给场地供电的电量统计。

(8) 若生产沼气的废水产生源注册在 CDM 项目内，废水项目详细信息应记录在项目设计文件（Project Design Document，PDD）内。

5. 工程设计兼顾内容

适用该方法学的情景，在工程设计阶段应兼顾以下内容：

(1) 要有单独的电表计量项目现场的用电量。

(2) 项目边界内的燃料消耗要有质量或体积计量，以及生物质水分含量计量（生物质水分含量每一批次都需要检测）。

(3) 产生热气体或燃烧气体的设备，需要安装气流量计、气温度和压力检测装置、气密度和比热检测装置。

(4) 锅炉排污和任何冷凝水返回热发生器处设置质量/体积流量计和温度变送器。

(5) 所有计量仪表精度都要符合方法学要求。

(6) 项目生物质残余物存放设施设置。

(7) 生物质处理污水的污水流量计设置。

(8) 沼气气流量计设置（若使用沼气）。

（9）燃料的排放因子和净热值若采用实际测量，应根据相关国际标准进行实验测量，且至少每六个月测量一次，每次至少三个样本（可使用本地数据、国家数据或 IPCC 默认值）。

3.5.9 CM-073-V01 供热锅炉使用生物质废弃物替代化石燃料

CM-073-V01 的编制参考了 CDM 项目方法学 AM0036：Fuel switch from fossil fuels to biomass residues in heat generation equipment（第 4.0.0 版）。

1. 应用场景

该方法学适用于利用生物质燃烧发电驱动工业设备的项目活动，可包括以下活动或这些活动的合理组合：

（1）在目前没有产生热量的地点建造新工厂。

（2）建造新工厂以取代现有工厂，或在现有工厂附近运营以增加产能。

（3）提高现有生物质发电厂的能源效率（能源效率提高项目活动），这也可能导致产能扩张。

（4）在现有工厂或在没有项目的情况下建造的新工厂（燃料转换项目活动）中，全部或部分用生物质替代化石燃料。

2. 适用的前置条件

满足以下条件，项目适宜开发：

（1）供热设备产生的热能不用于发电或如果原本已使用供热设备的热量发电，不能因项目活动的实施而增加发电量。

（2）在项目活动实施前最近三年内，项目现场的供热设备不利用任何生物质或仅利用生物质废弃物（而非其他类型的生物质）供热。

（3）如果项目活动使用了工厂生产过程中产生的生物质废弃物，则项目的实施不能引起生产原材料的增加或生产工艺的其他重大变化。

（4）项目现场（即项目活动实施地点）利用的生物质废弃物储存时间不应超过一年。

3. 禁用的限制条件

当存在以下情况时，项目不宜开发：

（1）在计入期内，供热设备使用了上文定义之外的生物质废弃物。

（2）在供热设备内混燃的化石燃料超过了燃料消耗总量的 50%（按能量计算）。

（3）计入期内的年发电量超过项目实施前最近三年内最高年发电量的 10%。

（4）在没有资本介入带来设备升级或供应链升级的情况下，超量（超历史最高值）使用生物废弃物。

（5）在燃烧前需对生物质废弃物进行处理（如废油酯化）。

（6）工程情况受国家相关政策要求需保密无法公开。

（7）CO_2减排量低于15000 t/a。

4. 项目开发的基础资料

应用该方法学，需要准备以下资料：

（1）项目可行性研究报告/规划方案、可行性研究报告批复/核准批复。

（2）项目工艺流程图及说明（含生物质污水处理）、类似项目情况说明。

（3）项目主要设备清单和相关信息、主要装置技术规格书、项目使用的主要燃料的情况（至项目前三年内）。

（4）专职生物质原料生产种植园种植生物质的情况和耕地面积。

（5）生物质残余物处理方式及残余物存放设施具体参数。

（6）对场外给场地供热的面积和平均供热量等的统计。

5. 工程设计兼顾内容

适用该方法学的情景，在工程设计阶段应兼顾以下内容：

（1）要有单独的电表计量项目现场的用电量。

（2）项目边界内的燃料消耗要有质量或体积计量和生物质水分含量计量（生物质水分含量每一批次都需要检测）。

（3）产生热气体或燃烧气体的设备，需要安装气流量计、气温度和压力检测装置、气密度和比热检测装置。

（4）所有计量仪表精度都要符合方法学要求。

（5）项目生物质残余物存放设施设置。

（6）生物质处理污水的污水流量计设置。

（7）沼气气流量计设置（若使用沼气）。

（8）燃料的排放因子和净热值若采用实际测量，应根据相关国际标准进行实验测量，且至少每六个月测量一次，每次至少三个样本（可使用本地数据、国家数据或IPCC默认值）。

（9）若项目活动涉及替代或改造现有供热设备，在计入期内的减排量只能计算到现有设备的技术寿命结束日。

3.5.10 CM-017-V01 向天然气输配网中注入生物甲烷

CM-017-V01的编制参考了CDM项目方法学AM0053：Biogenic methane

injection to a natural gas distribution grid（第 3.0.0 版）。

1. 应用场景

该方法学用于将沼气处理和净化至与天然气同等品质，并通过天然气输配网络进行输配的项目活动。沼气由有机物厌氧分解产生，可以来源于液体废弃物处理或者动物粪便管理系统等，不能来源于垃圾填埋气。

2. 适用的前置条件

满足以下条件，项目适宜开发：

（1）项目活动使用的沼气在项目活动实施前或者被放空或者被焚烧，并且在不实施本项目活动时沼气将继续被放空或被焚烧。项目实施方必须通过文件证明项目实施前沼气确为放空或者点燃放空。

（2）天然气配送网络的地理边界在项目所在国边界之内。

（3）沼气来源于垃圾填埋气。

3. 禁用的限制条件

当存在以下情况时，项目不宜开发：

（1）工程情况受国家相关政策要求需保密无法公开。

（2）CO_2 减排量低于 15000 t/a。

4. 项目开发的基础资料

应用该方法学，需要准备以下资料：

（1）项目可行性研究报告/规划方案、可行性研究报告批复/核准批复。

（2）项目工艺流程图、类似项目情况说明。

（3）项目天然气管道以及配送网络的相关信息、主要装置技术规格书。

（4）项目活动实施前沼气放空或焚烧的情况说明。

（5）沼气生产、提纯、净化设施的具体参数。

5. 工程设计兼顾内容

适用该方法学的情景，在工程设计阶段应兼顾以下内容：

（1）项目活动向天然气管网提供的能量。

（2）如果项目使用无水循环吸附技术，则连续监测废水的体积。

（3）定期监测废水中的甲烷浓度。

（4）提纯设备消耗的能量。

（5）放空气中的甲烷含量。

（6）火炬燃烧效率。

3.5.11 CM-085-V01 生物基甲烷用作生产城市燃气的原料和燃料

CM-085-V01 的编制参考了 CDM 项目方法学 AM0069：Biogenic methane use as feedstock and fuel for town gas production（第 2.0 版）。

1. 应用场景

该方法学适用于利用废水处理设备或者垃圾填埋场中所采集的沼气，部分或全部替代用于城市燃气生产的原料和燃料的天然气或者其他具有更高含碳量的化石燃料的项目。

2. 适用的前置条件

满足以下条件，项目适宜开发：

（1）使用沼气作为原料和燃料所生产的城市燃气，是通过现有的城市燃气管道传输给用户或通过城市燃气网进行传输的，燃烧用于供能。

（2）使用沼气作为原料不会导致生产的城市燃气的组分发生变化，即沃泊指数的变化不超过 10%。

（3）项目所使用的沼气是在现有的垃圾填埋场或污水处理设备中采集的。垃圾填埋场和污水处理设备应该有至少三年的沼气排空或燃烧的历史。在没有项目活动的情况下，沼气将继续被排空或燃烧。项目参与方应通过项目活动实施前的排空或燃烧的文件记录证据予以说明。

（4）项目活动是在现有的城市燃气工厂内实施的。在项目活动开始实施之前，该工厂只使用化石燃料，而非沼气，并且有至少三年使用化石燃料作为原料生产城市燃气的历史。工厂必须拥有项目活动开始前最近三年生产的城市燃气的量和组分的数据和使用的化石燃料的量和组分的数据。

（5）基准线情景应是排空或燃烧采集的沼气，同时城市燃气的生产以化石燃料作为原料。

3. 禁用的限制条件

当存在以下情况时，项目不宜开发：

（1）项目导致生产的城市燃气的组分发生变化，沃泊指数的变化超过 10%。

（2）工程情况受国家相关政策要求需保密无法公开。

（3）CO_2 减排量低于 15000 t/a。

4. 项目开发的基础资料

应用该方法学，需要准备以下资料：

（1）项目可行性研究报告/规划方案、可行性研究报告批复/核准批复。

（2）项目工艺流程图、类似项目情况说明。

（3）项目主要设备清单和相关信息、主要装置技术规格书、项目使用的主要燃料的情况（至项目前三年内）。

（4）项目活动实施前沼气放空或焚烧的情况说明。

（5）沼气生产、提纯、净化以及运输设施的具体参数。

5. 工程设计兼顾内容

适用该方法学的情景，在工程设计阶段应兼顾以下内容：

（1）流量计持续测量城市燃气产量、化石燃料用量以及沼气用量。

（2）使用合格设备，每月不间断测量城市燃气、化石燃料以及沼气的平均净热值。

3.5.12 CM-022-V01 供热中使用地热替代化石燃料

CM-022-V01 的编制参考了 UNFCC-EB 的 CDM 项目方法学 AM0072：Fossil fuel displacement by geothermal resources for space heating（第 2.0 版）。

1. 应用场景

该方法学适用于在新建设施中引入地热供暖系统，或者在现有的地热供暖系统中添加额外的地热井来扩展其运行的地热区域供暖系统。

2. 适用的前置条件

满足以下条件，项目适宜开发：

（1）根据与现有供暖系统相连的建筑物和即将使用地热的新建建筑物的位置，可以清楚地确定项目边界的地理范围；在现有设施扩建的情况下，可以清楚地确定现有地热井的位置和容量，以及供暖系统的基础设施。

（2）目前用于空间供暖的化石燃料部分或全部被从地热中提取的热量所取代。

（3）安装的热容量可能会因项目活动而增加，但这一增长仅限于之前容量的 10%；否则，必须为新产能确定新的基准情景。

3. 禁用的限制条件

当存在以下情况时，项目不宜开发：

（1）使用温室气体排放制冷剂。

（2）区域供热系统应用于工业过程。

（3）工程情况受国家相关政策要求需保密无法公开。

（4）CO_2 减排量低于 15000 t/a。

4. 项目开发的基础资料

应用该方法学，需要准备以下资料：

(1) 项目设计文件：规划方案、可行性研究报告、初步设计报告。

(2) 现有供热系统的化石燃料类型及用量、电力用量、供热设施端点测量的净热输出量。

(3) 新建地热系统所需的化石燃料类型及用量、电力用量、供热设施端点测量的净热输出量。

5. 工程设计兼顾内容

适用该方法学的情景，在工程设计阶段应兼顾以下内容：

(1) 项目换热站热交换器的进出口温度、进出口流量需要准确计量。

(2) 项目边界内用电需要准确计量。

(3) 项目边界内如有热泵，需要对每一个热泵用电、供热进行准确计量。

(4) 所有计量仪表精度都要符合国家标准和方法学要求。

3.5.13 应用案例

3.5.13.1 可再生能源发电项目

某小型水电项目成功备案为 CDM 项目，采用了"CMS-002-V01：联网的可再生能源发电"这一方法学。此项目主要是为了进行水力发电，有助于减少当地化石能源进口，减少二氧化碳排放，产生的清洁电力会被出售至国家电力公司，促进国家能源的可持续发展。该项目预计年平均发电量为 36021 MW·h，年平均温室气体减排量为 28817 tCO_2e。

1. 方法学的适用性

CMS-002-V01 适用于可再生能源发电机组，如水力发电。转化的电能需要供给国家、区域性地区或者进行电力转运。该小型水电项目产生的清洁电力将被出售至国家电力公司且符合之前在这里并无水力发电厂的要求。

2. 项目边界

该项目的边界为该项目所处流域，如图 3-3 所示。

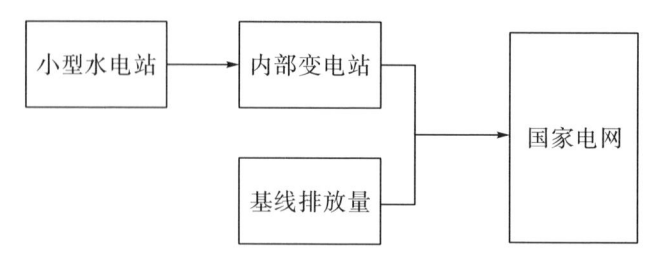

```
┌──────────┐    ┌──────────┐
│ 小型水电站 │───▶│ 内部变电站 │────┐
└──────────┘    └──────────┘    │    ┌──────────┐
                                ├───▶│ 国家电网  │
                ┌──────────┐    │    └──────────┘
                │ 基线排放量│────┘
                └──────────┘
```

图 3-3　某小型水电项目边界

3. 基准线情景

在为该水电项目制定基准线时，假设其将遵循小型清洁发展机制项目活动中的可再生发电项目，而后选定小型清洁发展机制项目活动的指示性简化基准线和监测方法中所述的基准线。对于所有化石燃料发电机组来说，基准线是可再生发电机组产生的年千瓦时乘以相关容量的现代柴油发电机组在最佳负荷下运行的排放系数。对于该水电项目，使用 0.80（>200 kW）的系数。

4. 减排量计算

考虑到平均年发电量为 36 GW·h，减排量用以下公式计算：

$$CO_2e = 平均能量/1000 \times 0.80 \quad (3-4)$$

式中，CO_2e 的单位为 t，平均能量的单位为 GW·h/a。

计算可得该水电项目的运行，平均每年可减少约 28817 t 的 CO_2 排放。

5. 监测

根据 CDM 小型项目活动中的说明，监测应包括对可再生技术（水电）发电量的计量，其中无需进行泄漏计算。

3.5.13.2　生物质能利用项目

某锅炉中的生物质残渣代替化石燃料供热项目成功备案为 CDM 项目，应用了"CM-073-V01：供热锅炉使用生物质废弃物替代化石燃料"这一方法学。项目活动内容主要是重建锅炉，将燃料从化石燃料转换为生物质残渣，项目涉及所在地 19 个分散工厂的 23 台锅炉。生物质残留物将被作为燃料提供能量，每年将向工厂供应能量 1368 TJ。除了在点火阶段需要使用柴油外，锅炉中不会消耗其他化石燃料。由于燃料转换，每年将减少温室气体排放 145177 tCO_2e，在 10 年的固定抵扣期内，总减排量为 1451770 tCO_2e。该项目还将产生良好的经济和环境效益，从而促进当地的可持续发展。

1. 方法学的适用性

该方法学适用于利用现有锅炉或新锅炉中的生物质残渣代替化石燃料供热

的项目活动。该项目活动是使用生物质残渣作为燃料对 23 台现有锅炉进行改造。项目中使用的生物质主要来自当地加工竹材和木材的工业废料，或大米加工后的稻壳和稻草。大量生物质残留物来自附近的农民和木材加工厂，可以把残留的生物质用于项目活动，符合方法学的要求。

2. 项目边界

项目边界内的温室气体排放源（见图 3-4）包括：

（1）生物质残渣被收集和运输至项目现场产生的温室气体排放。

（2）由于生物质在锅炉中燃烧而产生的温室气体排放。

（3）拟建项目现场消耗的化石燃料所需排放量。

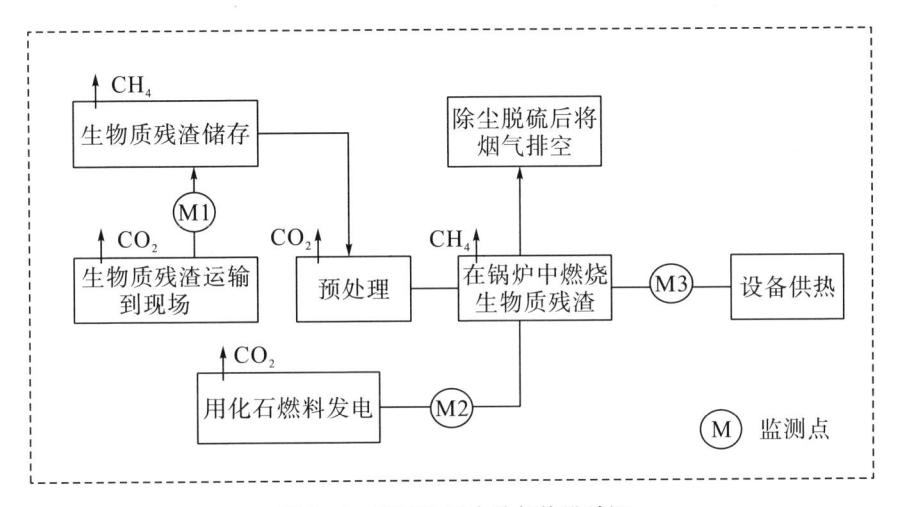

图 3-4 项目边界内的气体排放源

3. 基准线情景

拟议项目是对锅炉进行改造，使燃料从煤炭转换为生物质发电。该项目将减少人为温室气体排放。因此，基准线应包括没有拟议项目时的燃料消耗量，以及没有拟议项目的生物质残留物处理量。通过对多种备选方案的分析以及对国家政策的综合考虑，最终选用表 3-5 中的替代方案 2：使用与过去相同的燃料组合进行发电，生物质残留物将作为能源出售给市场。基准线情景的具体确定过程见表 3-5。

表 3-5 基准线情景确定过程

	替代方案	选用/排除	理由
1	拟议项目未备案成减排项目的情况	排除	是合理的方案，但不是排放量最低的方案

续表

	替代方案	选用/排除	理由
2	使用与过去相同的燃料组合进行发电，生物质残留物将作为能源出售给市场	选用	是碳排放量最低、最合理的方案
3	使用不同燃料（混合燃料）继续运行现有锅炉	排除	项目区域没有可用作替代燃料的资源，特别是对当地的小型企业来说，不可能使用昂贵的替代燃料（如CNG、LNG等）
4	提高现有锅炉的能源效率	排除	要提高锅炉热效率，必须对锅炉进行改造或更换。然而，这种设备升级或采购需要大规模投资，这对一些本土企业来说并不是一个有吸引力的替代方案。这是现有的小型锅炉在长期污染当地环境的情况下仍被广泛使用的主要原因
5	使用与过去相同的燃料组合或较少的生物质残留物继续运行现有的锅炉，并安装与现有锅炉相同的燃料类型和相同的燃料组合（或较低的生物质份额）燃烧的新锅炉	排除	本项目涉及的企业对能源的需求没有增加，因此在维护现有锅炉的同时不需要安装新的锅炉
6	用新锅炉更换现有锅炉	排除	由于采购新锅炉的价格较高，现有锅炉使用寿命均在十年以上。本项目所涉及的企业在现有锅炉剩余寿命结束前安装新锅炉是不现实的

4. 减排量计算

项目的减排量由基准线排放量减去实施项目活动后的排放量和泄漏量得到。

项目的基准线排放包括在没有项目活动的情况下锅炉中化石燃料燃烧产生的CO_2排放，如果基准线情景包括在项目边界内，则还包括在没有项目活动的条件下处理生物质残留物产生的CH_4排放。

项目排放包括现场用电、现场化石燃料燃烧、生物质残渣燃烧产生的CH_4排放以及将锅炉中的生物质残渣由场外运输到项目现场过程中的消耗。

假设拟议项目中生物质残留物的使用不会导致拟建项目外化石燃料消耗量增加，从而导致排放量增加，则本项目的泄漏排放量为0。

通过计算，计入期内项目总减排量约为 1451770 tCO_2e。

5. 监测

本项目活动需要监测一些参数，主要包括：生物质残渣替代燃料的CO_2排放因子，现场锅炉产生的总热量，燃烧的不同种类生物质残渣的量，不同种类生物质残渣产生的净热值，不同种类生物质残渣的含水率，用于锅炉燃烧的化石燃料量，运输生物质残渣的汽油柴油消耗，运输生物质残渣所消耗燃料的净热值，生物质残渣燃烧的CH_4排放因子等。

3.5.13.3 地热供暖项目

某地热空间供暖工程成功备案为CDM项目，应用了"CM-022-V01：供热中使用地热替代化石燃料"这一方法学。项目活动的计划和设计旨在引入基于地热能的空间供暖系统，以便在冬季期间为当地一系列新的住宅和商业建筑提供地热。项目在2010年至2013年期间分阶段开发。2013年全面开发完成后，该项目能够为2176000 m²的新建筑提供地热，总热负荷为101.01 MW。第一座变电站于2010年11月投入运营，整个项目于2013年1月投入运营。

1. 方法学的适用性

在应用地热供暖之前，北方冬季集中取暖大多靠煤炭或者天然气。此类化石能源的燃烧会排放大量的温室气体，不利于环保。该项目涉及地热生产井、回注井、变电站和供热管道的建设和运营，总共建造了37口地热井。以地热来为建筑供暖，可以减少温室气体的排放，达到碳减排的要求。CM-022-V01可以贴切地给出一些指导建议，便于后续工作的顺利进行。

2. 项目边界

项目边界的空间范围包括：

(1) 地热提取场地，包括地热井、回注井、泵、地热储水箱等，包括21口生产井、16口回注井、14个一级管网和辅助设施。项目活动边界如图3-5所示。

(2) 集中供暖系统，包括已连接或将连接到地热供暖系统的管道、车站、换热站和建筑物；拟建项目包括14个换热器、14个二次网络、14个子区域的建筑和辅助设施。

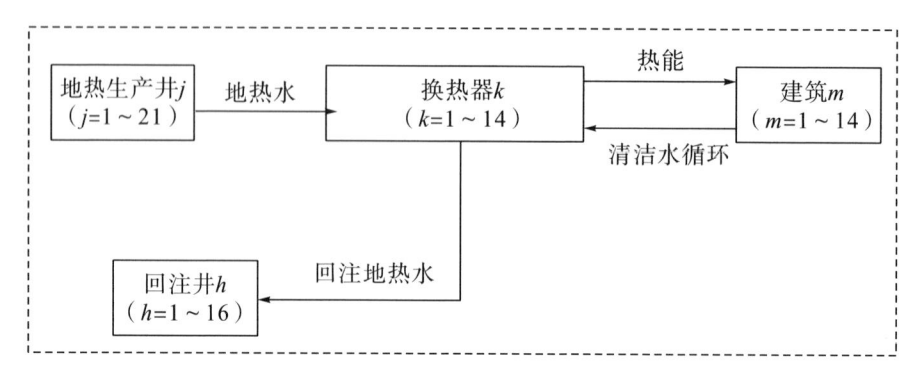

图 3－5 项目活动边界示意

3. 基准线情景

基准线情景是：217.6 万平方米的新建筑将由 14 个新建的独立燃煤供热网络供应。拟议的项目活动将通过地热资源替代化石燃料用于空间供暖来减少温室气体排放。基准线情景的具体确定过程见表 3－6。

表 3－6 基准线情景确定过程

	替代方案	选用/排除	理由
1	拟议项目未备案成减排项目的情况	排除	是可行的但不是最具经济吸引力的方案
2	引入一个新的综合区域供热系统	排除	项目所在地理范围内无电厂，无法使用综合集中供热系统
3	继续运行或修复有的区域供热网络或建立新的区域供热网络，该区域供热网络使用燃煤锅炉，通过配热网络向多栋建筑供热	选用	是最具经济吸引力的替代方案
4	继续使用或引进个别供热解决方案，如个别建筑的燃煤锅炉	排除	限于当地政策，不做此选择
5	继续使用或引进个别供热解决方案，如个别建筑的燃油锅炉或者用电	排除	成本太高

4. 减排量计算

项目的减排量由基准线排放量减去实施项目活动后的排放量和泄漏量得到。

该项目的基准线排放量为基准线情景中的独立区域使用煤炭等化石燃料进行供暖产生的 CO_2 排放量。项目排放量的计算考虑了地热喷口释放的无组织 CO_2 和 CH_4，使用泵提取地热水消耗电力以及运行地热设施燃烧化石燃料导致的温室气体排放。该项目不考虑泄漏排放。

最终计算得出，年平均碳减排量为 95245 tCO_2e。

5. 监测

该项目应在每个变电站测量供应给最终用户的所有热量。对于每个连接到换热站的独立区域供热网络，应连续测量供热量。计量表的安装方式应确保仅计量用于空间供暖和地热井供应的热量。

主要的监测数据包括：换热器下游进出口温度平均温差、换热器下游平均流量、各井的年热利用小时数、不同类型建筑的净采暖面积、不同类型建筑的供暖指标、地热供暖系统的用电量。

3.6 林业碳汇类核算方法

森林在碳循环、碳积蓄中起着重要的调控作用，与其他植被生态系统相比，树木生活周期普遍较长，体形较大，不仅在时间和空间上占据较大的生态位置，还具有较高的碳储存密度，能够长期和大量地影响大气碳库。发展碳汇造林是实现碳中和的重要途径。但是单亩林业投资较大、周期较长，在20～30年内经济回报率较低，且额外性较强。按照相关方法学，开发林业碳汇项目既能为林业经营带来较高的经济收益，也能改善当地的生态环境和自然景观，促进绿色低碳发展。目前涉及植树造林的方法学有6个，使用次数由多到少依次为：AR-CM-001-V01、AR-CM-002-V01、AR-CM-005-V01、AR-CM-003-V01、AR-CM-004-V01、CM-099-V01。

3.6.1 AR-CM-001-V01 碳汇造林项目方法学

AR-CM-001-V01 的编制参考了《联合国气候变化框架公约》中清洁发展机制（CDM）的造林再造林项目活动的方法学及其工具，政府间气候变化专门委员会有关土地利用、土地利用变化和林业温室气体清单指南和优良做法指南，同时也参照了国际自愿减排市场造林再造林碳汇项目实施的一般要求等，并充分结合我国林业实际情况而制定。

1. 应用场景

该方法学适用于温室气体自愿减排交易体系下以增加碳汇为主要目的的碳汇造林项目活动（不包括竹子造林）。

2. 适用的前置条件

满足以下条件，项目适宜开发：

(1) 项目用地是 2005 年 2 月 16 日以来的无林地。造林地权属清晰，具有县级以上人民政府核发的土地权属证书。

(2) 项目用地不属于湿地和有机土的范畴。

(3) 项目不违反任何国家有关法律、法规和政策措施，且符合国家造林技术规程。

(4) 项目对土壤的扰动符合水土保持的要求，如沿等高线进行整地，土壤扰动面积比例不超过地表面积的 10% 且 20 年内不重复扰动。

(5) 项目不采取烧除的林地清理方式（炼山）以及其他人为火烧活动；项目活动不移除地表枯落物，不移除树根、枯死木及采伐剩余物。

(6) 项目不会造成项目开始前农业活动（作物种植和放牧）的改变。

3. 禁用的限制条件

当存在以下情况时，项目不宜开发：

(1) 工程情况受国家相关政策要求需保密无法公开。

(2) CO_2 减排量低于 15000 t/a。

4. 项目开发的基础资料

应用该方法学，需要准备以下资料：

(1) 规划、可行性研究报告、初步设计报告等。

(2) 所提供的资料应包含项目所在地及土地信息：

1) 项目所在地气候；

2) 项目所在地土壤特征，如高活性黏质土壤、低活性黏质土壤、砂质土、灰化土、火山灰土；

3) 项目所在地海拔；

4) 项目所在地年降水量；

5) 土地种类。

(3) 所提供的资料应包含碳层（地层）信息：各层土壤类型、土地种类（草地、农田）、基准线主要植被类型、植被冠层盖度、项目树种、引进苗龄、树苗规格、土地利用情况、管理措施、有机碳输入情况、造林时间、间伐、轮伐期等信息。碳层（地层）分层分为事前分层和事后分层两类。其中，事前分层又分为事前基准线分层和事前项目分层。事前基准线分层通常根据主要植被类型、植被冠层盖度或土地利用情况进行分层；事前项目分层主要根据项目设计的造林或营林模式（如树种、造林时间、间伐、轮伐期等）进行分层。

5. 工程设计兼顾内容

适用该方法学的情景，在工程设计阶段应兼顾以下内容：明确碳层（地层）信息，包括各层土壤类型、土地种类、基准线主要植被类型、植被冠层盖度、项目树种、引进苗龄、树苗规格、土地利用情况、管理措施、有机碳输入情况、造林时间、间伐、轮伐期等信息。

3.6.2　AR-CM-002-V01 竹子造林碳汇项目方法学

我国竹子资源十分丰富，是世界上竹类分布最广、资源最丰富的国家。竹林作为一种特殊的植被类型，是我国重要的造林类型之一。现有的 CDM 造林再造林项目方法学不适于竹子造林。因此 AR-CM-002-V01 在传统 CDM 造林再造林方法学的基础上，增加了竹产品碳库，提供了可供项目参与方选择的新的基准线情景识别和额外性论证程序，以及竹子造林碳计量方法。

1. 应用场景

该方法学适用于采用竹子进行造林的项目活动。

2. 适用的前置条件

满足以下条件，项目适宜开发：

（1）项目用地不属于湿地。

（2）如果项目用地属下列情况之一，竹子造林或营林过程中对土壤的扰动不超过地表面积的 10%：

1) 土壤为有机土。

2) 符合下列条件的草地：

①改良草地：中度放牧下的可持续利用，至少存在一种改良措施（施肥、草种改良、灌溉）。

②未退化草地：非退化或可持续管理的草地，未实施改良措施。

③中度退化草地：过牧或中度退化，相对于未退化草地，生产力较低，未实施改良措施。

3) 符合下列条件的农地：

①短期作为农地、休（弃）耕地（休耕、弃耕期短于 20 年，或其他已生长多年生草本植物的闲置农地）：全耕——充分翻耕或频繁（年内）耕作导致强烈土壤扰动，在种植期地表残体盖度低于 30%；减耕——对土壤的扰动较低（通常耕作深度浅，不充分翻耕），在种植期地表残体盖度通常大于 30%；免耕——播种前不经初耕，仅在播种带上有最低限度的土壤扰动，一般使用杀虫剂控制杂草。

②长期农耕地（连续耕作 20 年以上，以一年生作物为主）：免耕——播种前不经初耕，仅在播种带上有最低限度的土壤扰动，一般使用杀虫剂控制杂草。

(3) 项目地适宜竹子生长，种植的竹子最低高度能达到 2 m，且竹杆胸径（或眉径）至少可达到 2 cm，地块连续面积不小于 1 亩，郁闭度不小于 0.20。

(4) 项目不采取烧除的林地清理方式（炼山），对土壤的扰动符合水土保持要求，如沿等高线进行整地，不采用全垦的整地方式。

(5) 项目活动不清除原有的散生林木。

3. 禁用的限制条件

当存在以下情况时，项目不宜开发：

(1) 工程情况受国家相关政策要求需保密无法公开。

(2) CO_2 减排量低于 15000 t/a。

4. 项目开发的基础资料

应用该方法学，需要准备以下资料：

(1) 规划、可行性研究报告、初步设计报告等。

(2) 所提供的资料应包含项目所在地及土地信息：

1) 项目所在地气候；

2) 项目所在地土壤特征；

3) 项目所在地海拔；

4) 项目所在地年降水量；

5) 土地种类。

(3) 所提供的资料应包含碳层（地层）信息：各层土壤类型、土地种类（草地、农田）、基准线主要植被类型、植被冠层盖度、项目树种、引进苗龄、树苗规格、土地利用情况、管理措施、有机碳输入情况、造林时间、间伐、轮伐期等信息。

5. 工程设计兼顾内容

适用该方法学的情景，在工程设计阶段应兼顾以下内容：明确碳层（地层）信息，包括各层土壤类型、土地种类、基准线主要植被类型、植被冠层盖度、项目树种、引进苗龄、树苗规格、土地利用情况、管理措施、有机碳输入情况、造林时间、间伐、轮伐期等信息。

3.6.3 AR-CM-005-V01 竹林经营碳汇项目方法学

AR-CM-005-V01 的编制以最新批准的在非湿地上的大型造林再造林项目方法学（AR-ACM0003）模版为框架基础，参考和借鉴 CDM 项目方法学有关工具、方式和程序，以及国际国内自愿减排相关林业碳汇项目方法学和要求，充分吸收竹林碳汇的最新研究成果，充分体现竹林经营活动和固碳特性，经林业和 CDM 领域专家学者及利益相关方反复研讨修改后编制而成，力求方法学既符合国际规则又适合我国竹林经营活动实际，使之具有科学性、合理性和可操作性。

1. 应用场景

该方法学适用于以增加碳汇为重要经营目标的竹林经营管理活动。

2. 适用的前置条件

满足以下条件，项目适宜开发：

(1) 实施项目活动的土地为符合国家规定的竹林，即郁闭度≥0.20、连续分布面积≥0.0667 ha、成竹竹杆高度不低于 2 m、竹杆胸径不小于 2 cm 的竹林。当竹林中出现散生乔木时，乔木郁闭度不得达到国家乔木林地标准，即乔木郁闭度必须小于 0.20。

(2) 项目用地不属于湿地和有机土壤。

(3) 项目活动不违反国家和地方政府有关森林经营的法律法规和有关强制性技术标准。

(4) 项目采伐收获竹材时，只收集竹杆、竹枝，而不移除枯落物。

(5) 项目活动不清除竹林内原有的散生林木。

(6) 项目活动对土壤的扰动符合下列所有条件：

1) 符合竹林科学经营和水土保持要求，松土锄草时，沿等高线方向带状进行，对项目林地的土壤管理不采用深翻复垦方式；

2) 采取带状沟施和点状笼施方式施肥，施肥后必须覆土盖严。

3. 禁用的限制条件

当存在以下情况时，项目不宜开发：

(1) 工程情况受国家相关政策要求需保密无法公开。

(2) CO_2 减排量低于 15000 t/a。

4. 项目开发的基础资料

应用该方法学，需要准备以下资料：

(1) 规划、可行性研究报告、初步设计报告等。

(2) 所提供的资料应包含项目所在地及土地信息：

1) 项目所在地气候；

2) 项目所在地土壤特征；

3) 项目所在地海拔；

4) 项目所在地年降水量；

5) 土地种类（草地、农田）。

(3) 所提供的资料应包含碳层（地层）信息：各层土壤类型、土地种类（草地、农田）、基准线主要植被类型、植被冠层盖度、项目树种、引进苗龄、树苗规格、土地利用情况、管理措施、有机碳输入情况、造林时间、间伐、轮伐期等信息。

5. 工程设计兼顾内容

适用该方法学的情景，在工程设计阶段应兼顾以下内容：明确碳层（地层）信息，包括各层土壤类型、土地种类、基准线主要植被类型、植被冠层盖度、项目树种、引进苗龄、树苗规格、土地利用情况、管理措施、有机碳输入情况、造林时间、间伐、轮伐期等信息。

3.6.4 AR-CM-003-V01 森林经营碳汇项目方法学

AR-CM-003-V01 的编制以 2012 年批准的 CDM 项目最新方法学模板为基础，参考和借鉴 CDM 项目方法学有关工具、方式和程序，政府间气候变化专门委员会发布的《IPCC 2006 年国家温室气体清单编制指南》和《土地利用、土地利用变化和林业优良做法指南》，并结合国内有关森林经营碳汇的工作实际，经有关领域专家学者及利益相关方反复研讨后编制而成。这使 AR-CM-003-V01 更具科学性、合理性和可操作性，既符合国际规则又适应我国林业实际。

1. 应用场景

该方法学适用于以增加碳汇为主要目的的森林经营活动。

2. 适用的前置条件

满足以下条件，项目适宜开发：

(1) 实施项目活动的土地为符合国家规定的乔木林地，即郁闭度$\geqslant$0.20，连续分布面积$\geqslant$0.0667 ha，树高$\geqslant$2 m 的乔木林。

(2) 在项目活动开始时，拟实施项目活动的林地属人工幼、中龄林。

(3) 项目活动符合国家和地方政府颁布的有关森林经营的法律法规和政策措施以及相关的技术标准或规程。

(4) 项目地土壤为矿质土壤。

(5) 项目活动不涉及全面清林和炼山。

(6) 除为改善林分卫生状况而开展的森林经营活动外，不移除枯死木和地表枯落物。

(7) 项目活动对土壤的扰动符合下列所有条件：

1) 符合水土保持的实践，如沿等高线进行整地；

2）土壤的扰动面积不超过10%；

3）2对土壤的扰动每20年至多一次。

3. 禁用的限制条件

当存在以下情况时，项目不宜开发：

(1) 工程情况受国家相关政策要求需保密无法公开。

(2) CO_2减排量低于15000 t/a。

4. 项目开发的基础资料

应用该方法学，需要准备以下资料：

(1) 规划、可行性研究报告、初步设计报告等。

(2) 所提供的资料应包含项目所在地及土地信息：

1）项目所在地气候；

2）项目所在地土壤特征；

3）项目所在地海拔；

4）项目所在地年降水量；

5）土地种类。

(3) 所提供的资料应包含碳层（地层）信息：各层土壤类型、土地种类（草地、农田）、基准线主要植被类型、植被冠层盖度、项目树种、引进苗龄、树苗规格、土地利用情况、管理措施、有机碳输入情况、造林时间、间伐、轮伐期等信息。

5. 工程设计兼顾内容

适用该方法学的情景，在工程设计阶段应兼顾以下内容：明确碳层（地层）信息，包括各层土壤类型、土地种类、基准线主要植被类型、植被冠层盖度、项目树种、引进苗龄、树苗规格、土地利用情况、管理措施、有机碳输入情况、造林时间、间伐、轮伐期等信息。

3.6.5 AR-CM-004-V01 可持续草地管理温室气体减排计量与监测方法学

AR-CM-004-V01的编制参考和借鉴了CDM项目方法学有关工具、方式和程序，政府间气候变化专门委员会发布的《IPCC 2006年国家温室气体清单编制指南》和《土地利用、土地利用变化和林业优良做法指南》，并结合国内有关可持续草地管理的工作实际，经有关领域专家学者及利益相关方反复研讨后编制而成。这使AR-CM-004-V01更具科学性、合理性和可操作性，既符合国际规则又适应我国草地生态系统的实际。

1. 应用场景

该方法学适用于在退化的草地上开展可持续草地管理措施的项目活动。

2. 适用的前置条件

满足以下条件，项目适宜开发：

（1）项目用地为草地。

（2）土地已经退化并将继续退化。

（3）项目开始前草地用于放牧或多年生牧草生产。

（4）项目实施过程中，参与项目农户没有显著增加做饭和取暖消耗的化石燃料和非可再生能源薪柴。

（5）项目边界内的粪肥管理方式没有发生明显变化。

（6）项目边界外的家畜粪便不会被运送到项目边界内。

（7）项目活动中土地利用未发生变化。

（8）项目点位于地方政府划定的草原生态保护奖补机制的草畜平衡区，项目区的牧户已签订了草畜平衡责任书。

3. 禁用的限制条件

当存在以下情况时，项目不宜开发：

（1）工程情况受国家相关政策要求需保密无法公开。

（2）CO_2减排量低于 15000 t/a。

4. 项目开发的基础资料

应用该方法学，需要准备以下资料：

（1）规划、可行性研究报告、初步设计报告等。

（2）所提供的资料应包含项目所在地及土地信息：

1）项目所在地气候；

2）项目所在地土壤特征；

3）项目所在地海拔；

4）项目所在地年降水量；

5）土地种类。

（3）所提供的资料应包含碳层（地层）信息：各层土壤类型、土地种类、草地主要植被类型、植被冠层盖度、土地利用情况、管理措施、有机碳输入情况等信息。

5. 工程设计兼顾内容

适用该方法学的情景，在工程设计阶段应兼顾以下内容：明确碳层（地层）信息，包括各层土壤类型、土地种类、草地植被类型、土地利用情况、管理措施等信息。

3.6.6　CM-099-V01 小规模非煤矿区生态修复项目方法学

CM-099-V01 的编制基于"北京市房山区废弃矿山生态修复"项目，该项目由大自然保护协会和房山区政府共同开发。该方法学充分结合了我国矿区生态修复实际情况，参考了下列方法学、指南或方法学工具：《土地利用、土地利用变化和林业优良做法指南》（IPCC，2003）、《碳汇造林项目方法学》（AR-CM-001-V01）、非湿地类 CDM 造林再造林项目活动的基准线与监测方法学（AR-ACM0003-V02）、CDM 造林再造林项目活动林木和灌木生物量及其变化的估算工具（V04.0）、CDM 造林再造林项目活动枯死木和枯落物碳储量及其变化的估算工具（V03.0）。

1. 应用场景

该方法学适用于温室气体自愿减排交易体系下非煤矿区生态修复项目活动。

2. 适用的前置条件

满足以下条件，项目适宜开发：

(1) 项目用地属非煤矿山废弃土地。

(2) 计入期内项目年均减排量小于或等于 16000 tCO_2e。

(3) 项目活动不违反任何国家有关法律法规和政策措施，且符合《中华人民共和国土地复垦条例》《土地复垦条例实施办法》《矿山生态环境保护与恢复治理技术规范（试行）》。

(4) 在项目活动边界内填埋的不是有机土。

(5) 项目活动不移除地表枯落物、树根、枯死木及采伐剩余物。

(6) 土地权属清晰，无争议（提供土地权属证明或其他可用于证明的书面文件）。

3. 禁用的限制条件

当存在以下情况时，项目不宜开发：

(1) 工程情况受国家相关政策要求需保密无法公开。

(2) CO_2 减排量低于 15000 t/a。

4. 项目开发的基础资料

应用该方法学，需要准备以下资料：

(1) 规划、可行性研究报告、初步设计报告等。

(2) 土地整治和整地的时间、地点（边界）、面积、整治和整地的方式和规格。

（3）生态修复和管护的方式、时间、地点、面积、树种等。

（4）经营管理监测：采伐、松土、除草、施肥等活动开展的时间和地点。

5．工程设计兼顾内容

适用该方法学的情景，在工程设计阶段应兼顾以下内容：

（1）在监测报告中说明使用的坐标系，使用仪器设备的精度。

（2）在计入期内须对项目边界进行定期监测。

3.6.7 应用案例

某碳汇造林项目利用森林强大的碳汇功能，通过植树造林增加森林碳汇量，从而减少大气中 CO_2 的总体含量，达到减缓气候变暖趋势的目的。该项目符合方法学"AR-CM-001-V01：碳汇造林项目方法学"的要求。项目内容为：拟从 2014 年至 2017 年，在当地林业局所辖的 12 个乡镇集体林地及下属 1 个林场、1 个林管局的部分连续地块开展碳汇造林活动，造林树种主要是杉木、阔叶树（马褂木、酸枣、枫香等），所有树种均为本土物种，无外来入侵物种或转基因物种，项目总造林面积约为 83078.8 亩。该项目预计在 30 年计入期内产生减排量 2194168 tCO_2e，年均减排量为 73138 tCO_2e。

1．方法学的适用性

该项目采用方法学"AR-CM-001-V01：碳汇造林项目方法学"，该方法学对本项目的适用性见表 3-7。

表 3-7　方法学的适用性分析

AR-CM-011-V01 的适用条件	项目适用情况
项目活动的土地是 2005 年 2 月 16 日以来的无林地，造林地权属清晰，具有县级以上人民政府核发的土地权属证书	本项目土地是 2005 年 2 月 16 日以来的无林地或荒山荒地，造林地归属当地林业局下属林场和乡镇集体所有，具有政府出具的土地权属证明，造林地权属清晰
项目活动的土地不属于湿地和有机土的范畴	根据项目作业设计和林业局提供资料，本项目所在地为矿质土壤，不属于湿地或有机土的范畴
项目活动不违反任何国家有关法律法规和政策措施，且符合国家造林技术规程	本项目造林活动均严格按照《造林技术规程》实施碳汇造林项目，通过林业局项目自查报告确认本项目不违反任何国家有关法律法规和政策措施
项目活动对土壤的扰动符合水土保持的要求，如沿等高线进行整地、土壤扰动面积比例不超过地表面积的 10%，且 20 年内不重复扰动	本项目对土壤扰动符合水土保持的要求，沿等高线整地，并且采用最大植株密度的马尾松人工植苗造林（每亩 222 株）计算土壤扰动，土壤扰动面积比例为 8.32%，低于 10%，并且不重复扰动

续表

AR-CM-011-V01 的适用条件	项目适用情况
项目活动不采取烧除的林地清理方式（炼山）以及其他人为火烧活动	按照项目作业设计和林业局现场尽职调查，本项目不采取烧除的林地清理方式（炼山）以及其他人为火烧活动
项目活动不移除地表枯落物，不移除树根、枯死木及采伐剩余物	按照项目作业设计和林业局现场尽职调查，本项目不移除地表枯落物，不移除树根、枯死木及采伐剩余物
项目活动不会造成项目开始前农业活动（作物种植和放牧）的转移	本项目不会造成项目开始前农业活动（作物种植和放牧）的转移

综上，本项目符合方法学 AR-CM-011-V01 的使用要求。

2. 项目边界

根据所用方法学 AR-CM-001-V01 中的规定，造林项目活动的项目边界为：由拥有土地所有权或使用权的林场和其他项目参与方实施的造林项目活动的地理范围。

项目边界内的主要碳库包括地上生物量和地下生物量。

项目温室气体排放源主要为：如果在项目计入期内发生森林火灾，则需考虑生物质燃烧所引起的 CH_4 和 N_2O 排放；否则不考虑。

3. 基准线情景

通过对项目区土地利用现状的实地调查、对利益相关方的访谈以及当地林业局的证明材料，识别并筛选出不违反任何现有的法律法规、其他强制性规定以及国家或地方技术标准的本项目现实可能的土地利用情景有 2 个：

情景 1：项目地块将长期保持当前的宜林荒山荒地或无林地状态。

情景 2：不作为 CCER 的造林项目。

经过额外性论证，最终确定本项目的基准线情景为：在没有本碳汇造林项目时，由于当地造林成本高，无碳汇收益补助的前提下，项目地在未来将保持当前的荒山荒地或无林地状态。

4. 减排量计算

基准线碳汇量是在没有本项目活动的情况下，项目边界内所有碳库中碳储量的变化之和。根据所采用的方法学，本项目只考虑基准线林木生物量，不考虑基准线土壤有机质碳库、林下灌木、枯死木、枯落物和木质林产品碳库的储蓄量变化。基于保守性原则，本项目活动事前不考虑基准线情景下火灾引起的生物质燃烧造成的温室气体排放。由于本项目是在荒山荒地或无林地上造林，不存在基准线林木生物量，故设定本项目基准线碳汇量为0。

项目碳汇量等于本项目活动边界内各碳库中碳储量变化之和，减去项目边界内产生的温室气体排放的增加量。在本项目情景下，均不考虑项目边界内灌木、枯死木、枯落物、土壤有机碳、收获的木产品等碳储量的变化，故均为0。根据本方法学的适用条件，本项目活动不涉及全面清林和炼山等有控制火烧，因此本项目主要考虑项目边界内森林火灾引起生物质燃烧造成的温室气体排放。对于项目事前估计，由于通常无法预测项目边界内的火灾发生情况，因此在本项目事前碳汇量计算中不考虑森林火灾造成的项目边界内温室气体排放，即温室气体排放为0。故项目碳汇量只考虑项目边界内林木生物质碳储量的变化。

根据方法学的说明，采用本方法学的碳汇造林项目活动无潜在泄漏，视为0。

综上，本项目活动所产生的减排量等于项目碳汇量。经估算，从2014年至2044年（30年计入期），该项目减排量（碳汇量）累计为2194168 tCO_2e，年均减排量（碳汇量）为73138 tCO_2e。

5. 监测

本项目需要监测的数据主要有碳层面积、样地面积、林木或枯立木胸高直径、树高、发生火灾的面积等。

按照《方法学》要求，固定样地采用随机起点的系统设置方式，要求样地在各层空间分布比较均匀，监测样地大小设定为0.1 ha，样地形状为圆形。同时样地边缘离地块边缘应大于10 m，通过GPS记录固定监测样地的坐标。固定样地用导线法测设时，测线周长闭合差不超1/200。并在每个监测期进行复位监测。

在本项目计入期2014—2044年内，对固定样地监测6次。第一次监测时间为2019年1月，第二次监测时间为2024年1月，第三次监测时间为2029年1月，第四次监测时间为2034年1月，第五次监测时间为2039年1月，第六次监测时间为2044年1月。

采用连续固定样地的分层抽样方法进行监测，监测林木地上生物量和地下生物量两个碳库的变化量。按森林调查的要求，测定样地内所有林木的树高、胸径。采用湖北省森林资源调查常用二元材积方程和方法学提供的生物量因子扩展法来计算各树种碳储量，最终获取指定期内的碳储量变化量。

项目活动的监测需对项目运行期内的森林经营项目活动（抚育等）和项目区内森林灾害（毁林、林火、病虫害等）发生情况以及项目边界与面积进行监测并详细记录。

3.7 其他类核算方法

天然气作为化石能源中的低碳清洁能源，起着重要的过渡能源作用。目前涉及天然气利用的方法学有 5 个，按照使用次数从多到少依次为：CM-012-V01、CM-038-V01、CM-030-V01、CM-016-V01、CM-025-V01。涉及燃料转换的方法学，按照使用次数由多到少依次为：CM-087-V01、CMS-032-V01、CMS-045-V01。

为推动全社会节约用电、提高能效、保护环境、促进经济社会可持续发展，"九五"期间，国家经贸委、国家计委、科技部等 13 个部门和单位，在联合国开发计划署和全球环境基金的支持下，共同组织实施了"中国绿色照明工程"，旨在我国发展和推广高效的照明电器产品，逐步替代传统的低效照明电器产品，改善照明质量，节约照明用电，建立一个优质高效、经济舒适、安全可靠、有益人们工作和生活的照明环境。目前可用于油气田行业的绿色照明改造项目方法学主要有两种，即 CMS-011-V01 和 CMS-012-V01。

3.7.1 CM-012-V01 并网的天然气发电

CM-012-V01 的编制参考了 CDM 项目方法学 AM0029：Baseline methodology for grid connected electricity generation plants using natural gas（第 3.0 版）。

1. 应用场景

该方法学适用于涉及并网天然气发电的项目活动。

2. 适用的前置条件

满足以下条件，项目适宜开发：

（1）基线电网的地理/物理边界可以明确确定，与电网和估算基准线排放量有关的信息可以公开获得。

（2）项目所在地区或国家有充足的天然气可用。

3. 禁用的限制条件

当存在以下情况时，项目不宜开发：

（1）工程情况受国家相关政策要求需保密无法公开。

（2）CO_2 减排量低于 15000 t/a。

4. 项目开发的基础资料

应用该方法学，需要准备以下资料：

(1) 规划、可行性研究报告、初步设计报告等。

(2) 为监测项目活动排放需要采集或使用的数据都需要以电子档进行保存。

5. 工程设计兼顾内容

适用该方法学的情景，在工程设计阶段应兼顾以下内容：

(1) 燃料耗用总量将同时在供应方侧及项目侧分别进行监测以便交叉复核。

(2) 燃料的净热值、排放因子的选取优先顺序为：燃料供应方提供数据、当地数据、国别特定值。

(3) 所有的监测都应使用经校准的测量仪器，这些仪器需要定期维护和检查以保证正常运行。

3.7.2 CM-038-V01 新建天然气热电联产电厂

CM-038-V01 的编制参考了 CDM 项目方法学 AM0107：Baseline methodology for grid connected electricity generation plants using natural gas（第 2.0 版），同时涉及以下 CDM 项目方法学工具：化石燃料燃烧产生的项目或泄漏排放的计算工具、设备剩余寿命确定工具、基准线产热或发电系统效率确定工具、电力系统排放因子计算工具、基准线情景识别与额外性论证组合工具、计入期更新时对当初/当前基准线的有效性进行评估以及对基准线进行更新的工具。

1. 应用场景

该方法学适用于实施新的天然气热电联产设施，向热网、现有或新的接收设施提供热量，向电网、现有或新的接收设施供电的项目。

2. 适用的前置条件

满足以下条件，项目适宜开发：

(1) 如果项目活动与电网或热网相连，则应确定并记录项目活动所连接的电网或热网的地理/物理边界。

(2) 计入期内，项目热电联产设施的热电比应高于 0.3。

3. 禁用的限制条件

当存在以下情况时，项目不宜开发：

(1) 项目不是新建设施，是对旧设施的改造。

(2) 项目辅助燃料按能量计算，每年使用比例≥1%。

(3) 项目生产的电或热不上网，直接供给用户。

(4) 项目所在地区或国家天然气供应短缺。

(5) 热网用户具备在运的热电联产设施。

(6) 工程情况受国家相关政策要求需保密无法公开。

(7) CO_2减排量低于 15000 t/a。

4. 项目开发的基础资料

应用该方法学,需要准备以下资料:

(1) 可行性研究报告或规划方案。

(2) 如果没有可行性研究报告,需提供项目情况说明文件,说明新建热电联产设施的年供电量、上网电量、供热量、天然气消耗量、天然气组分和天然气密度等。

5. 工程设计兼顾内容

适用该方法学的情景,在工程设计阶段应兼顾以下内容:

(1) 项目监测电表设置:在热电联产厂与电网连接处设置电表。

(2) 需确保现有蒸汽锅炉具备以下功能:

1) 热值计量或焓值法计量功能;

2) 上网热计量功能。

3.7.3 CM-030-V01 天然气热电联产

CM-030-V01 的编制参考了 CDM 项目方法学 AM0014：Natural gas-based package cogeneration（第 4.0 版）。

1. 应用场景

该方法学适用于涉及天然气热电联产的项目活动,热电联产系统为消耗设备提供全部或部分电和热,有多余的热则供给其他用户。

2. 适用的前置条件

满足以下条件,项目适宜开发：

(1) 在没有项目活动时,消耗设备所需的电和热由单独的系统产生(如基准线下的其他热电联产设备不能产生电和热)。

(2) 热电联产系统属于第三方,如消耗设备不包含且不控制热电联产系统,其得到的热和电来自热电联产系统项目或工业用户拥有的热电联产系统。

3. 禁用的限制条件

当存在以下情况时,项目不宜开发:

(1) 工程情况受国家相关政策要求需保密无法公开。

(2) CO_2减排量低于 15000 t/a。

4. 项目开发的基础资料

应用该方法学，需要准备以下资料：

（1）可行性研究报告或规划方案。

（2）所有监测数据的纸质档案应保存 1 年，电子档案则需保存 7 年。

5. 工程设计兼顾内容

适用该方法学的情景，在工程设计阶段应兼顾以下内容：排放因子值的估计必须有数据源根据，最好是国家的估计值，也可以是短时期内石油和天然气的活动排放 IPCC 估计减排量。

3.7.4 CM-016-V01 在工业设施中利用气体燃料生产能源

CM-016-V01 的编制参考了 CDM 项目方法学 AM0049：Methodology for gas based energy generation in an industrial facility（第 3.0 版）。

1. 应用场景

该方法学适用于以下类型的项目活动：

（1）在工业设施现场的独立发电或热电联产系统中产生电力/蒸汽。

（2）在一个或多个工艺过程中产生非蒸汽热能。

（3）从使用煤炭或石油转向使用气体燃料发电。

（4）使用以下四种可用于电能和热能热电联产的技术之一：

1）顶循环：燃料燃烧产生电能，剩余热量或蒸汽用于工业过程。

2）底循环：燃料燃烧以产生工业过程热量，剩余热量用于产生电能。

3）蒸汽轮机顶循环：燃料在锅炉中燃烧，产生高温高压蒸汽，为驱动发电机的涡轮机提供动力，蒸汽中的一部分能量转换为电能，剩余的热能可用于工业过程。

4）燃气轮机/发动机顶循环：燃料在喷气发动机中燃烧，机械轴功率用于驱动发电机；燃气轮机产生的余热被收集并直接使用，或者被送往余热锅炉，在那里产生用于工业过程的蒸汽。

2. 适用的前置条件

满足以下条件，项目适宜开发：

（1）在项目活动之前，现有工业设施通过自行产能满足其热能需求，但发电量不能满足工业设施需要。

（2）在项目活动实施之前，蒸汽生产设备或单元只使用煤或石油（非天然气）进行生产活动。

（3）项目活动中使用的燃料可以是天然气、液化煤气、液化天然气生产线生产的富甲烷气。

（4）项目不会改变蒸汽/热的质量要求。

（5）法律法规不限制设施继续使用项目活动实施前使用的化石燃料，不要求在蒸汽或发电设施或元件工艺中使用特定燃料（包括天然气或富甲烷气），不要求燃料替代或技术升级。

（6）联合发电机组的电力可临时（如在工业设备停机或维护期间）输出到电网。在这种情况下，每年出口的电力总量必须小于热电厂总发电量的10%。

3. 禁用的限制条件

当存在以下情况时，项目不宜开发：

（1）基线电网的地理/物理边界不清晰。

（2）工程情况受国家相关政策要求需保密无法公开。

（3）CO_2减排量低于15000 t/a。

4. 项目开发的基础资料

应用该方法学，需要准备以下资料：

（1）设计文件：规划、方案、可行性研究报告、初步设计报告等。

（2）项目活动发电数据：项目活动年生产电力数量、项目活动年现场生产并临时向电网输送的电量。

（3）燃料替换产热数据信息：项目活动年消耗项目燃料的种类（天然气或富甲烷气）和数量、项目活动设备燃烧项目燃料的气热效率、项目未实施情况下燃料的种类、项目未实施情况下设备燃煤或燃油的热效率。

（4）热电联产机组的数据信息：在没有项目活动的情况下，本应由燃煤或燃油热电联产机组产生的热载体（空气或蒸汽或热流体）的流量、余热回收源出入口处热载体的焓、废热产生源的运行小时数、燃煤或燃油种类、废热产生的效率。

（5）项目活动燃料消耗信息：元过程（非电力/热电发电机）中燃烧的项目燃料量、电力/热电发电机燃烧的项目燃料量、项目燃料种类（常规天然气或富甲烷气）、液化天然气（LNG）量。

（6）项目不存在情况下，本应由元过程（非电力/热电发电机）中燃烧的燃料信息：燃煤或燃油的种类和数量。

（7）富甲烷气生产参数信息：项目实施前后富甲烷气生产过程所使用的天然气的数量、年产生所有富甲烷气的量、项目年消耗富甲烷气的量。

（8）项目活动燃料气热效率，现有燃煤燃油热效率，在没有项目活动情况下本应使用煤炭或石油的机组废热产生的效率（需按照方法学提供的计算方法确定)。

(9) 前置和限制性条件涉及的相关法规要求的资料。

5. 工程设计兼顾内容

适用该方法学的情景,在工程设计阶段应兼顾以下内容:

(1) 按照要求设置监测设施,监测项目包括电力、燃料消耗量,并定期(按照仪表供应商的规定)进行维护、校准和测试。

(2) 项目活动燃料气热效率,现有燃煤燃油热效率,在没有项目活动情况下不应使用煤炭或石油的机组废热产生的效率(需按照方法学提供的计算方法确定)。

(3) 特别注意富甲烷气的生产信息。

3.7.5 CM-025-V01 现有热电联产电厂中安装天然气燃气轮机

CM-025-V01 的编制参考了 CDM 项目方法学 AM0099: Installation of a new natural gas fired gas turbine to an existing CHP plant (第1.0.0版)。

1. 应用场景

该方法学适用于在现有热电联产厂所在地安装新的天然气燃气轮机,并向电网或现有用电设施供电,向现有热电联产电厂提供废热的项目活动。

2. 适用的前置条件

满足以下条件,项目适宜开发:

(1) 如果项目活动是安装一台新的天然气燃气轮机,该涡轮机应为电网或现有用电设施供电。新燃气轮机的余热用于余热锅炉(Heat Recovery Steam Generator, HRSG)产生蒸汽,然后将蒸汽供应给现有热电联产装置的蒸汽集管,不直接供应给最终用户/消费者。

(2) 现有的热电联产工厂在项目活动实施前至少生产了三年的电力和蒸汽,其电力供应至电网或现有用电设施,蒸汽供应给确定的最终用户。

(3) 项目活动的燃气轮机以天然气为主要燃料,可以使用少量的其他启动或辅助燃料,但以能源为基础的用量不应超过每年使用燃料总量的3%。

(4) 该地区或国家的天然气供应充足,不受项目活动中使用天然气的限制。

(5) 由余热锅炉产生的蒸汽而导致的减排适用于现有锅炉寿命结束前(如果短于计入期),在此之后,由余热锅炉产生的蒸汽基线排放量和因低负荷运行导致现有锅炉效率降低进而导致的增量化石燃料燃烧的项目排放量被视为0。

3. 禁用的限制条件

当存在以下情况时，项目不宜开发：

（1）工程情况受国家相关政策要求需保密无法公开。

（2）CO_2减排量低于 15000 t/a。

4. 项目开发的基础资料

应用该方法学，需要准备以下资料：

（1）可行性研究报告或规划方案。

（2）项目活动实施前最近三年的年平均蒸汽量、化石燃料的年平均使用量、天然气的年平均使用量等数据记录。

5. 工程设计兼顾内容

适用该方法学的情景，在工程设计阶段应兼顾以下内容：

（1）测量必须根据国家或国际燃料标准进行。

（2）排放因子的值的估计必须有数据源根据：最好是国家的估计值，也可以是短时期内石油和天然气的活动排放 IPCC 估计减排量。

3.7.6　CM-087-V01 从煤或石油到天然气的燃料替代

CM-087-V01 的编制参考了 CDM 项目方法学 ACM0009：Consolidated baseline and monitoring methodology for fuel switching from coal or petroleum fuel to natural gas（第 4.0.0 版）。

1. 应用场景

该方法学适用于在一种或多种单元过程中将煤或石油燃料转换为天然气的项目活动。

2. 适用的前置条件

满足以下条件，项目适宜开发：

（1）项目仅供热，不供电。

（2）项目供热对象是已建的工业设施。

（3）现有工业设施仅使用煤或石油作为燃料。

（4）国家或地方政策对于煤炭和石油燃料使用没有明确约束，也不要求必须使用天然气。

（5）项目实施后原工业设施寿命在计入期内不会延长，且不会导致对外供热增加。

（6）原工业设施工艺流程不会因为项目活动而发生改变。

3. 禁用的限制条件

当存在以下情况时，项目不宜开发：

(1) 项目供热的工业设施本身是供热设施。

(2) 原工业设施燃料消耗中已存在部分天然气。

(3) 工程情况受国家相关政策要求需保密无法公开。

(4) CO_2 减排量低于 15000 t/a。

4. 项目开发的基础资料

应用该方法学，需要准备以下资料：

(1) 可行性研究报告或规划方案。

(2) 如果没有可行性研究报告，需提供项目情况说明文件，说明新建设施预计年天然气消耗量和天然气密度。

5. 工程设计兼顾内容

适用该方法学的情景，在工程设计阶段应兼顾以下内容：

(1) 项目天然气流量计设置：在天然气供气管线上设置气体体积流量计。

(2) 项目燃烧设施能效仪表设置：在燃烧设施配备相应仪表，以能够每月监测其效率。

3.7.7 CMS-032-V01 从高碳电网电力转换至低碳化石燃料的使用

CMS-032-V01 的编制参考了小规模 CDM 项目方法学 AMS-Ⅲ.AG.：Switching from high carbon intensive grid electricity to low carbon intensive fossil fuel（第 2.0 版）。

1. 应用场景

该方法学适用于在现有和新的工业、住宅、商业及机构发电应用中将碳密集型能源（或混合能源）转换为单一低碳密集型电源，用于改造或更换现有设备，或新建和扩容的项目活动。能源转换可以在一个或多个工艺装置/过程中进行。

2. 适用的前置条件

满足以下条件，项目适宜开发：

(1) 基线中的唯一能源或其中一个能源是高碳密集型电网电力。

(2) 可以直接测量和记录项目边界内的能源使用/输出和消耗。

3. 禁用的限制条件

当存在以下情况时，项目不宜开发：

(1) 工程使用化石燃料的基准线情景向使用可再生生物质、生物燃料或可再生能源的转换。

(2) 工程使用废气或废能。

(3) 工程向电网输送电力。

(4) 工程导致原生产过程发生改变。

(5) 工程情况受国家相关政策要求需保密无法公开。

(6) CO_2 减排量超过 60000 t/a。

4. 项目开发的基础资料

应用该方法学，需要准备以下资料：

(1) 可行性研究报告或规划方案。

(2) 如果没有可行性研究报告，需提供项目情况说明文件，说明原自备电厂近三年用于发电的平均燃料消耗量、净发电量、项目实施后预计年发电量、预计替代网电占整体设施总用电的比例、天然气消耗量、天然气密度。

5. 工程设计兼顾内容

适用该方法学的情景，在工程设计阶段应兼顾以下内容：

(1) 需确保项目净发电量和化石燃料消耗量的连续计量。

(2) 项目活动产生的电力若出口至项目边界内的其他设施，则能源供应商和消费者之间必须签订合同，规定只有产生能源的设施才能进行能源置换。

3.7.8 CMS-045-V01 热电联产/三联产系统中的化石燃料转换

CMS-045-V01 的编制参考了 UNFCC-EB 的小规模 CDM 项目方法学 AMS-Ⅲ.AM.：Fossil fuel switch in a cogeneration/trigeneration system（第 2.0 版）。

1. 应用场景

该方法学用于涵盖热电联产/三联产系统中的高碳强度化石燃料（如燃油系统）到低碳强度化石燃料（如天然气系统）转换的项目活动。项目活动生产的电、热和/或冷可配套自用和/或输出给电网。

2. 适用的前置条件

满足以下条件，项目适宜开发：

(1) 如果项目情景是热电联产系统，则基准线情景同样为热电联产系统；如果项目情景是三联产系统，则基准线情景同样为三联产系统。

3. 禁用的限制条件

当存在以下情况时，项目不宜开发：

(1) 法规要求使用低碳能源（如天然气或其他燃料）或限制热电联产/三联产系统中使用基准线燃料。

(2) 项目活动安装的制冷设备使用的制冷剂有但不是仅有可忽略的全球变暖潜能以及消耗臭氧潜能。

(3) 法规限制项目活动所使用的制冷剂。

(4) 工程包括将基准线化石燃料转换为可再生生物质、生物燃料或可再生能源。

(5) 工程包括多种化石燃料转换（如从高碳比例混合燃料转换为低碳比例混合燃料）。

(6) 项目工艺流程有变化。

(7) 每年排放量大于 60000 tCO_2e。

(8) 工程情况受国家相关政策要求需保密无法公开。

4. 项目开发的基础资料

应用该方法学，需要准备以下资料：

(1) 证明计入期各种运行条件下，项目设施的燃料输入效率导致的能源总输出高于或等于基准线情景设施燃料输入效率导致的能源总输出。

(2) 证明项目系统的燃料储运和项目系统其他辅助系统的特定能源消耗低于或者不明显高于基准线系统的特定能源消耗（每年变化在10%以内，即项目辅助能源消耗不高于基准线辅助能源消耗的110%）。

5. 工程设计兼顾内容

适用该方法学的情景，在工程设计阶段应兼顾以下内容：

(1) 项目情景下直接监测燃料消耗。

(2) 记录项目和基准线燃料消耗系统的效率。

(3) 记录基准线和项目情景下辅助设备的燃料消耗。

(4) 如果确定基准线情景是继续使用现有系统，则现有系统必须在项目活动开始前运行至少三年，确保基准线数据的充分可用。

3.7.9 CMS-011-V01 需求侧高效照明技术

CMS-011-V01 的编制参考了小规模 CDM 项目方法学 AMS-Ⅱ.J.: Demand-side activities for efficient lighting technologies（第4.0版）。

1. 应用场景

该方法学适用于使用居民用自镇流紧凑式节能灯替代白炽灯的节电项目活动。替代现有设备的新设备必须是新增设备而非从其他项目转移来的设备。

2. 适用的前置条件

满足以下条件，项目适宜开发：

(1) 项目参与方需承担以下至少一项活动：直接安装节能灯，为高效照明设备收取最小的费用，限制每户发放的节能灯数量不超过 6 个。

(2) 所有白炽灯和节能灯的光强度都应符合相应的国家或国际标准。

3. 禁用的限制条件

当存在以下情况时，项目不宜开发：

(1) 节能灯的光强度应该小于被替代的白炽灯的光强度。

(2) 单个项目每年累计节省的电量超过 60 GW·he。

(3) 工程情况受国家相关政策要求需保密无法公开。

4. 项目开发的基础资料

应用该方法学，需要准备以下资料：

(1) 节能灯的平均寿命或额定寿命，应根据 IEC60969（自镇流节能灯性能测试要求）或国家相关标准事前确定，且需在项目设计文件中注明所用的相关标准。如果灯的寿命不能事前确定，应在核证之前或在第二次监测调查结果确定时予以确定。

(2) 项目活动使用的节能灯，除规格铭牌外，还应标以清晰独特的项目标识。

(3) 项目设计文件中需注明高效设备的分发方式及销毁前白炽灯的回收存放和监测方式、取代残次品的措施，陈述如何避免减排量的重复计算（如节能灯制造商、供应商等需声明放弃本项目产生的减排量）。

(4) 无论节能灯是否被直接安装，项目设计文件中都需确定节能灯被安装到使用频率较高的位置（如公共区域）。对于没有直接安装的节能灯，项目参与方应对灯的接收方进行培训（如如何高效使用节能灯）。

5. 工程设计兼顾内容

适用该方法学的情景，在工程设计阶段应兼顾以下内容：应根据国家或国际相关标准（如 ISO/IEC 17025）的要求进行灯的寿命测试实验。

3.7.10　CMS-012-V01 户外和街道的高效照明

CMS-012-V01 的编制参考了小规模 CDM 项目方法学 AMS-Ⅱ.L.：Demand-side activities for efficient outdoor and street lighting technologies（第 01 版）。

1. 应用场景

该方法学适用于在公共场所或者公共街道照明系统中采用高效的照明器具

（包括灯具、透镜和反射罩、灯箱、线路、驱动器或镇流器、独立或集中控制单元或系统等）替代低效的照明器具以实现电能的高效利用的项目活动。

2. 适用的前置条件

满足以下条件，项目适宜开发：

（1）项目活动使用的照明设施的所有光输出设置达到或优于基准线照明性能或应用的街道照明标准。

（2）用于替代已有设备的照明器具必须是新设备，不能来自其他项目。

3. 禁用的限制条件

当存在以下情况时，项目不宜开发：

（1）项目所在区域街道照明技术不是常用技术。

（2）一个单独的项目活动节省的总电量每年超过 60 GW·he。

（3）工程情况受国家相关政策要求需保密无法公开。

4. 项目开发的基础资料

应用该方法学，需要准备以下资料：

（1）如果自适应优化控制系统被用来调节项目灯具的光输出，则必须证明照明设施的所有光输出设置达到或优于基准线照明性能或应用的街道照明标准。首选街道照明标准应是地方标准，在没有地方标准的情况下选用国家标准，在地方标准和国家标准都没有的情况下选用 CIE 标准。

（2）对于翻新类项目，项目活动中的照明器具的照明性能应当通过如下方式中的一种进行说明：

1）达到基准线照明器具要求：项目参与方应当证明，在每一个代表位置，与基准线照明器具相比，项目活动中的照明器具能够提供相同或更高的总有效光照度。通过测量和计算或者根据 CIE 140：2000，利用计算机模型计算基准线和项目活动在代表位置的平均照明能力。

2）符合采用的街道照明标准：

①如果有国家的或者地方的对道路照明等级进行了规定的照明标准，那么应当应用此标准对项目活动在代表位置的照明能力进行评估。标准的计算区域定义为根据现场实测或者根据方法学附件Ⅰ中的计算机模型计算得到的光照度。项目活动的照明器具必须满足或者超过标准中规定的光照度等级、均匀性和眩光标准。

②如果没有国家的或者地方的标准，项目参与方应当使用一个已经批准的国际标准。比如 CIE 的"机动车和人行交通道路照明"（CIE 115：2010）就提供了一个选择适用的照明等级的结构模型，并推荐了维持照度水平。同时，

项目参与方可以使用 CIE 的"发展中国家公路运输照明报告"（CIE 180：2007）中提供的光照度标准。这些标准中要求的光照度等级、均匀性和眩光标准都在方法学附件Ⅲ中提供。

5. 工程设计兼顾内容

适用该方法学的情景，在工程设计阶段应兼顾以下内容：

（1）应用本方法学时，项目活动的照明器具如果在计入期内损坏，应当利用同等设备或者更高效的设备，按照当地的维修保养程序进行持续更换。

（2）基准线照明器具和项目活动照明器具的光照度比较评估，或者基于"明视觉响应曲线"判断是否采用与标准相符，或者使用 CIE 开发的"中间视觉系统"，同时利用明视觉和暗视觉响应曲线进行测量。照明性能只需要确定一次。在计入期内，并不需要持续地监测和核查系统照明性能是否与基准线或者与采用的街道照明标准一致。

3.7.11 应用案例

3.7.11.1 天然气利用项目

某液化天然气发电项目成功备案为 CDM 项目，采用了方法学"AM-0029-V01：并网的天然气发电"。该项目拟建一个调峰电厂，采用联合循环技术的燃气/蒸汽轮机，装机容量为 1115.61 MW（3×371.87 MW），年净发电量约为 3807 GW·he，项目产生的电力出售给独立区域电网的子电网，根据可行性研究报告，年耗气量约为 72789200 m^3。

1. 方法学的适用性

该项目活动满足方法学 AM-0029-V01 的三个条件：

（1）本项目活动为新建燃气并网发电厂的建设和运营，是一个新的液化天然气燃烧并网发电装置，不消耗其他燃料，项目活动产生的电力将出售给当地电网。

（2）可以清楚地确定基线网格的地理/物理边界，有关该网格和估计基线排放量的信息可以公开获得。当地电网是一个综合附属国家电网的子电网，因此项目活动的基线电网是地理/物理边界可以明确识别的，有关该电网和估计基线排放的信息已公开。

（3）该地区或国家有充足的天然气供应。例如，未来以天然气为基础的发电能力增加，在规模上与项目活动相当，不受项目活动中使用天然气的限制。本项目和项目所在地的天然气市场有充足的天然气供应。

2. 项目边界

项目活动边界的空间范围包括在"电力系统排放因子计算工具"中定义的项目场地和与当地电网物理连接的所有发电厂。

3. 基准线情景

通过基准线的识别以及对额外性的论证,该项目最终确定基准线情景为新建 2×600 MW 亚临界燃煤发电厂,该电厂与拟议项目为电网提供的功能服务相同。

4. 减排量计算

项目活动为现场燃烧天然气发电,由此产生的项目排放量为项目工厂第 y 年天然气燃烧量的总和与第 y 年天然气 CO_2 排放系数（tCO_2/m^3）的乘积。

基准线排放量的计算方式是将项目工厂发电量与基准线排放因子相乘。

该项目的泄漏量包括两部分：①上游无组织的 CH_4 逸散；②液化、运输、再气化以及将天然气压缩至天然气输送系统或者分配系统的化石燃料燃烧和/或电力消耗导致的泄漏排放。

最终估算出,从 2010 年 6 月 1 日至 2017 年 5 月 31 日,项目总减排量为 7154525 tCO_2e。

5. 监测

在项目运行阶段,需要监测的数据包括项目出售给电网的净发电量、向拟议项目供应作为燃料的天然气的量和净热值。

3.7.11.2 绿色照明改造项目

某节能灯配销项目成功备案为 CDM 项目,使用了方法学"AMS-Ⅱ.J-V03：需求侧高效照明技术"。该项目免费或以最低的费用分发节能灯,并安排配送团队直接挨家挨户安装。通过本工程,每户可更换已使用的白炽灯,安装不超过 6 个节能灯。该项目减少了 CO_2 以及以化石燃料为基础发电产生的 NO_2 和 SO_2 等本地污染物的排放,降低了终端用户的电费,缓解了该区域总的能源短缺情况,有助于国家和地区的可持续发展。

1. 方法学的适用性

拟议的项目活动属于第（Ⅱ）类项目活动（"能源效率改善项目"）,因为它提高了家庭的电力照明效率。拟议的项目活动属于 J 类（"高效照明技术的需求方活动"）,理由如下：

（1）拟议的项目活动包括分发自镇流紧凑型荧光灯（Compact Fluorescent Lamps, CFLs）,以取代住宅应用中的白炽灯（Incandescent Lamps, ICLs）。

特别是，40 W、60 W 和 100 W 的 ICLs 将分别被 8 W、11 W 和 22 W 的 CFLs 所取代。

（2）在拟议的项目活动中分布的节能灯是由项目业主购买的新设备，且灯上装有不可拆卸的镇流器，与制造商签署采购协议，并提交能源部进行验证。

（3）项目 CFLs 的流明输出大于或等于交换的 ICLs 的流明输出，项目节能灯的合格瓦数远低于 ICLs。

（4）如果拟议项目按项目所指的三种类型的节能灯的特定数量分配，本项目每年节省的总电量不会超过 60 GW·he。

（5）该项目分布的节能灯平均寿命超过 10000 小时。

（6）为了区别于其他灯具，该项目中的节能灯将印有包括"TCP"、"CDM"标志（唯一标识）在内的印刷文字。

（7）节能灯将由分配小组直接门到门安装，在安装和更换灯具时填写设计表格。被替换的 ICLs 最终将由分发小组运回指定地点，并在独立机构的监督下予以销毁。

（8）为了消除重复计算，已与制造商签订采购协议，并在分配过程中与项目居民签署协议。根据协议，减排仅由项目方使用，所有减排权利由制造商和项目居民放弃。

（9）为限制二级市场效应和搭便车现象，每户不超过 6 台节能灯，所有项目节能灯均直接安装。

（10）节能灯将安装在项目居民的家庭活动室和卧室，这些地方的使用时间相对较长。

通过上述总结分析，该项目满足方法学 AMS-Ⅱ.J-V03 的适用要求。

2. 项目边界

由于项目居民所消耗的电力是从当地电网输入的，因此项目边界包括所有与电力系统物理连接的发电厂，在项目活动中分布的每个节能灯都将连接到该电力系统。

3. 基准线情景

拟议的项目是分配节能灯，以取代当地家庭使用的白炽灯，后者消耗从电网进口的电力。因此，可以将基准线情景定义为：项目发起方不投资拟建项目，当地家庭使用和购买白炽灯（ICLs）作为现行做法的延续。根据方法学 AMS-Ⅱ.J-V03，建议项目活动使用默认值 3.5 小时作为基准白炽灯每 24 小时周期的每日运行小时数。

4. 减排量计算

第 y 年项目活动节电的计算方式如下：

$$NES_y = \sum_{i=1}^{n} Q_{PJ,i} \times (1 - LFR_{i,y}) \times ES_i \times \frac{1}{1-TD_y} \times NTG \quad (3-5)$$

$$ES_i = (P_{i,BL} - P_{i,PJ}) \times O_i \times \frac{365}{1000} \quad (3-6)$$

式中：NES_y——第 y 年节省的净电力，kW·h；

$Q_{PJ,i}$——项目活动分配或安装的第一类设备数量；

i——设备类型计数器；

n——设备种类的数量；

ES_i——按有关技术计算，估计第 i 类设备每年可节省的电力，kW·h；

$LFR_{i,y}$——第 y 年 i 型设备灯具的故障率，%；

TD_y——在第 y 年，服务于设备安装地点的电网的年平均技术电网损耗（传输和配电），表示为分数，默认值为 10%；

NTG——净额对毛额调整系数，默认值为 0.95；

$P_{i,BL}$——基准线情景下第 i 组照明设备的额定功率，W；

$P_{i,PJ}$——项目情景下第 i 组照明设备的额定功率，W；

O_i——由第 i 组照明设备替换的照明设备的平均每日运行小时数，以每 24 小时周期 3.5 小时为默认值。

该项目的减排量为净电力节省与按规定计算的排放系数的乘积，具体的计算方式如下：

$$ER_y = NES_y \times EF_{CO_2,ELEC,y} \quad (3-7)$$

式中：ER_y——第 y 年减排量，tCO_2e；

$EF_{CO_2,ELEC,y}$——根据AMS-I.D.的规定计算第 y 年的排放系数，tCO_2e/(kW·h)；

最终估算得出，在项目开展的 7 年内，总减排量为 228988 tCO_2e。

5. 监测

该项目涉及的监测数据包括：

（1）在项目活动下实际分配和安装的各类节能灯的数量；

（2）每种类型的白炽灯的数量和功率；

（3）安装节能灯的开始日期及结束日期；

（4）第 y 年 i 型节能灯的事后故障率（百分比）。

4 方法学编制及核心数据获取

油气田碳资产开发需要提供的资料复杂，涉及的相关数据繁多，缺少任何一个关键数据和资料，都可能导致开发失败。本章主要介绍了油气田碳资产开发过程中一些核心数据的获取方法，帮助油气田企业提升碳资产开发的成功率。

4.1 碳减排量核算方法学开发方法

碳减排量核算方法学的选用是温室气体减排项目开发中的关键环节，方法学的选择是否得当，将直接影响碳减排项目申请的成败。方法学开发者必须熟悉温室气体减排项目的开发流程以及开发过程中的注意事项，特别是碳减排量核算方法学的开发流程与文件编制要点。

4.1.1 方法学开发流程

项目开发方需根据拟议项目的类型，识别是否有已备案的方法学；如果没有，则需开发新的方法学。方法学的开发周期较长，项目开发方需要先评估方法学开发的可行性，再按照方法学编制大纲要求编写方法学文件；然后交由指定经营实体（Designated Operational Entity，DOE）进行审核；最后报国家主管机构，经专家评审正式发布后方可使用。为提升方法学开发的成功率，项目开发方必须掌握方法学开发准备阶段的需求分析、编制阶段的策划要点以及发布阶段的注意事项。

4.1.1.1 准备阶段的需求分析

开发新方法学首先需要对其进行需求分析，评估开发的可行性及效益。

1. 方法学识别

在考虑新方法学提案前，方法学开发方应检查已备案的方法学清单，以查找是否可以将已备案的方法学用于拟议的项目活动，或经修改后再使用。如果没有可供使用的已备案方法学，则需开发新的方法学。

2. 开发条件分析

方法学开发方应结合有关部门的政策、法规，对相关行业的了解和专家的建议，分析项目活动的减排技术所涉及的相关政策和技术现状，评估该技术是否有政策和资金支持，涉及的所有减排和监测措施是否可行，所有参数和数据是否都有证据支撑等。

3. 开发效益分析

碳资产开发是指具有减排效益的项目选择合适的碳信用机制，并按照其规则要求将项目的减碳和负碳效益开发成可用于市场交易的碳信用指标的过程。碳信用可以在碳交易市场出售而获得收益。评估方法学是否具有开发价值，就是评估该方法学估算的项目活动核证减排量是否能够带来收益。

国内外常采用的碳减排量价值判定方法包括国际通用方法、比较基准方法、边际成本方法、边际效益方法、市场化方法、生态系统服务方法以及专家评估方法等。不同的碳减排量价值判定方法各有优缺点，应根据实际情况进行综合考虑，选择合适的方法进行评估。

（1）国际通用方法。国际通用的碳减排量价值判定方法主要是基于碳市场的交易模式，即通过碳交易市场的供需关系和市场价格来决定碳减排量的价值。

（2）比较基准方法。比较基准方法是指以某一特定时期、特定区域或特定行业的碳排放情况作为基准，通过对减排行为的评估和测算，计算出碳减排量，并根据市场价格来确定碳减排量的价值。参考基准的选择对计算结果影响很大，如果选择不当可能导致减排量价值的偏差。

（3）边际成本方法。边际成本方法是指在现有排放水平基础上，通过某一减排项目所需的投资成本、运营成本等来计算单位碳减排的成本，从而确定碳减排量的价值，是一种比较不同减排措施的成本效益的方法。边际成本方法可以计算出不同减排措施的单位减排成本，从而找出最具经济效益的减排措施。但是，这种方法需要收集大量数据，包括减排措施的成本、效益等，在实际应用中还要确定数据的准确性和可靠性。

（4）边际效益方法。边际效益方法是指在现有排放水平基础上，通过某一减排项目所能带来的社会效益（如环境保护、资源节约等）来确定碳减排量的价值。

（5）市场化方法。碳排放交易市场是一种基于市场供需的碳减排量价值的判定方法。这种方法可以通过供需关系和市场机制调节碳价格，鼓励企业采取更为经济有效的减排措施。但需要建立一个完善的监管机制，以防范市场失灵和规避市场操纵。

（6）生态系统服务方法。生态系统服务方法通过评估森林固碳、土壤碳储存等生态系统的服务价值（包括直接价值和间接价值，如水文循环、土壤质量、生物多样性等），计算生态系统的碳减排服务价值。这种方法需要考虑生态系统服务的不确定性和复杂性，因此需要进行更为复杂的评估。

（7）专家评估方法。专家评估方法是通过专家访谈、问卷调查等方式，评估碳减排量的社会、环境和经济效益。这种方法的优点在于能够综合考虑不同因素的影响，但是受限于评估人员的专业和评估方法，结果可能存在一定的主观性和不确定性。

4.1.1.2 编制阶段的策划要点

新方法学编制阶段，方法学开发方应提供：

（1）提出该方法的理由；

（2）如果该方法借鉴了经批准的方法学或工具，应清楚地注明对其的任何更改，并详细说明为什么做出这样的更改；

（3）指出关键的逻辑和定量假设，即导致基准方法的结果特别敏感的那些假设；

（4）明确指出哪些逻辑或定量假设在确定时具有重大不确定性，如果在存在不确定性的情况下做出某种假设，需解释该假设的合理性；

（5）解释该方法如何确定保守性，特别是解释在不确定情况下的假设是如何保守的。

一般的方法学编制流程为：确定适用条件、划分项目边界、选择基准线情景、证明额外性、计算减排量、识别和收集监测数据。

1. 确定适用条件

方法学开发方应根据项目所在减排机制提供的项目活动类别列表，识别新方法学可能适用的项目活动类别；如果无法确定，则需提出新的项目活动类别并描述其定义。应列出使用该方法学必须满足的任何条件，以及某些特定情况下的适用性条件。

2. 划分项目边界

尽可能采用图表或流程图描述时间边界内的项目地理边界，以表格或框图的形式描述项目边界内的所有温室气体的来源和类别，判断各排放源应当排除还是保留，并说明理由。

3. 选择基准线情景

在选择基准线情景时，方法学开发方应以具体项目为基础，以透明和保守的方式选择假设、方法、参数、数据来源、关键因素和额外性，同时还应考虑不确定性，考虑国家和部门相关的政策计划和经济情况等。

方法学开发方可从以下选项中选择最适合项目活动的基准线情景，同时考虑主管机构的指导意见，并证明其选择的适当性：

（1）现有的实际或历史排放量；

（2）最具经济吸引力的方案产生的排放量；

（3）过去五年内，在类似的社会、经济、环境和技术条件下开展的温室气体排放量在同类项目中名列前20%的类似项目活动的平均排放量。

如果选用（3）作为新方法学的基准线情景，方法学开发方需要详细阐述如何确定"类似的社会、经济、环境和技术条件"，以及如何评估"温室气体排放量在同类项目中名列前20%"。

4. 证明额外性

方法学开发方可参考"额外性论证和评估工具"证明项目的额外性，在此过程中，应确保项目活动额外性确定与基准线情景确定之间的一致性。此外，方法学开发方也可以选择使用"基准线情景确定和额外性证明的组合工具"，该组合工具提供了一个通用框架，通过一个单一的程序逐步识别基准线情景并证明额外性。

5. 计算减排量

减排量的计算应当是保守的，即项目排放量和泄漏量计算中遗漏的排放源量级影响（如果为正）应等于或小于基准线排放量计算时忽略的排放源的量级。方法学开发方应详细说明用于估计、测量或计算项目排放、基准排放和泄漏影响的所有算法和公式的基本原理、变量定义、参数来源以及单位制等。如果减排量的计算是事后进行的，则需要对其进行事前估算。

6. 识别和收集监测数据

方法学开发方需提供详细信息，说明如何制定、收集和归档所有相关数据的监测计划，提供在整个计入期内应用该方法学需要收集的完整数据列表，仅确定一次并在整个计入期内保持固定的数据应在"项目设计阶段确定的参数和数据"下考虑。所有数据应以电子文档的方式保存，并在最后一个计入期结束后至少保存两年。

4.1.1.3 发布阶段的注意事项

在进行审定或核查工作时，通常通过经营实体（DOE）选择一个有能力的团队对项目减排活动进行审定与核查。

在开展方法学的审定工作时，DOE应验证：

（1）选定的方法、标准化基准和其他应用的方法规范文件是否适用于拟议的项目活动；

（2）在项目边界确定、基准线识别、额外性论证、减排量计算以及监测方法选择等方面是否得到正确应用；

（3）所选定的版本是否在提交拟议项目活动登记时有效。

DOE的具体验证工作如下：

1. 项目边界及排放源的验证

DOE应根据书面证据确认项目边界是否合理，当项目产生年均温室气体减排量超过10万吨CO_2e或存在无法溯源的数据和信息时，应通过现场检查（观察过程中使用的物理站点或设备）予以证实。

2. 基准线情景的验证

基准线情景选用是否合理的评估标准如下：

（1）项目开发方是否正确应用方法学工具（如"额外性论证和评估工具"和"确定基准线情景和论证额外性的组合工具"）所包含的程序来确定最合理的基准线情景；

（2）根据项目开发方对行业的了解和当地专家的建议，确定在进行基准线情景选择时是否考虑了相关的减排机制规则和要求，相关的国家和部门政策、法规以及经济情况等；

（3）用于确定基准线情景的所有假设是否经过适当论证或有证据支持证明其合理性；

（4）用于确定基准线情景的所有数据是否都有参考来源。

3. 额外性的验证

DOE应评估和验证项目参与者提供的所有数据、原理、假设、理由和文件的可靠性和可信度，以支持额外性的论证。

对于方法学给出的备选方案清单，DOE应评估：

（1）是否包括拟议项目活动未备案为减排项目活动的情况；

（2）所有可行的替代方案是否能够提供与项目活动同等的产出或服务；

（3）所有可行的替代方案是否符合当地强制执行的法律法规。

如果项目开发方使用投资分析来证明拟议项目活动的额外性，DOE 应确定拟议项目活动不是最具经济或财务吸引力的替代方案，或在没有 CER/CCER 销售收入支持的情况下，项目活动存在财务效益指标和技术风险等方面的障碍因素，通常理解为投资内部收益率低于国家和行业适用的贴现率。

如果项目开发方使用障碍分析来证明拟议项目活动的额外性，DOE 应采用两步法评估障碍分析的合理性：

（1）确定障碍是否真实。DOE 应评估可用证据（相关国家立法、当地条件调查以及国家或国际统计数据）或与相关人员（行业协会成员、政府官员或当地专家等）进行访谈，以确定列出的障碍是否真实存在。如果障碍的存在仅由项目开发方的意见证实，则 DOE 不应认为该障碍已得到充分证实。

（2）确定障碍是否阻碍了拟议项目活动的实施，是否至少一种可能替代方案不被阻碍实施。并非所有障碍都对正在实施的项目活动构成不可逾越的障碍，DOE 应采用专业知识来判断一个障碍或一组障碍是否会阻止拟议的清洁发展机制项目活动的实施，并且不会阻止至少一个可能的替代方案的实施，特别是已确定的基准线情景。

对于普及性分析，DOE 应：

（1）考虑拟议项目活动所属的技术或行业类型，验证地理范围划分的合理性；

（2）描述如何对类似项目的存在进行评估；

（3）说明如何评估拟议项目活动与类似项目之间的本质区别；

（4）验证拟议项目活动是否为不常见的做法。

4. 减排量的估算

DOE 应确定对基准线排放量、项目排放量、泄漏以及减排量进行事前和事后计算使用的方法是否应用了正确的公式和参数。对于不会在项目计入期内进行监测，且在整个计入期内保持不变的数据和参数，DOE 应确定所有数据来源和假设是否适当，计算是否正确。

5. 监测计划的验证

DOE 应采用以下三步来验证监测计划的合理性：

（1）通过文件审查的方式确定需要监测的参数及其监测手段是否符合应用方法、应用的标准化基线和其他规范性文件的要求。

（2）通过审查文件、与相关人员面谈、进行现场检查等方式评估监测计划的可行性，包括数据管理和质量保证以及质量控制程序等的可行性。

（3）如果项目参与者采用抽样方法来确定数据和参数，DOE 应根据"标准"评估拟议抽样计划是否以公正可靠的方式提供参数值估计。

4.1.2 方法学文件编制

碳减排量核算方法学应按照温室气体自愿减排量核算方法学编制大纲要求的模板进行编制,关键要素包括:

(1) 方法学的名称、引用的工具及参考文件;
(2) 关键术语定义;
(3) 适用条件;
(4) 项目边界;
(5) 基准线情景识别;
(6) 额外性论证;
(7) 基准线排放量、项目排放量、泄漏和减排量计算方法;
(8) 监测方法学及监测参数。

基本的方法学编制大纲见附录5。

4.1.2.1 适用范围

"来源"包括引用的主要方法学、指南导则、方法学工具、相关技术规范和参考文献等。为确保在方法学使用过程中不产生误解和歧义,应说明方法学相关的关键术语和定义。方法学应明确具体应用场景和适用的项目条件,包括项目活动必须满足的具体技术条件,如有方法学不适用的特定情况或情景应具体说明。

4.1.2.2 项目边界

项目边界是指项目参与方的控制范围,主要包括以下三个方面:

(1) 地理边界:项目进行计量时所关注的地理范围。
(2) 时间边界:项目实施的活动周期的计量范围,即项目计入期。
(3) 源汇边界:项目时间和地理边界内发生的并对相关碳汇或碳库的储量以及社会经济和环境产生影响的温室气体排放、碳汇吸收和碳库消纳等活动的范围。

不同的方法学因具体项目复杂程度不同,规定的项目边界也有不同。对于新开发的方法学,项目边界确定过程中除要考虑与项目相关的基准线排放、项目排放和泄漏排放等因素外,还应考虑:

(1) 项目边界的合理性;
(2) 项目边界基准线数据的可获得性和准确性;

(3) 项目排放计算参数的可获得性；

(4) 项目泄漏路径和泄漏量化的考虑；

(5) 项目监测参数和数据的获取可行性和难易程度等。

4.1.2.3 基准线情景

在《马拉喀什协议》中，项目基准线可以定义为合理地代表一种在没有拟议项目活动时出现的温室气体源人为排放量的情景，是一种假设的情景，它应该包括：京都议定书附录 A 所列的六种温室气体种类、排放部门和排放源类别、在项目边界范围内的排放分析。

基准线识别流程如图 4-1 所示。

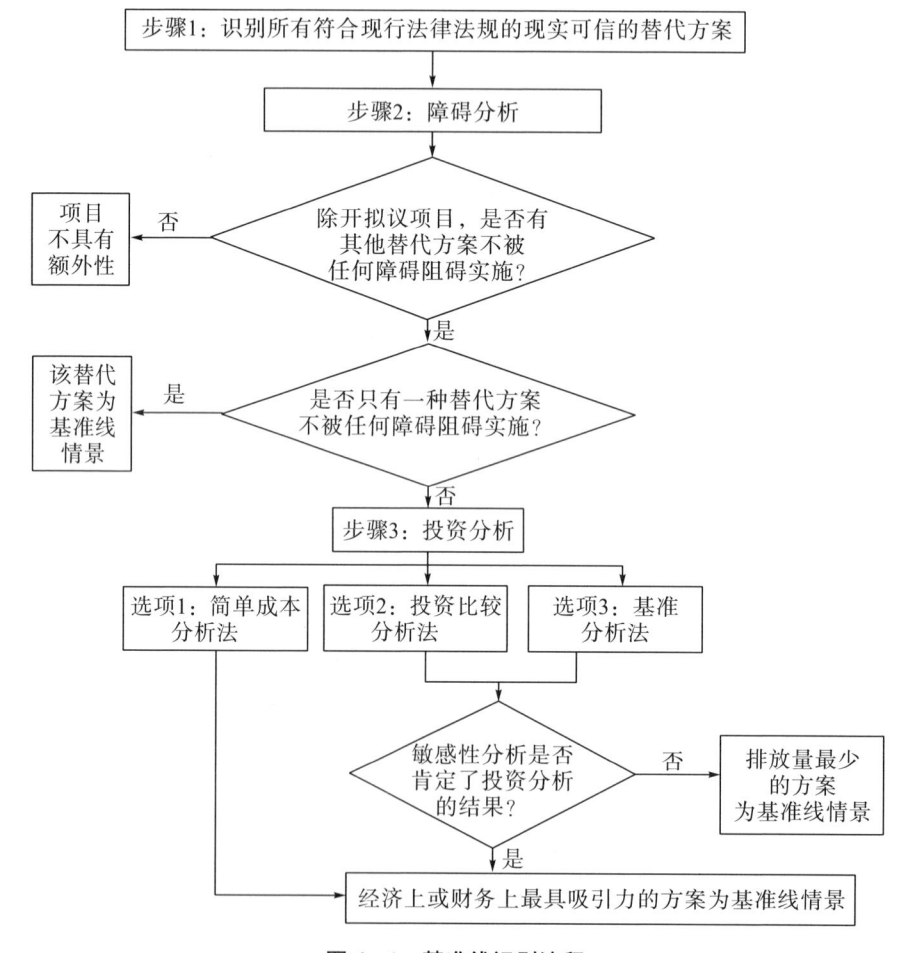

图 4-1 基准线识别流程

1. 步骤1：识别所有符合现行法律法规的现实可信的替代方案

识别的替代方案应包括：

(1) 拟议的项目活动没有注册（或备案）为减排项目的情况；

(2) 其他现实可信的替代方案，这些替代方案能够提供与拟议项目同等质量、特性的产出和/或服务；

(3) 维持现状，在将来的某个时期实施拟议项目活动，但不将其备案为减排项目；

(4) 如果拟议的项目活动包括若干不同的设施、技术、产出或服务，则应对其中每一项分别识别替代方案并加以组合，作为拟议项目活动可能的替代方案。

上述识别出的所有替代方案都应遵守适用的法律法规要求。如果前述识别的某个替代方案没有遵守适用的法律法规要求，则需要对该法律法规管制地区的执法现状进行考察，以表明未严格遵守法律法规的现象在该地区普遍存在。否则将该替代方案从识别的替代方案中剔除。

2. 步骤2：障碍分析

识别阻碍替代方案实施的障碍，包括：

(1) 投资/融资障碍：包括拟议项目面临的技术、市场或投资风险，或者项目业主银行信誉级别不够，缺乏投资/融资渠道等问题。

(2) 技术障碍：对于拟议项目的先进技术设备，缺乏技术熟练、经验丰富的运行和维护人员，缺少配套的设备维修和零配件的供应保障。

(3) 常规做法障碍：缺少常规通行的做法，项目业主缺乏开发首创项目的信心。

如果仅剩一个替代方案符合识别的任何障碍都不能阻止方案实施的要求，并且这个替代方案就是拟议项目活动没有被备案成减排项目的情况，那么拟议项目活动不是额外的。

除开拟议项目，仅剩一个替代方案的实施不被识别的任何障碍所阻碍，那么这个替代方案就是基准线情景。

如果剩下多个替代方案，则要进行投资分析。

3. 步骤3：投资分析

有三种可选的投资分析方法：简单成本分析法、投资比较分析法和基准分析法。如果拟议项目活动和备选方案没有产生除减排相关收入外的其他财务或经济收益，则应用简单成本分析法；否则，使用投资比较分析法或基准分析法。

选项1：简单成本分析法，选择最具有经济/财务吸引力的替代方案作为基准线场景。

选项2：投资比较分析法，比较拟议项目和其他替代方案的投资效益的财务指标，如内部收益率（Internal Rate of Return，IRR）、净现值（Net Present Value，NPV）、益本比或单位服务成本（如平准化发电成本或供热成本）等。该方法适用于拟议项目和其他替代方案均为新建项目的情景。

选项3：基准分析法。该方法将拟议项目的投资效益财务指标与相关的财务基准值进行比较，如果项口的投资效益财务指标比财务基准值低，则不具有财务吸引力，因而具有额外性。

选用投资比较分析法和基准分析法时，还需进行敏感性分析，即评估有关财务吸引力的结论在关键假设出现合理变化时是否仍然充分成立。如果敏感性分析不能肯定投资分析的结果，那么排放量最少的替代方案就是基准线情景；如果敏感性分析肯定了投资比较分析的结果，则经济上或财务上最具吸引力的方案就是基准线情景。

4.1.2.4 额外性论证

按照《马拉喀什协议》，如果拟议项目活动能够将其排放量降到低于基准线情景的排放水平，并且证明自己不属于基准线，则该减排量就是额外的。

项目额外性论证流程如图4-2所示。

・4 方法学编制及核心数据获取・

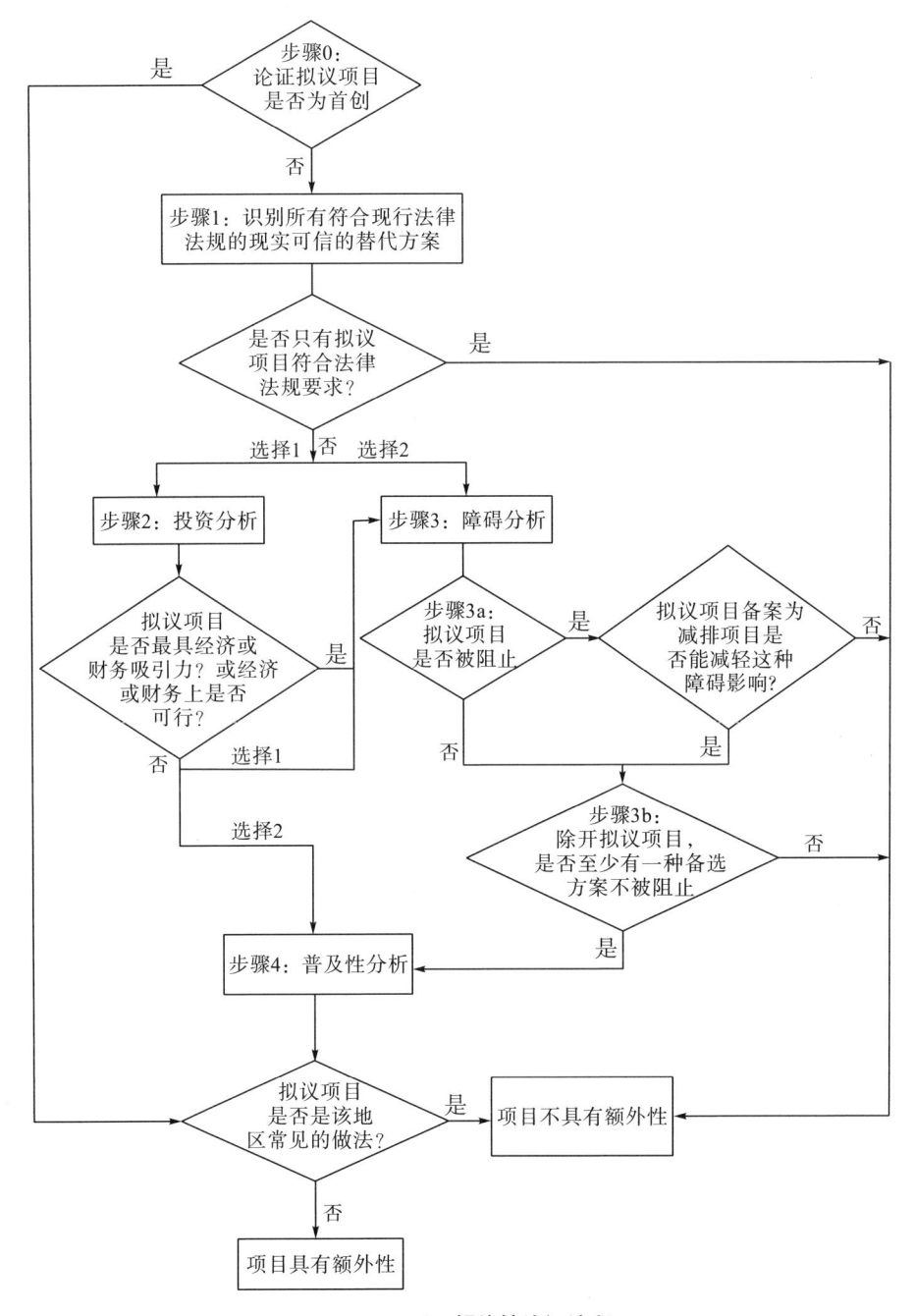

图 4-2 项目额外性论证流程

1. 步骤 0：论证拟议项目是否为首创

如果符合以下条件，拟议项目活动在适用地区内属于同类活动中的首创：

（1）该项目应用的技术不同于适用地区内的其他任何项目，能够提供与其他项目相同的服务，且在项目设计文件发布前或在项目开始日期之前（以较早者为准）已经开始商业运营；

（2）项目实施了一项或多项措施；

（3）项目的计入期最长为 10 年，且不可续期。

如果拟议项目是首创的，则其具有额外性。步骤属于可选项，若未进行论证，则拟议项目不被视为首创项目。

2. 步骤 1：识别所有符合现行法律法规的现实可信的替代方案

若项目所在地区的法律法规普遍得到遵守，且拟议项目是所有替代方案中唯一遵守强制的法律法规的选择，则拟议项目不具有额外性。

3. 步骤 2：投资分析

确定拟议项目活动是否：

（1）最具经济或财务吸引力；

（2）经济上或财务上可行，无需通过销售经核证的减排量获得收入。

选项 1：简单成本分析法。如果拟议项目的成本至少高于一种替代方案，则说明拟议项目不是最具财务吸引力的选择。

选项 2：投资比较分析法。如果拟议项目的某项财务指标（如 IRR）不如其他替代方案中的指标，则不能被视为最有财务吸引力。

选项 3：基准分析法。如果拟议项目活动的指标不如基准指标值，则拟议项目活动不能被视为具有财务吸引力。

投资分析得出结论：拟议项目不是最具财务吸引力的选择或只能通过备案成减排项目来获得收益，则可直接进行普及性论证，障碍分析为可选项；如果拟议项目最具财务吸引力或无需备案成减排项目就能获得收益，则需进行障碍分析。

4. 步骤 3：障碍分析

（1）步骤 3a：拟议项目是否被阻止？

如果拟议项目被阻碍实施，则需判断将其备案为减排项目是否能够减轻这种障碍的影响，如果不能，则项目不具有额外性；反之进行步骤 3b。

（2）步骤 3b：除开拟议项目，是否至少有一种备选方案不被阻止？

如果所有的替代方案都被上述所识别的阻碍实施，则项目不具有额外性。换句话说，需要证明至少一种替代方案不被所识别的障碍阻碍实施。

如果步骤 3a、步骤 3b 都满足，则继续执行步骤 4（普及性分析）。如果不满足步骤 3a、步骤 3b 之一，则项目活动不是额外的。

5. 步骤4：普及性分析

上述的投资分析或障碍分析论证了拟议项目的额外性，说明这类型项目在没有备案为减排项目时在所在国家/地区难以实施，此外还需补充拟议项目类型在所在国家/地区的推广普及性分析。

若在普及性分析过程中识别了相似活动（与拟议项目活动类似），则要论述拟议项目活动与其他类似活动是否存在本质区别。例如拟议项目的实施环境相较于类似项目发生了重大变化，可能出现新的障碍或者激励政策可能停止，导致拟议项目只有备案为减排项目时才能实施。

如果普及性分析得到满足，即无类似活动或有类似活动，但能够合理解释项目活动与类似活动之间存在本质区别，则拟议项目具有额外性，否则不是额外的。

4.2 燃料热值检测方法

根据《综合能耗计算通则》（GB/T 2589—2020）8.3款"能源的低位发热量和耗能工质耗能量，应按实测值或供应单位提供的数据折标准煤"的规定，对能源热值进行实际测定，以进一步精细分析油气田企业的能源消耗，精准对接"双碳"目标，提升油气田企业能源热值分析质量。

4.2.1 煤和油热值的检测方法

油气田企业由于生产现场条件限制，部分加热流程会使用煤或油来进行加热，燃煤热值的测定方法主要参考《煤的发热量测定方法》（GB/T 213—2003），燃油热值的测定方法主要参考《石油产品热值测定法》（GB 384—1981），常用仪器为量热仪。

煤的热值即发热量，可以分为高位发热量和低位发热量两类。高位发热量是样品在过量氧气中燃烧，其燃烧产物组成为氧气、氮气、二氧化碳、二氧化硫、液态水以及固态灰时放出的热量。低位发热量是样品在过量氧气中燃烧，其燃烧产物组成为氧气、氮气、二氧化碳、二氧化硫、气态水以及固态灰时放出的热量。

1. 检测原理

高位发热量是利用氧弹热量计进行测定的。一定量的分析样品在氧弹热量计中，在充有过量氧气的氧弹内燃烧，氧弹热量计的热容量通过在相近条件下燃烧一定量的基准量热物苯甲酸来确定，根据样品燃烧前后量热系统产生的温升，并对点火热等附加热进行校正后即可求得样品的弹筒发热量。从弹筒发热量中扣除硝酸生成热和硫酸校正热（硫酸与二氧化硫形成热之差）即得高位发热量。

低位发热量可以通过分析样品的高位发热量计算得到。计算低位发热量要知道样品中水分和氢的含量。原则上，计算低位发热量还需知道样品中氧和氮的含量。

2. 仪器设备

氧弹热量计是由燃烧氧弹、内筒、外筒、搅拌器、温度传感器、样品点火装置、温度测量和控制系统构成的。通用氧弹热量计有恒温式和绝热式两种，它们的量热系统被包围在充满水的双层夹套（外筒）中，差别只在于外筒及附属的自动控温装置，其余部分无明显区别。目前随着技术的进步，自动氧弹热量计被广泛使用，能够大幅提高检测效率，减少人为误差。其机构及原理与传统氧弹热量计一致，在每次试验中必须详细给出规定的参数，记录的各次试验的信息应包括温升、冷却校正值、有效热容量、样品质量、点火热和其他附加热；由此进行的所有计算都能人工验证，所用的计算公式应在仪器操作说明书中给出，计算用到的附加热应清楚地确定，所用的点火热、副反应热的校正应明确说明。

氧弹热量计的测试精度要求为5次苯甲酸测试结果的相对标准差不大于0.20%；准确度要求为标准样品测试结果与标准值之差都在不确定度范围内，或者用苯甲酸作为样品进行5次发热量测定，其平均值与标准热值之差不超过50 J/g。

3. 检测步骤

发热量的测定由两个独立的试验组成，即在规定的条件下基准量热物质的燃烧试验和样品的燃烧试验。为了消除未受控制的热交换引起的系统误差，要求两个试验的条件尽量相近。首先燃烧一定量的燃料，然后测量整个燃烧过程引起的温度变化。试验过程分为初期、主期（反应期）和末期。对于绝热式热量计，初期和末期是为了确定开始点火的温度和终点温度；对于恒温式热量计，初期和末期的作用是确定热量计的热交换特性，以便在燃烧反应期间对热量计内筒与外筒间的热交换进行校正。初期和末期的时间应足够长。

4. 数据处理

氧弹热量计测试的发热量为弹筒发热量，即空气干燥基试样的弹筒发热量，再由弹筒发热量减去硝酸生成热和硫酸校正热后得到高位发热量，即空气干燥基恒容高位发热量，计算方法如式（4-1）：

$$Q_{\text{gr,v,ad}} = Q_{\text{b,v,ad}} - (94.1S_{\text{b,v,ad}} + \alpha Q_{\text{b,v,ad}}) \tag{4-1}$$

式中：$Q_{\text{gr,v,ad}}$——煤的空气干燥基恒容高位发热量，J/g；

$Q_{\text{b,v,ad}}$——煤的空气干燥基弹筒发热量，J/g；

$S_{\text{b,v,ad}}$——由弹筒洗液测得的煤的含硫量（％）；当全硫含量低于 4.00％时，或发热量大于 14.60 MJ/kg 时，用全硫（按 GB/T 214—2007 测定）代替；

α——硝酸生成热校正系数，当 $Q_{\text{b,v,ad}} \leqslant 16.70$ MJ/kg 时 $\alpha=0.001$，当 16.70 MJ/kg $< Q_{\text{b,v,ad}} \leqslant 25.10$ MJ/kg 时 $\alpha=0.0012$，当 $Q_{\text{b,v,ad}} > 25.10$ MJ/kg 时 $\alpha=0.0016$。

工业上主要计算低位发热量。低位发热量是由高位发热量减去水的气化热后得到的发热量，计算方法如式（4-2）：

$$Q_{\text{net,v,ar}} = (Q_{\text{gr,v,ad}} - 206H_{\text{ad}}) \times \frac{100 - M_{\text{t}}}{100 - M_{\text{ad}}} - 23M_{\text{t}} \tag{4-2}$$

式中：$Q_{\text{net,v,ar}}$——煤的收到基恒容低位发热量，J/g；

$Q_{\text{gr,v,ad}}$——煤的空气干燥基恒容高位发热量，J/g；

M_{t}——煤的收到基全水分（按 GB/T 211—2017 测定），％；

M_{ad}——煤的空气干燥基水分（按 GB/T 212—2018 测定），％；

H_{ad}——煤的空气干燥基氢含量（按 GB/T 476—2008 或 GB/T 15460—2014 测定），％。

由弹筒发热量算出的高位发热量和低位发热量都属恒容状态，在实际工业燃烧中是恒压状态，严格地讲，工业计算中应使用恒压低位发热量。如有必要，恒压低位发热量可按式（4-3）计算：

$$Q_{\text{net,p,ar}} = [Q_{\text{gr,v,ad}} - 212H_{\text{ad}} - 0.8(O_{\text{ad}} + N_{\text{ad}})] \times \frac{100 - M_{\text{t}}}{100 - M_{\text{ad}}} - 24.4M_{\text{t}} \tag{4-3}$$

式中：$Q_{\text{net,p,ar}}$——煤的收到基恒压低位发热量，J/g；

O_{ad}——煤的空气干燥基氧含量（按 GB/T 476—2008 计算），％；

N_{ad}——煤的空气干燥基氮含量（按 GB/T 476—2008 测定），％。

弹筒发热量和高位发热量的结果计算到 1 J/g，取高位发热量的两次重复测定的平均值，按 GB/T 483—2007 数字修约规则修约到最接近的 10 J/g 的倍数，按 J/g 或 MJ/kg 的形式报出。

4.2.2 天然气热值的检测方法

天然气是油气田企业的主要燃料，热值测定主要有直接测定法（连续燃烧法）和间接测定法（气相色谱法）两种。

4.2.2.1 直接测定法

直接测定法主要参考《天然气发热量的测量 连续燃烧法》（GB/T 35211—2017），常用仪器是发热量直接测定系统。

1. 检测原理

一定量的天然气，通过湿式气体流量计进入燃烧室完全燃烧，再通过热交换器将燃烧产生的热量传递给吸收介质，使得介质的温度随之升高。根据检测介质升高的温度获得该气体的发热量。在燃烧测量过程中，采用同一个电动机驱动装有燃气和热吸附介质的湿式流量计。将流量计置于恒温槽中，水面保持稳定并控制在一定温度范围，通过调节水温控制燃气和助燃空气的温度，气体燃烧产生的水蒸气冷凝成液态，即可测得气体的高位发热量值。

2. 仪器设备

发热量直接测定系统由气体减压单元、连续燃烧式热量计（以下简称热量计）、信号采集及处理单元构成。气体减压单元的作用是让气体从钢瓶进入气体减压面板，经过两级减压到 5 kPa，进入传输管线；气体从传输管线进入气体分配面板，压力再次降为 1~2 kPa，输入热量计；热量计带有两个水流式流量计，采用同一个电动机驱动燃气和助燃空气的流量，并保持固定的比例进入燃烧室燃烧。热量计的测量误差应小于 0.3%。

3. 检测步骤

首先，设定实验室温度，同时监测环境温度、大气压等参数；设定热量计恒温水箱的温度，启动热量计并检查各部件的运行情况，确定流量计运行正常后打开进气管线阀门，多次减压，使燃气进入气体分配面板时的压力维持在一定压力下。然后记录发热量响应值、试验室温度、水温、气体温度、大气压、燃气进气压力等参数。同时将电磁阀关闭，启动高压点火装置点燃放空炉的火焰，放空炉点火成功后等待一段时间，使热量计燃烧室聚集足够的燃气，再次启动点火装置，点燃燃烧室内的燃气，待燃烧稳定，调至电磁阀开启。最后按照天然气—样品气 1—天然气—样品气 2—天然气—核查气—天然气的顺序，切换到不同的气体进行燃烧，每种气体测量时间一定，对比样品气的响应值与天然气的响应值，实验结束后，关闭天然气标气钢瓶阀，熄火，保存数据。

4. 数据处理

采集样品稳定燃烧的数据，约 25 min，300 个数据点的响应值，计算其平均值。将测量气体前后甲烷发热量标准值与响应值的偏差的平均值作为修正值，用此修正值对样品的平均值进行修正，以此获得样品的发热量。计算公式如下：

$$e_1 = H_{s,CH_4} - H_{CH_4,1} \tag{4-4}$$

$$e_2 = H_{s,CH_4} - H_{CH_4,2} \tag{4-5}$$

$$\Delta H = (e_1 + e_2)/2 \tag{4-6}$$

$$H = H_1 + \Delta H \tag{4-7}$$

式中：H_{s,CH_4}——甲烷发热量标准值（依据 GB/T 11062—2020 计算，在 101.325 kPa、20℃ 的参比条件下，甲烷的高位发热量为 37.115 MJ/m³）；

$H_{CH_4,1}$——测量气体前的甲烷发热量响应值的平均值；

$H_{CH_4,2}$——测量气体后的甲烷发热量响应值的平均值；

e_1——测量气体前甲烷发热量标准值与甲烷发热量响应值的平均值的偏离值；

e_2——测量气体后甲烷发热量标准值与甲烷发热量响应值的平均值的偏离值；

ΔH——修正值；

H_1——测量气体发热量响应值的平均值；

H——测量气体经甲烷修正后的发热量，即热量计给出的样品发热量测定值，该热量计测得的发热量扩展不确定小于 0.25%（$k=2$）。

4.2.2.2 间接测定法

天然气热值的间接测定法主要参考《天然气发热量、密度、相对密度和沃泊指数的计算方法》（GB/T 11062—2020），根据气相色谱仪分析的气体成分，利用公式计算天然气摩尔发热量（高位与低位）。根据气体混合物中各组分的摩尔分数，对气体混合物中所有组分按理想气体高位摩尔发热量进行加权，然后将所有项相加求得理想状态下气体混合物的高位摩尔发热量。将理想气体状态下的发热量换算为真实气体发热量的方法稍微复杂一些，应首先对理想气体摩尔发热量进行焓修正（残余焓），得到真实气体摩尔发热量。鉴于应用范围，这个修正值可以忽略。由于忽略了焓修正，以摩尔为基准或以质量为基准的真实气体发热量等于相应的理想气体发热量，以体积为基准的理想气体发热量计算真实气体发热量（高位或低位）需要用到体积校正因子（压缩因子）。

1. 摩尔发热量计算

（1）高位发热量。在已知组成的混合物中，计量温度为 t_1 时，高位摩尔发热量可按式（4-8）进行计算：

$$(H_c)_G(t_1) = (H_c)_G^\circ(t_1) = \sum_{j=1}^{N} x_j \cdot [(H_c)_G^\circ]_j(t_1) \quad (4-8)$$

式中：$(H_c)_G(t_1)$——混合气的真实气体高位总摩尔发热量，$kJ \cdot mol^{-1}$；

$(H_c)_G^\circ(t_1)$——混合气体的理想气体高位总摩尔发热量，$kJ \cdot mol^{-1}$；

$[(H_c)_G^\circ]_j(t_1)$——j 组分的总的理想摩尔发热量，$kJ \cdot mol^{-1}$；

x_j——j 组分的摩尔分数。

（2）低位发热量。在已知组成的混合物中，计量温度为 t_1 时，低位摩尔发热量按式（4-9）进行计算：

$$(H_c)_N(t_1) = (H_c)_N^\circ(t_1) = (H_c)_G^\circ(t_1) - \sum_{j=1}^{N} x_j \cdot \frac{b_j}{2} \cdot L^\circ(t_1) \quad (4-9)$$

式中：$(H_c)_N(t_1)$——混合气的真实气体低位摩尔发热量，$kJ \cdot mol^{-1}$；

$(H_c)_N^\circ(t_1)$——混合气体的理想气体低位摩尔发热量，$kJ \cdot mol^{-1}$；

$L^\circ(t_1)$——t_1 温度下水蒸发的标准焓，$kJ \cdot mol^{-1}$；

b_j——j 组分里每个分子所包含的氢原子数量。

2. 质量发热量计算

（1）高位发热量。在已知组成的混合物中，计量温度为 t_1 时，高位质量发热量按式（4-10）进行计算：

$$(H_m)_G(t_1) = (H_m)_G^\circ(t_1) = \frac{(H_c)_G^\circ(t_1)}{M} \quad (4-10)$$

式中：$(H_m)_G(t_1)$——以质量为基准的混合物的真实气体高位发热量，$MJ \cdot mol^{-1}$；

$(H_m)_G^\circ(t_1)$——以质量为基准的混合物的理想气体高位发热量，$MJ \cdot mol^{-1}$；

M——混合气体的摩尔质量，$kg \cdot mol^{-1}$，在已知组成混合气体中按式（4-11）进行计算：

$$M = \sum_{j=1}^{N} x_j \cdot M_j \quad (4-11)$$

式中：M_j——j 组分的摩尔质量；

x_j——j 组分的摩尔分数。

（2）低位发热量。在已知组成的混合物中，计量温度为 t_1 时，以质量为基准的低位发热量按式（4-12）进行计算：

$$(H_m)_N(t_1) = (H_m)_N^\circ(t_1) = \frac{(H_c)_N^\circ(t_1)}{M} \quad (4-12)$$

式中：$(H_m)_N(t_1)$——以质量为基准的混合物的真实气体低位发热量，$MJ \cdot m^{-3}$；

$(H_m)_N^o(t_1)$——以质量为基准的混合物的理想气体低位发热量，$MJ \cdot m^{-3}$。

3. 体积发热量计算

（1）理想气体高位发热量。在已知组成的混合气体中，以 t_1 为燃烧温度，当温度为 t_2、压力为 p_2 时，理想气体高位体积发热量按式（4-13）进行计算：

$$(H_v)_G^o(t_1;t_2,p_2) = \frac{(H_c)_G^o(t_1)}{V^o} \quad (4-13)$$

式中：$(H_v)_G^o(t_1;t_2,p_2)$——以理想气体体积为基准的混合气体的发热量，$MJ \cdot m^{-3}$；

V^o——理想摩尔体积，$m^3 \cdot mol^{-1}$，可由式（4-14）计算：

$$V^o = R \cdot T_2 / p_2 \quad (4-14)$$

式中：R——摩尔气体常数；

T_2——计量参比状态的绝对温度，K。

（2）理想气体低位发热量。在已知组成的混合气体中，以 t_1 为燃烧温度，当温度为 t_2、压力为 p_2 时，理想气体低位体积发热量按式（4-15）进行计算：

$$(H_v)_N^o(t_1;t_2,p_2) = \frac{(H_c)_N^o(t_1)}{V^o} \quad (4-15)$$

式中：$(H_v)_N^o(t_1;t_2,p_2)$——以理想气体体积为基准的混合气体的低位发热量，$MJ \cdot m^{-3}$。

V^o——理想摩尔体积，$m^3 \cdot mol^{-1}$；

$(H_c)_N^o(t_1)$——混合气体的理想气体低位摩尔发热量，$kJ \cdot mol^{-1}$。

（3）真实气体高位发热量。在已知组成的混合气体中，以真实气体的体积为基准，当温度为 t_2、压力为 p_2 时，高位发热量按式（4-16）计算：

$$(H_v)_G(t_1;t_2,p_2) = \frac{(H_c)_G^o(t_1)}{V} \quad (4-16)$$

式中：$(H_v)_G(t_1;t_2,p_2)$——以体积为基准的真实气体的高位发热量，$MJ \cdot m^{-3}$。

V——混合气体的真实气体摩尔体积，$m^3 \cdot mol^{-1}$，按式（4-17）计算：

$$V = Z(t_2,p_2) \cdot R \cdot T_2/p_2 \qquad (4-17)$$

式中：$Z(t_2,p_2)$——计量参比条件下的压缩因子。

（4）真实气体低位发热量。在已知组成的混合气体中，以真实气体的体积为基准，以 t_1 为燃烧温度，当温度为 t_2、压力为 p_2 时，低位发热量按式（4-18）进行计算：

$$(H_v)_N(t_1;t_2,p_2) = \frac{(H_c)_N^\circ(t_1)}{V} \qquad (4-18)$$

式中：$(H_v)_N(t_1;t_2,p_2)$ ——以体积为基准的真实气体的低位发热量，$MJ \cdot m^{-3}$。

4.3 燃料元素碳含量检测方法

元素碳含量是指样品中碳元素在所有元素中的质量百分比，元素碳含量是计算碳排放的核心参数之一，固体、液体样品检测方法主要是通过燃烧产生二氧化碳并测定，气体样品是通过对气体组分的体积浓度及该组分化学分子式中碳原子的数目来计算的。

4.3.1 煤和油的碳含量的检测方法

煤和油的碳含量测定主要参照《煤中碳氢氮的测定 仪器法》（GB/T 30733—2014）、《煤中碳和氢的测定方法》（GB/T 476—2008）以及《石油产品及润滑剂中碳、氢、氮的测定 元素分析仪法》（NB/SH/T 0656—2017），使用仪器为元素分析仪。

1. 检测原理

已知质量的样品在高温和氧气流中充分燃烧，完全燃烧后生成二氧化碳、水和氮气等混合物。由特定的处理系统滤除对测定有干扰的影响因素（如硫、氯等燃烧产物），并将氮氧化物全部还原为氮气。样品中的碳的含量分别以二氧化碳的形式由特定的检测系统定量测定。

2. 仪器设备

元素分析仪主要由以下四部分组成：一是燃烧系统，燃烧温度及燃烧时间可调，以保证煤样能充分燃烧。二是处理系统，应能滤除各种对测定有影响的因素，并可将氮氧化物还原为氮气。必要时，应有特定的程序将各元素的燃烧产物进行分离以便分别检测或过滤。三是检测系统，用于检测二氧化碳、水及氮气的量，如非色散红外检测器、热导池检测器等。四是控制系统，主要包括分析条件选择设置，分析过程的监控和报警中断，分析数据的采集、计算、校准处理等程序。

3. 检测步骤

样品首先进入燃烧管，在纯氧环境下静态燃烧，燃烧的最后阶段再通入定量的动态氧气以保证所有的有机物和无机物都完全燃烧。燃烧最开始时发生的放热反应可将燃烧温度提高到1800℃，进一步确保燃烧反应完全。样品燃烧后的产物通过特定的试剂后会形成CO_2、H_2O、N_2和氮氧化物，同时试剂会将一些干扰物质如卤族元素、S和P等去除。随后气体进入还原罐，与铜进行反应，去除过量的氧并将氮氧化物还原成氮气，最后进入混合室，在常温常压下进行均匀的混合。混合均匀后的气体通过三组高灵敏度的热导检测器，每组检测器包含一对热导池，前两个热导池之间安装有H_2O捕获器，热导池间的信号差与H_2O的含量成正比，并与原样品中的氢含量成函数关系，以此测量出样品中氢的含量。接下来的两个热导池间为CO_2捕获器，用来测定碳含量。

4. 数据处理

样品中的碳含量可按式（4-19）进行计算：

$$C_{ad} = \frac{0.2729 m_1}{m} \times 100 \qquad (4-19)$$

式中：C_{ad}——样品中碳的质量分数，%；

m_1——捕获的CO_2质量，g；

m——样品质量，g。

当煤样需要测定有机碳时，按式（4-20）计算有机碳的质量分数：

$$C_{o,ad} = \frac{0.2729 m_1}{m} \times 100 - 0.2729 (CO_2)_{ad} \qquad (4-20)$$

式中：$C_{o,ad}$——样品中有机碳的质量分数，%；

$(CO_2)_{ad}$——样品中碳酸盐二氧化碳（按GB/T 218—2016测定）的质量分数，%。

4.3.2 天然气的碳含量的检测方法

天然气的碳含量测定主要参照《天然气的组成分析　气相色谱法》（GB/T 13610—2020），使用仪器为气相色谱仪。气相色谱仪根据检测器的输出信号与组分含量间的关系不同，可分为：质量型检测器，即测量载气中某组分进入检测器的质量流速变化，即检测器的响应值与单位时间内进入检测器某组分的质量成正比；浓度型检测器，即测量载气中组分浓度的瞬间变化，检测器的响应值与组分在载气中的浓度成正比,与单位时间内组分进入检测器的质量无关。

4.3.2.1 质量型检测器

质量型检测器其峰高响应值与流动相流速成正比,而积分响应值(峰面积)与流速无关。这类检测器较少,常见的有氢火焰离子化检测器(FID)、火焰光度检测器(FPD)、氮磷检测器(NPD)、质量选择检测器(MSD)等。

1. 检测原理

当载气以一定流速通过稳定状态的热导池时,热敏元件消耗电能产生的热与各因素所散失的热达到热动平衡。当载气携带组分进入热导池时,池内气体组成发生变化,其热导率也相应改变,于是热动平衡被破坏,引起热敏元件温度发生变化,电阻值也相应改变,惠斯通电桥输出没有损耗的电压信号,通过记录器得到组分的色谱峰。

2. 操作步骤

按照分析要求,安装好色谱柱。调整操作条件,并使仪器稳定。对于物质的量分数大于5%的任何组分,应获得其线性数据。在宽浓度范围内,色谱检测器并非真正的线性,应在与被测样品浓度接近的范围内建立其线性。对于物质的量分数不大于5%的组分,可用2~3个标准气在大气压下,用进样阀进样,获得组分浓度与响应的数据。对于物质的量分数大于5%的组分,可用纯组分或一定浓度的混合气,在一系列不同的真空压力下,用进样阀进样,获得组分浓度与响应的数据。将线性检查获得的数据制作成表格,并以此来评价检测器的线性。当仪器稳定后,两次或两次以上连续进标准气检查,每个组分响应值相差必须在1%以内。在操作条件不变的前提下,无论是连续两次进样,还是最后一次与以前某一次进样,只要它们每个组分相差在1%以内,都可作为随后气样分析的标准。在实验室,样品必须在比取样时气源温度高10℃~250℃的温度下达到平衡。温度越高,平衡所需时间就越短(300 mL或更小的样品容器,约需2 h)。在现场取样时已经脱除了夹带在气体中的液体。如果气源温度高于实验室温度,那么气样在进入色谱仪之前需预先加热。如果已知气样的烃露点低于环境最低温度,则不需加热。

4.3.2.2 浓度型检测器

浓度型检测器当进样量一定时,瞬间响应值(峰高)与流动相流速无关,而积分响应值(峰面积)与流动相流速成反比,峰面积与流动相流速的乘积为一常数。绝大部分检测器都是浓度型检测器，如：热导池检测器（TCD）、电子捕获检测器（ECD）、液相色谱法中的紫外-可见光检测器（UVD）、电导检测器与荧光检测器也是浓度型检测器，凡非破坏性检测器均为浓度型检测器。

1. 检测原理

对于天然气等气体燃料的元素碳含量，应遵循《天然气的组分分析 气相色谱法》（GB/T 13610—2020）和《气体中一氧化碳、二氧化碳和碳氢化合物的测定 气相色谱法》（GB/T 8984—2008）等相关标准测定气体组分后，根据每种气体组分的体积浓度及该组分化学分子式中碳原子的数目来计算得到。

气相色谱法是根据样品中各组分在气相和固定相间的分配系数不同，当组分在两相间进行多次分配，由于固定相对各组分的吸附能力不同，组分的运行速度就不同，由此达到彼此分离；分离后的组分按保留时间的先后顺序进入检测器记录信号，产生的信号经放大后，在记录器上描绘出各组分的色谱峰；依据样品中各组分的保留时间（出峰位置）可进行定性分析或依据响应值（峰高或峰面积）对样品中各组分进行定量分析。

2. 检测步骤

首先，检查电源接线是否正确，检查气体种类及质量是否符合要求，检查钢瓶是否固定，减压阀的压力范围是否符合要求，与仪器的气路连接是否正确，检查并熟悉仪器整体结构。先检查气源出口至净化器入口之间的气路部分，再检查仪器气路系统至净化器出口之间的管路，若有漏气现象，可用检漏液检漏，找出漏气处并加以处理。气路检查后在密封性良好的条件下，调节载气稳压阀，使载气流量达到合适的数值，通入载气后，按下仪器总电源开关，机器自检通过后，开加热电源开关，设置温度值（进样器、恒温室、检测器）到所要求的温度。待检测器温度达到设定值后，打开燃气和助燃气，调节流量到所需要的值，开始用点火枪点火，观察色谱屏幕，若信号不在原来数值上则说明氢火焰已点燃。观察放大器工作是否稳定，基线漂移是否在正常范围内，待基线稳定后可进行分析。用微量注射器取待分析样品，排出气泡，双手平稳、缓慢进样，进样后快速拔出进样针。然后启动和色谱工作站采样。具体气体流量、进样量等，应根据被测物质的性质、所用色谱柱的性能、分离条件和分析要求而定，分析完成后做好实验记录。使用完毕后，先关工作站，然后关闭氢火焰离子化检测器的氢气稳压阀，使火焰熄灭。接着关闭温度控制器开关并切断主机电源，最后关闭高压气瓶和载气稳压阀。把电源拔掉、用仪器罩盖好。填写仪器使用记录，清理检测完毕的样品和周围环境。

4.3.2.3 数据处理

浓度型检测器测量信号与进入检测器在其中组分的浓度成正比。质量型检测器信号强度与单位时间进入检测器的组分质量成正比,计算方法相同。

1. 数据取舍

每个组分浓度的有效数字应按量器的精密度和标准气的有效数字取舍。气样中任何组分浓度的有效数字位数,不应多于标准气中相应组分浓度的有效数字位数。

2. 戊烷和更轻组分的计算

对于戊烷和更轻的组分,应测量每个组分的峰高或峰面积,将气样和标准气中相应组分的响应换算到同一衰减,气样中 i 组分的浓度按式(4-21)进行计算:

$$y_i = y_{si}(H_i/H_{si}) \tag{4-21}$$

式中:y_i——标准气中 i 组分的浓度,%;

y_{si}——标准气中 i 组分的物质的量分数,%;

H_i——气样中 i 组分的峰高或峰面积,mV 或 mV·s;

H_{si}——标准气中 i 组分的峰高或峰面积,H_i 和 H_{si} 用相同的单位表示,mV 或 mV·s。

如果是在一定真空压力下导入空气作氧或氮的标准气,按式(4-22)进行压力修正:

$$y_i = y_{si}(H_i/H_{si})(p_a/p_b) \tag{4-22}$$

式中:p_a——空气进样时的绝对压力,kPa;

p_b——空气进样时实际的大气压力,kPa。

3. 己烷和更重组分的计算

对于己烷和更重的组分,测量反吹的己烷、庚烷及更重组分的峰面积,并在同一色谱图上测量正戊烷、异戊烷的峰面积,将所有的测量峰面积换算到同一衰减。气样中己烷C_6和烷加C_{7+}的浓度按式(4-23)进行计算:

$$y(C_n) = \frac{y(C_5)A(C_n)M(C_5)}{A(C_5)M(C_n)} \tag{4-23}$$

式中:$y(C_n)$——气样中碳数为 n 的组分的摩尔分数;

$y(C_5)$——气样中异戊烷与正戊烷摩尔分数之和;

$A(C_n)$——气样中碳数为 n 的组分的峰面积,mV·s;

$A(C_5)$——气样中异戊烷和正戊烷的峰面积之和,mV 或 mV·s;

$M(C_5)$——戊烷的相对分子质量，取值为72；

$M(C_n)$——碳数为 n 的组分的相对分子质量，对于C_6取值为86，对于C_{7+}为平均相对分子质量。

如果异戊烷和正戊烷的浓度已通过较小的进样量单独进行了测定，那么就不需再重新测定。最后，将每个组分的原始含量值乘以100，再除以所有组分原始含量值的总和，即为每个组分归一的物质的量分数。所有组分原始含量值的总和与100.0%的差值不应超过1.0%。

4.4 二氧化碳检测方法

二氧化碳排放的检测方法有两种：即排放因子法和直接检测法，排放因子法主要适用于有规律可循的系统，对于逸散或不规则排放较多的注入和封存系统，二氧化碳的检测方法显得尤为重要。

4.4.1 二氧化碳的计量

油气田CCUS项目主要以CO_2驱油藏开发为主，即CCUS-EOR项目。在CCUS-EOR项目中，CO_2流量计量贯穿全工艺流程，主要涉及贸易交接、过程控制、生产注入等环节。

4.4.1.1 二氧化碳的计量概述

气态CO_2建议采用涡轮流量计或涡街流量计进行计量，理由为：一是用于气体流量计量的超声流量计无法适用；二是气态CO_2可能存在管输高压情况，高压涡轮流量计或涡街流量计较为成熟，适应压力最高可达40 MPa；三是价格便宜；四是精度上限高，较气体罗茨流量计（气体腰轮流量计）更为准确。流量计可以采用气体标准表法装置或临界流喷嘴法气体标准装置进行溯源，并利用量值换算模型进行工况与标况下的换算。

液态CO_2建议采用科里奥利质量流量计或涡轮流量计进行计量，理由为：一是用于液体流量计量的电磁流量计无法适用；二是容积式流量计计量原理不能完全匹配；三是科里奥利质量流量计或涡轮流量计较为成熟，在不同工况条件下均有应用。流量计可以采用标准表法装置、静态质量法标准装置或体积管法标准装置进行溯源。

液态CO_2建议采用科里奥利质量流量计或涡轮流量计进行计量，理由为：一是用于液体流量计量的电磁流量计无法适用；二是容积式流量计计量原理不能完全匹配；三是科里奥利质量流量计或涡轮流量计较为成熟，在不同工况条件下均有应用。流量计可以采用标准表法装置、静态质量法标准装置或体积管法标准装置进行溯源。

超临界态/密相态CO_2的检测缺乏相应研究，根据各流量计计量原理和计量标准装置工艺难度，建议初期可使用质量流量计进行计量，后续根据研究的深入和量值换算模型的成熟，可选用槽道式流量计、涡轮流量计、涡街流量计等体积流量计进行计量。为保障现场流量最高可达 1.0%（$k=2$）的测量不确定度水平，建议采用质量法实现超临界态/密相态CO_2的高准确度复现，以标准表法实现测量范围的扩展。

目前，我国油气田 CCUS-EOR 项目多在规划设计或建设阶段，CO_2运输采用罐车拉运和管道输送相结合的方式，运输方式的选择与CO_2相态的相关性弱。其中，罐车拉运主要应用在 CCUS-EOR 项目建设初期，适应于CO_2注入规模小且管网未建设的情形；管道输送主要应用在 CCUS-EOR 项目建成运行时期，适应于CO_2注入规模大且管网基本覆盖的情形。根据中石油 CCUS 产业的总体部署及行业预测，可以预见未来CO_2将与油气相同，成为大宗商品，以管道输送为主，少部分管网未建设地区采用罐车拉运的方式。

由此可知，无论何种相态CO_2，计量方式都建议采用流量计动态计量优先、储罐静态计量为辅的计量方式，这样在保障量值准确可靠的同时，还更为经济、便捷。

4.4.1.2 二氧化碳流量计分析

作为动态计量方式的计量器具，流量计种类选择是现场应用的基础。按计量原理，流量计可分为容积式流量计、速度式流量计、节流式流量计、质量流量计四种。

容积式流量计，包括刮板流量计、罗茨流量计（腰轮流量计）、转子流量计，广泛应用于原油、成品油等无腐蚀性流体计量，对介质物性不敏感。由于液态、密相态、超临界态CO_2的腐蚀性，容积式流量计计量腔易于损坏，无法适用上述相态CO_2的计量。腰轮流量计（罗茨流量计）、转子流量计可用于气态CO_2计量，但受计量精度及经济性限制，应用案例较少。

速度式流量计，包括涡轮流量计、涡街流量计、电磁流量计、超声流量计，广泛应用于成品油、天然气、水等清洁介质的计量，对介质纯净程度和粘度要求较高。无论何种相态CO_2，均具有导电性差、会吸收声波的特性，因此电磁流量计和超声流量计无法使用。而涡轮流量计、涡街流量计在不同相态的

CO_2 计量上均有应用，其中对气态、液态 CO_2 的计量较为常见。

节流式流量计，包括孔板流量计、文丘里流量计、浮子流量计、V 锥流量计、槽道式流量计等，广泛应用于油气水及 LNG 等介质计量，计量精度不高且介质流经后压损较大，有一定节流效果。从计量原理出发，节流式流量计较为符合 CO_2 计量要求。尤其在液态、密相、超临界态 CO_2 计量方面，孔板流量计在国外有应用案例，文丘里流量计、浮子流量计、V 锥流量计、槽道式流量计在大庆油田、吉林油田、胜利油田、新疆油田均有应用案例。

质量流量计，主要为科里奥利质量流量计，其计量精度高、对介质要求低，但压损大，适用于不同相态 CO_2 的计量，在国内外都有应用案例。

不同相态 CO_2 适用的流量计见表 4-1。

表 4-1 不同相态 CO_2 流量计适用表

序号	流量计类型	气态	液体	密相态	超临界态
1	容积式流量计	√	×	×	×
2	速度式流量计	▲	▲	▲	▲
3	节流式流量计	√	√	√	√
4	质量流量计	√	√	√	√

√：适用；▲：部分适用；×：不适用。

从上述分析可知，气态 CO_2 计量较为成熟，适用的流量计可达到较高精度，而在液态、密相态、超临界态 CO_2 计量方面，虽然可用流量计类型多，但受计量原理、材质、机械制造水平及溯源体系空白等因素限制，国内外均无成熟的应用技术。具有液体、密相态、超临界态 CO_2 计量潜力的流量计有涡轮流量计、孔板流量计、文丘里流量计、浮子流量计、V 锥流量计、槽道式流量计、科里奥利质量流量计。考虑涡轮流量计对介质清洁程度及超临界态 CO_2 粘度特性的敏感程度，建议将其作为气态、液态 CO_2 计量器具使用；孔板流量计由于计量精度较低，不建议使用。

基于基础理论，几种具有潜力的二氧化碳流量计技术比对情况见表 4-2。

表 4-2 具备潜力的二氧化碳流量计技术比对情况

项目	槽道式流量计	转子流量计	V 锥流量计	文丘里流量计	科里奥利质量流量计
准确度	0.15%	1.50%	0.50%	1.00%	0.10%
量程比	100∶1	5∶1～25∶1	10∶1	10∶1	25∶1

续表

项目	槽道式流量计	转子流量计	V锥流量计	文丘里流量计	科里奥利质量流量计
检定规程	JJG-640	JJG-257	JJG-640	JJG-640	JJG-1038
压力损失	标准孔板1/4	标准孔板1/4	孔板1/2	孔板1/2	标准孔板1/2
前直管段要求	无	3D	前3D	前3D	无
后直管段要求	无	无	后1D	后1D	无
耐压等级	68 MPa	25 MPa	42 MPa	42 MPa	33 MPa
双向测量能力	可以	不可以	不可以	不可以	可以
表体内可动部件	无	有	有	无	无
维护费用	低	低	低	低	低
实流检定	水、空气	水、空气	水	水、空气	水、空气
流出系数	$Re>1\times10^5$	等比例	常数	常数	常数
工况条件流出系数	常数	补偿转换系数	常数	常数	常数
适用 Re 范围	2000~临界	水为16~150000 L/h 气为0.5~4000 m³/h	1×10^7	2×10^6~1×10^7	不敏感
最大测量流速	临界	1.5 m/s	32 m/s	32 m³/s	10 m/s
压力与流量突变	对传感器不会造成损坏	可能会造成浮子和表体损坏	对传感器不会造成损坏	对传感器不会造成损坏	对传感器不会造成损坏

从表4-2可以看出，初步建议在超临界态/密相态 CO_2 的高精度计量上以科里奥利质量流量计为主，在超临界态/密相态 CO_2 的常规计量上以节流式流量计为主。流量计的选型还需要进一步开展矿场试验比选分析。

4.4.1.3 二氧化碳计量应用案例

大庆油田自2007年以来在榆树林和海拉尔相继开展了 CO_2 驱油区块的先导性试验和工业化试验，并以榆树林试验区为主。榆树林试验区 CO_2 流转过程为：徐深9天然气净化厂通过胺法脱除天然气中的 CO_2，形成 CO_2 产品气→管输至 CO_2 液化站进行液化→管输至 CO_2 注入站增压→管输至配注阀组间→单井注入。其中，涉及计量的环节为：

（1）CO_2 产品气与液化站的气态 CO_2 的交接计量。该环节一般采用涡轮流量计或涡街流量计，流量计离线送检利用标准表法进行溯源。

（2）液态站与注入站的液态 CO_2 的交接计量。该环节一般采用科里奥利质量流量计，流量计离线送检利用以水为介质的静态质量法标准装置进行溯源。

（3）注入站与配注阀组间的液态CO_2的生产计量。该环节一般采用科里奥利质量流量计，流量计离线送检利用以水为介质的静态质量法标准装置进行溯源。

（4）单井注入的密相态CO_2的生产计量。该环节采用金属浮子流量计、槽道式流量计，流量计离线送检利用以水或空气为介质的标准装置进行溯源。

根据现场反馈情况，用于密相态CO_2计量的仪器示值误差在5%~30%之间。但基于现场反馈信息仍无法明确不同流量计的优缺点与适用条件，其原因：一是现场流量计示值误差采用总表与分表累加比对的方式，由于缺乏量值换算补偿模型，所得仪表示值均为不同温度、压力下的流量计表头示值，不具备进行比对的前提条件。二是节流式流量计在低流量下存在失效的可能。由于节流式流量计利用前后差压计算流量，低流量状态下差压超出差压流量计下限，无法测量。三是CO_2物性、相态变化对流量计计量性能影响尚不明晰，因而无法形成有效的现场优化措施，且流量计现场安装方式及工艺的适用性也无法评价。四是现场流量计使用水或空气溯源，与CO_2介质的物性差异较大，溯源结果与实测值存在较大偏差。

由于CO_2相特征受杂质影响较大、超临界态/密相态的物性规律尚不明晰，常规计量手段无法适用且国内外无成熟可用技术，CO_2量值准确性与可靠性缺乏保障，既难以满足国家法制计量要求与碳交易碳认证需要，也存在因数据不准导致的超注井喷、二次排放、油藏开发方案评估效果差等风险。为避免能量损失和相态变化对管线的冲击，超临界态/密相态CO_2一般采用高压输送且注入压力高于7.31 MPa。因而，工业级CO_2实流计量标准装置需模拟高压情况，设计压力应在30 MPa以上。国外已知的计量标准装置均为试验型装置，压力在8.5 MPa以下、流量在10 m^3/h以下。因而，若要建成高压流量计量装置，必须开展高压流量溯源技术研究，并对装置的核心部件进行试验，同时为保障生产安全，装置需采用远程控制方式。

4.4.2 二氧化碳排放检测

二氧化碳排放检测主要是指对燃料燃烧及生产过程中产生的二氧化碳进行检验测试的过程。

4.4.2.1 燃料燃烧排放

二氧化碳排放常用的检测方法是直接检测法，即对排放烟气中的二氧化碳排放量进行直接检测，计算及检验方法主要参照《工业锅炉热工性能试验规程》（GB/T 10180—2017）和《固定源废气监测技术规范》（HJ/T 397—2007）。

1. 计算方法

（1）二氧化碳排放量的计算。燃料燃烧过程中二氧化碳排放量可以通过实际检测烟道气排放量及 CO_2 浓度进行计算，《石油天然气开采企业二氧化碳排放计算方法》（SY/T 7297—2016）给出的计算公式如下：

$$P_{燃烧} = \sum Q_i \times C_i \times 10^5 \qquad (4-24)$$

式中：$P_{燃烧}$——各种燃料燃烧产生的二氧化碳排放总量，t；

Q_i——某一燃烧过程实际检测的烟气排放量，$10^4 \ m^3$（标况）；

C_i——某一燃烧过程实际检测的二氧化碳浓度，mg/m^3（标况）。

注：标况为温度为 273 K、压力为 101325 Pa 的条件。公式中标况可以理解为标准状态下的干排气。

（2）标准状态下干排气中的二氧化碳质量浓度计算：

$$C_i = 19.6 \times \omega \qquad (4-25)$$

式中：ω——烟气中二氧化碳的体积浓度，%，测试数据；

19.6——标况下二氧化碳的密度，g/m^3，查表数据。

（3）标准状态下干排气气量：

$$Q_i = Q_{sn} \times t \qquad (4-26)$$

式中：Q_{sn}——标准状态下干排气流量，m^3/h，计算数据；

t——测试时间，h，测试数据。

（4）标准状态下干排气流量计算：

$$Q_{sn} = Q_s \times (1 - X_{sw}/100) \qquad (4-27)$$

式中：Q_s——标准状态下湿排气流量（烟气湿度），m^3/h，计算数据；

X_{sw}——排气中的水分体积含量百分数，%，测试或者计算数据。

（5）排气中的水分含量体积百分数计算。水分含量的测试主要有冷凝法、干湿球法以及重量法，具体参考《固定源废气监测技术规范》（HJ/T 397—2007）。

（6）标准状态下湿烟气排气流量计算：

$$Q_s = Q_{sx} \times \frac{B_a + P_s}{101325} \times \frac{273}{273 + t_s} \qquad (4-28)$$

式中：Q_{sx}——工况下（现场）烟气排放量，m^3/h，计算数据；

B_a——大气压力，Pa，测试数据；

P_s——烟气静压，Pa，测试数据；

t_s——烟气温度，℃，测试数据。

(7) 工况下（现场）湿烟气排气流量计算：

$$Q_{sx} = 3600 \times F \times \overline{V_s} \qquad (4-29)$$

式中：F——管道测定横截面面积（烟道截面积），m²，测试数据；

$\overline{V_s}$——管道断面烟气的平均流速（烟气流度），m/s，测试数据。

注：具体测点布置及测试步骤参照 HJ/T 397—2007 中 6.5 的规定。

2. 数据的获取方法及频次

(1) 测试项目及方法。通过对计算方法进行梳理，整理出需要的 8 个测试项目，对应方法见表 4-3。

表 4-3 烟气实测法测试项目及对应方法

序号	项目/参数	符号	标准名称
1	测试时间	t	—
2	大气压力	B_a	HJ/T 397—2007 固定源废气监测技术规范
3	烟气静压	P_s	HJ/T 397—2007 固定源废气监测技术规范
4	烟气温度	t_s	HJ/T 397—2007 固定源废气监测技术规范
5	烟气湿度	X_{sw}	HJ/T 397—2007 固定源废气监测技术规范
6	烟气流速	$\overline{V_s}$	HJ/T 397—2007 固定源废气监测技术规范
7	烟道截面积	F	HJ/T 397—2007 固定源废气监测技术规范
8	烟气中二氧化碳的体积浓度	ω	HJ 870—2017 固定污染源废气二氧化碳的测定 非分散红外吸收法 HJ 1240—2021 固定污染源废气 气态污染物（SO_2、NO、NO_2、CO、CO_2）的测定 便携式傅里叶变换红外光谱法

(2) 测点及仪器的使用。烟气温度、水分含量、二氧化碳体积浓度、流速等的测试方法和仪器使用如下所述，其他测试项目测试方法参考 GB/T 10180—2017 的规定。

1) 烟气温度。

采样位置按照 HJ/T 397—2007 中 5.2 的规定，一般情况可在靠近烟道中心的一点测定。测试仪器选用热电偶或电阻温度计（烟气分析仪），其示值误差不大于±3℃；水银玻璃温度计，精确度应不低于 2.5%，最小分度值应不大于 2℃。

2)烟气水分含量。

采样位置按照 HJ/T 397—2007 中 5.2 的规定，一般情况下可在靠近烟道中心的一点测定。测试仪器选用崂应 3012H 型烟气分析仪（干湿球法）、青岛众瑞 ZR-3211 型烟气分析仪（阻容法）以及埃森 MOW-05 型烟气湿度仪（重量法）。

3）烟气二氧化碳体积浓度。

采样位置选择因烟气在烟道断面内，一般是混合均匀的，可取靠近烟道中心的一点作为测试点。常用的测试仪器如崂应 3012H 型、众瑞 ZR-3211 型、TESTO 370 烟气分析仪，均采用非分散红外吸收法测定烟气二氧化碳体积浓度。

4）烟气流速。

采样位置按照 HJ/T 397—2007 中 5.1、5.2 的规定选取。测试仪器需要风速仪、烟气分析仪（主要采用压差法）以及气体流量计。

烟气相关项目/参数的仪器使用见表 4-4。

表 4-4 烟气相关项目/参数的仪器使用

序号	项目/参数	准确度	仪器类型	参考仪器型号
1	测试时间	±0.01 s	秒表	—
2	大气压力	1.6 级	压力计	—
3	烟气静压	1.5 级	烟气分析仪	众瑞 ZR-3211 型、崂应 3012H 型
4	烟气温度	0.5 级	烟气分析仪	众瑞 ZR-3211 型、崂应 3012H 型
5	烟气湿度	1.0 级	烟气分析仪	众瑞 ZR-3211 型、崂应 3012H 型
6	烟气流速	1.5 级	烟气分析仪	众瑞 ZR-3211 型、崂应 3012H 型
			风速仪	南通沃斯特气相综合测试仪 Kestrel 5000
7	烟道截面积	1.0 级	米尺	—
8	烟气 CO_2 体积浓度	1.0 级	烟气分析仪	众瑞 ZR-3211 型、崂应 3012H 型

5）测定频次。

常规性监督性监测每年不少于 1 次；对于油气生产单位容量大于 1 MW 或燃气超过 100 m³/h、燃煤超过 1 t/h 以及燃油超过 0.5 t/h 的加热炉（锅炉），每年监督性监测不少于 4 次。

6）测定位置。

首先，采样位置应设置在距弯头、阀门、变径管上游方向不小于 3 倍直径处且下游方向不小于 6 倍直径。对矩形烟道，其当量直径 $D=2AB/(A+B)$，式中 A、B 为边长。采样断面的气流速度最好在 5 m/s 以上。当测试现场空间位置有限，很难满足上述要求时，可选择比较适宜的管段采样，但采样断面与弯头等的距离至少是烟道直径的 1.5 倍，并应适当增加测点的数量和采样频次。对于气态污染物，由于混合比较均匀，其采样位置可不受上述规定限制，但应避开涡流区。

4.4.2.2 二氧化碳捕集

二氧化碳捕集是利用化学方法和物理方法将烟气中的二氧化碳分离、提纯使之达到一定性能指标要求的过程，包括烟气预处理、二氧化碳吸收与解吸、二氧化碳压缩、二氧化碳脱水、二氧化碳液化等工序。

1. 二氧化碳捕集方式

按照发展进程，二氧化碳捕集技术可分为第一代和第二代：第一代二氧化碳捕集技术有化学吸收法、吸附法、膜分离法等，其中化学吸收法技术成熟，且具备经济捕集利用的工程经验；第二代 CO_2 捕集技术（如新型吸收/吸附技术、新型膜分离技术、增压富氧燃烧技术等）仍处于实验室研发或小试阶段，技术成熟后预计其能耗和成本会比成熟的第一代技术降低 30% 以上，2035 年前后有望大规模推广应用。

二氧化碳捕集技术根据分离原理不同，主要有化学吸收法、吸附分离法、膜分离法和富氧燃烧法，见表 4-5。根据原料气 CO_2 分压和净化气 CO_2 分压的差异，物理和化学吸收有差异性，化学吸收法以醇胺类吸收解吸工艺为主流；膜分离法、吸附分离法及富氧燃烧法的成熟度较低。

表 4-5 二氧化碳捕集技术综合分析表

二氧化碳捕集技术	化学吸收法	吸附分离法	膜分离法	富氧燃烧法
原理/工艺	化学吸收-再生	吸附剂压差/吸附-解吸	压差推动介质通过选择性膜	提高燃烧过程氧含量
适用 CO_2 浓度	低	中/高	中/高	高
成熟度	商业化/示范	中试	中试/示范	小试
特点与技术难点	溶剂损失/再生能耗	加压/吸附剂失活	膜组件/膜清洁	燃烧炉改造
适用规模	10～150 万吨/年	1～10 万吨/年	1～10 万吨/年	10～500 万吨/年

(1) 化学吸收法——化学胺 CO_2 分离技术。

原理：依靠胺分子与 CO_2 在溶液中的化学反应对气源中的 CO_2 做选择性吸收，与其反应产物不稳定盐类构成可逆反应，在一定条件下分解释放 CO_2 实现胺吸收剂的再生和 CO_2 的富集。

技术特点：是国内外 CCUS 项目碳捕集环节的主要应用技术路线，目前全球规模最大的低浓度烟气碳捕集项目均采用化学胺 CO_2 分离技术。

(2) 吸附分离法。

原理：利用固态吸附剂对混合气中 CO_2 的选择性可逆吸附来实现 CO_2 的分离回收。吸附分离法分为变温吸附法（TSA）和变压吸附法（PSA）两种，吸附剂在高温或高压时吸附 CO_2，降温或降压后将 CO_2 解吸出来，通过周期性的温度/压力变化，实现气源 CO_2 的分离。

技术特点：适用于洁净度高、压力高和规模较小的碳源，其工艺过程简单、能耗低，但受限于吸附剂性能，难以大规模应用。

(3) 膜分离法。

原理：利用某些聚合材料制成的薄膜对不同气体的渗透率差异来分离气体，当膜两边存在压差时，渗透率高的气体组分以很高的速率透过薄膜形成渗透气流，渗透率低的气体绝大部分在薄膜进气侧形成残留气流，两股气流分别引出从而达到分离的目的。

技术特点：一般应用于组分洁净、压力较高的气源，如制氢装置或天然气 CO_2 分离。膜回收 CO_2 装置简单、操作方便，但一级膜分离法难以得到高纯度的 CO_2，需使用多级膜组件实现 CO_2 的高度富集。这样一来会显著增加占地面积和投资成本。

(4) 富氧燃烧法。

原理：在发电过程中燃烧化石燃料时用高含氧气体甚至纯氧作为氧化剂进行燃烧，燃烧气体与燃烧后返回的部分高浓度 CO_2 混合，在燃烧室参与燃烧反应，生成以水汽和 CO_2 为主的烟气，一部分返回燃烧室重新参与燃烧，另外一部分经进一步处理得到所需高浓度 CO_2，以利于 CO_2 的分离捕集。

技术特点：目前仍处于研究和中试示范阶段，在燃烧机理、污染物的排放及协同控制技术、锅炉新型设计、大规模锅炉运行经验、烟气再循环量等方面仍需做进一步研究。

2. 评价指标及方法

二氧化碳捕集过程的节能低碳评价指标主要有二氧化碳捕集率、二氧化碳捕集能耗及二氧化碳捕集碳排放量，最终以捕集成本形式展现。

(1) 二氧化碳捕集率。

二氧化碳捕集装置捕集前后烟气中二氧化碳质量的差值与捕集前烟气中二氧化碳质量的百分比。二氧化碳捕集率不宜低于80%。

二氧化碳捕集率可按式（4-30）进行计算：

$$\eta_{CO_2} = \frac{F_1C_1 - F_2C_2}{F_1C_1} \times 100\% \qquad (4-30)$$

式中：η_{CO_2}——二氧化碳捕集率，%；

F_1——烟气进口流量，kg/h；

F_2——烟气出口流量，kg/h；

C_1——进口烟气中二氧化碳浓度，kg/kg；

C_2——出口烟气中二氧化碳浓度，kg/kg。

(2) 二氧化碳捕集能耗。

二氧化碳捕集能耗的计算，应包括在捕集过程中的二氧化碳从富液中解吸的总热量（即再生能耗）加上吸收解吸装置运行过程中的电能及水消耗。其中再生能耗宜以消耗的蒸汽计。能耗不宜高于4.2 GJ/tCO$_2$。

二氧化碳捕集能耗按式（4-31）和式（4-32）进行计算：

$$E_z = E_r + \frac{E_e + E_w}{m_{CO_2}} \qquad (4-31)$$

$$E_r = \frac{Q_m \times H_v}{m_{CO_2}} \qquad (4-32)$$

式中：E_z——每吨二氧化碳捕集能耗，GJ/t；

E_r——每吨二氧化碳再生能耗，GJ/t；

E_e——每小时捕集装置运行所需要的电能，GJ/h，用电设备分别计算并加和得到；

E_w——每小时捕集装置运行所需要的水耗，GJ/h，需根据循环水量进行估算；

Q_m——每小时的蒸汽使用量，t/h；

H_v——蒸汽在实际工况下的焓值（一定温度、压力下的焓值），可查询化工数据手册，GJ/t；

m_{CO_2}——每小时二氧化碳产量，t/h。

(3) 二氧化碳捕集碳排放量。

二氧化碳捕集碳排放量的计算，应包括在捕集过程中的化石燃料燃烧产生的CO$_2$排放、间接净购入热力排放、间接净购入电力排放和逸散排放。

二氧化碳捕集碳排放量按式（4-33）进行计算：

$$E_{GHG}=E_{CO_2\_燃烧}+E_{CO_2\_净电}+E_{CO_2\_净热}+E_{CO_2\_逸散} \quad (4-33)$$

式中：E_{GHG}——企业温室气体排放总量，tCO_2；

$E_{CO_2\_燃烧}$——企业化石燃料燃烧活动产生的 CO_2 排放量，tCO_2；

$E_{CO_2\_净电}$——企业净购入电力隐含的 CO_2 排放量，tCO_2；

$E_{CO_2\_净热}$——企业净购入热力隐含的 CO_2 排放量，tCO_2；

$E_{CO_2\_逸散}$——二氧化碳捕集过程中设备管道逸散的 CO_2 排放量，tCO_2。

（4）二氧化碳捕集成本。

国内外二氧化碳捕集技术以降低成本为目标进行多方位攻关，不同技术处于不同研究阶段，低浓度碳源工业化大规模应用以化学吸收法最为成熟。

在我国，CO_2 捕集示范项目整体规模较小，成本较高，普遍捕集成本为 450～600 元/吨。美国 CO_2 捕集项目规模数十倍于国内，成本为 45～55 美元/吨。随着科技进步，各项捕集技术成本将逐渐降低，主流二氧化碳捕集技术成本预测见表 4-6。由表 4-6 可知，2025 年国内将建成多个现有二氧化碳捕集技术的工业示范项目并具备商业化能力；2030 年新一代二氧化碳捕集技术开始进入商业应用阶段并具备产业化能力；2040 年高度集成的 CCUS 技术集群形成，综合成本大幅降低；2050 年二氧化碳捕集能耗和成本问题将得到根本改善。

表 4-6 主流二氧化碳捕集技术成本预测分析

碳源浓度	捕集适用技术	降本核心技术	主要运行成本分析	捕集成本（元/tCO_2）				
				2020 年	2025 年	2030 年	2040 年	2050 年
低	化学吸收法	新型吸收剂和再生工艺	解吸能耗	450～550	250～340	170～240	140～190	90～120
中	膜分离法/吸附分离法	高性能材料	加压/除杂能耗	330～520	230～310	160～220	130～180	80～110
高	膜分离法/吸附分离法/富氧燃烧法	高性能材料/燃烧炉改造	加压/除杂能耗	260～400	150～210	110～150	80～110	60～90

4.4.2.3 甲烷逸散排放

油气储运业务甲烷逸散排放主要来自原油和天然气输送过程中的逸散和泄漏损失。成品油输送过程中逸散损失很低，因此不要求计算成品油输送的甲烷逸散排放。

1. 计算方法

原油输送过程中产生的甲烷逸散排放主要源于原油输送管道的泄漏，可根据原油输送量估算，计算公式如下：

$$E_{yjwys} = Q_{oil} \times EF_{yjwys} \qquad (4-34)$$

式中：E_{yjwys}——原油输送过程中产生的甲烷逸散排放，吨；

Q_{oil}——原油输送量，亿吨；

EF_{yjwys}——原油输送的甲烷逸散排放因子，吨甲烷/亿吨原油。

天然气输送环节的甲烷逸散排放主要来源于阀门、压气站/增压站、计量站/分输站、管线（逆止阀）等设施的泄漏，可以根据各设施的数量及不同设施的甲烷逸散排放因子进行计算。

$$E_{qjwys} = \sum_{j} Num_j \times EF_j \qquad (4-35)$$

式中：E_{qjwys}——天然气输送过程中产生的甲烷逸散排放，吨；

Num_j——天然气输送过程中产生甲烷逸散排放的设施 j〔包括天然气输送环节中的压气站/增压站、计量站/分输站、管线（逆止阀）等〕的数量，个；

EF_j——每个设施 j 的甲烷逸散排放因子，吨甲烷/(年·个)。

2. 检测方法

按照《泄漏和敞开液面排放的挥发性有机物检测技术导则》（HJ 733—2014）与《工业企业挥发性有机物泄漏检测与修复技术指南》（HJ 1230—2021）的规定，对于甲烷逸散的检测，首先需要确定逸散位置，然后利用便携式仪器进行检测。

（1）甲烷逸散位置的确定。

1）在现场条件符合所用仪器的测试要求，没有干扰，光学法成像类仪器对待测排放源排放的甲烷有响应的前提下，使用红外热成像仪、傅里叶红外成像光谱仪、泄漏超声探测仪等探测扫描待测设备区域，可快速定位可能的泄漏排放。这类方法可用于帮助查找检测人员无法达到的较高位置的泄漏排放源。

2）在可能发生泄漏设备连接处喷洒肥皂溶液看是否产生气泡，这种方法适用于没有连续运动的部件、设备表面温度不高于溶液沸点或不低于溶液凝固点、没有因为与空气接触面过大而导致肥皂泡无法产生的开放区域和没有液体泄漏的显著痕迹的情况。

3）可以使用专用泄漏检测肥皂溶液或一定浓度的洗涤剂和水配制的溶液，以压力喷洒器或挤压瓶向所有可能的泄漏点进行喷洒，观察可能的泄漏点是否有皂泡形成。如果没有皂泡出现，则可假设没有排放或泄漏。

（2）甲烷逸散浓度检测。

甲烷逸散浓度检测器主要有氢火焰离子化检测器和光离子化检测器两种。

1）氢火焰离子化检测器（FID）。在有燃烧气（一般为氢气）和空气同时存在的反应腔内，足够的点火能量能够使燃烧气和空气燃烧形成火焰，当含碳氢的有机化合物通过此火焰时，将发生化学反应，反应腔中同时存在一组极化极和收集极，两者存在的电势差能够形成高强度电场，捕捉火焰中化学反应产生的离子并使其定向移动形成电流，碳氢化合物的浓度跟此电流在一定范围内成线性比例关系，进而得出气体浓度。

2）光离子化检测器（PID）。PID 由一个紫外灯和一个电离室构成。混合物通过电离室吸收紫外光能产生能级变化，分子处于激发态产生离子，反应生成的离子在电场的作用下迁移形成电流，此电流正比于化合物的浓度，最终得到浓度值。

虽然由于较小的动态量程，PID 不适用于检测高浓度的气体，但是在某些 FID 无响应的无机组分及响应低的组分测试中，PID 能够很好地弥补 FID 测试能力的欠缺。且由于 PID 检测不需要燃烧气和氧气的参与，在某些极端环境如易燃易爆和低氧环境中，PID 被认为是分析的首选检测器。

在实际使用过程中，采用 PID+FID 的双检测器组合，不仅能够帮助仪器拓宽检测范围，进行检测数据的比较来增强检测能力，在某些情况下还能帮助用户判明检测环境中的某些组分，比如 FID 对无机组分无响应但 PID 有响应，而 PID 对甲烷等部分有机组分无响应但 FID 有很好的响应。由于 PID 属于无损检测器，经 PID 检测的气体能够复原并进入 FID 中再次检测。因此双检测器组合能够在拓宽检测范围的同时帮助用户最大程度地节省气源，降低检测成本。

（3）采样检测位置的选择及注意事项。

将采样探头放置于可能发生泄漏排放的设备或装置的相关部位，并沿其外围以小于 10 cm/s 的速度移动，同时关注仪器读数。如果发现读数上升，放慢采样探头移动速度直至测得最大读数，并在最大读数处停住，停留时间约为仪器响应时间的 2 倍，记录最大读数。

1）阀门。阀门最可能发生泄漏的地方是阀杆和阀体的密封垫。将采样探头置于阀杆填料函压盖处，沿其界面周围移动进行采样，然后将采样探头置于填料函压盖下的法兰连接部位，在其外围移动进行采样。对阀体可能发生泄漏的其他连接处界面也应进行检测。

2）法兰及其他连接件。将采样探头置于法兰垫圈处，沿其外围移动进行采样。其他类型的非永久性连接（如螺纹连接）也采用同样的方法进行采样。

3）泵和压缩机。在泵和压缩机的轴杆及密封界面来回移动进行采样。如果是旋转轴，采样探头放置在距离轴杆密封界面 1 cm 内进行检测。如果由于设备结构外形原因而无法完整地对阀杆周围进行采样，则应对所有可以采样的部位进行检测。对可能发生泄漏的泵和压缩机的所有连接处表面都应进行检测。

4）泄压装置。多数泄压装置因其构造原因，无法在其密封座连接界面处进行采样。对那些接有套管或喇叭口的泄压装置，应将采样探头置于排气区域的中央位置进行采样检测。

5）开口阀或开口管线。将采样探头置于其开口处与空气接触区域的中心部位进行采样检测。

6）泵和压缩机密封系统排气口以及储罐呼吸口。将采样探头置于开口处与空气接触区域的中心部位进行采样检测。

7）检修口密封处。将采样探头置于检修口密封圈表面来回移动进行采样检测。

8）加盖的物料集输、储存以及废水集输、储存和净化处理设施。将采样探头置于密封盖边缘表面来回移动进行采样检测。

4.4.2.4 二氧化碳泄漏

根据生态环境部环境规划院发布的《中国二氧化碳捕集利用与封存（CCUS）年度报告（2021）》，截至 2020 年底，我国已投运或建设中的 CCUS 示范项目主要在石油、煤化工、电力行业，重点开发二氧化碳提高石油采收率（CO_2-EOR）项目。目前，我国已投运和建设中的 CCUS 示范项目约有 40 个，分布于 19 个省份，涉及电厂和水泥厂等纯捕集项目以及 CO_2-EOR、CO_2-ECBM、地浸采铀、重整制备合成气、微藻固定和咸水层封存等多样化封存及利用项目。

我国 CCER 体系对项目范围要求较为宽泛，但目前处于暂停状态，不接受新项目备案申请，可以根据 2023 年全国碳市场建设情况适时考虑申请 CCER 项目。我国区域性的减排体系逐步推出，且目前在正常运行，对于国家碳减排体系是重要的补充。

CCUS 项目全链条减排量核算需要建立统一的核算方法，落实到每一个 CCUS 项目以及全产业链每一个环节中，能够实现对不同油田不同项目的量化、对比和汇总，最终形成石油行业 CCUS 数据库。CCUS 项目全链条减排量分析应采用全生命周期评价方法（Life Cycle Assessment，LCA），采用"自下而上"的模型，全面考虑 CCUS 上、下游全产业链的碳排放源和泄漏源，实现对 CO_2 减排量的准确核算。基于过程分析的全生命周期评价需要根据生命周期清单分析研究对象在不同生命阶段的碳排放来源，通过收集全生命周期清单需要的参数来计算碳足迹。ISO 国际标准对 CCUS 的全生命周期评价方法进行了详细的介绍（ISO 14040—2006 和 ISO 14044—2006），为构建我国油气行业的全链条减排量核算评估方法提供了参考。

进行 CCUS 碳核算的一个重要前提是拥有完善的 CO_2 泄漏监测系统，能够准确测量 CO_2 泄漏量，尤其是 CCS-EOR 项目，在驱油阶段应实现伴生气（产出的 CO_2）密闭循环回注。CCUS 涉及捕集、运输、注入（含伴生气循环回注）和封存多个系统，潜在的直接泄漏点位数量大、位置不确定，增加了 CO_2 泄漏监测的难度。ISO/TR 27915—2017 给出了 CCUS 全链条碳核算需要设置的监测点位和监测列表。同样涵盖了捕集、运输以及注入（含伴生气循环回注）和封存系统。针对具体的 CCUS 项目和设备，需要构建针对性的 CO_2 泄漏监测体系。CCUS 碳核算需要布置的 CO_2 泄漏监测点位如图 4—3 所示。

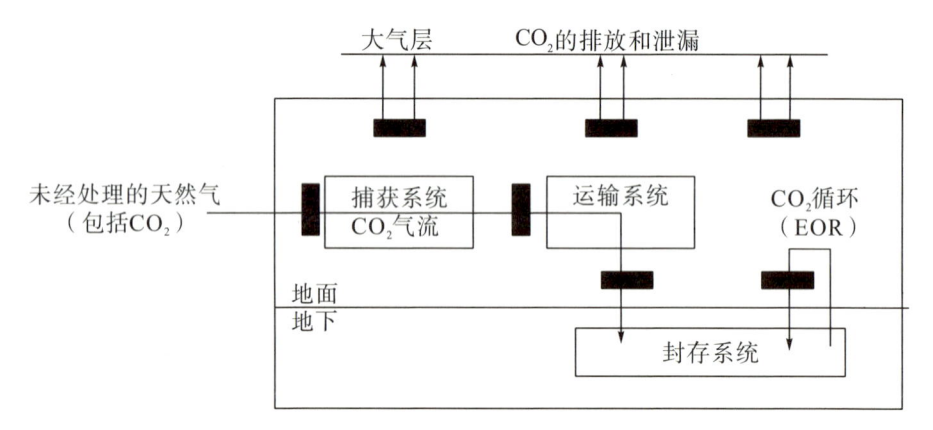

图 4—3　CCUS 碳核算需要布置的 CO_2 泄漏监测点位

CCUS 碳核算监测清单见表 4—7。

表 4-7 CCUS 碳核算监测清单

CCUS 测量和监控	CCUS 项目						
	捕集系统		运输系统		存储系统	
	后燃、预燃、含氧燃料燃烧、其他		管道、卡车、火车、轮船		油层、煤层、含水层	
	入口	插座	入口	插座	入口	插座（EOR、ECBM）
CO_2 减排	计量：温度、压力、二氧化碳浓度、流量、捕获的二氧化碳质量		计量：温度、压力、流体成分（二氧化碳、一氧化碳）质量、运输		计量：温度、压力、二氧化碳的流体组成、注射速率、二氧化碳注射和再注射质量	
CCUS 的直接 CO_2 泄漏	监测：捕获系统的泄漏 计量：二氧化碳浓度、温度、压力		监测：管道和储罐泄漏 计量：二氧化碳浓度、温度、压力		监测：井筒泄漏、土壤等 计量：二氧化碳浓度、温度、井筒压力剖面	
CCUS 的间接 CO_2 泄漏	计量：额外的能源消耗捕获和压缩		1. 计量：管道泵（增压机）的额外能源消耗、保温 2. 计量：卡车、火车、轮船的额外燃料		计量：用于喷射泵等的额外能量（电力或燃料）	

注：1. 有商用二氧化碳浓度计（传感器），可根据所需的精度和灵敏度进行选择。
2. 有商用温度和压力计（传感器），可根据流体状态、压力和温度范围进行选择。
3. 本表列出了用不同的方法来检测地下流体的 CO_2 泄漏，可供地下 CO_2 泄漏监测选用。

CCUS 项目泄漏风险最大，监测难度最高的是注入和封存系统，这主要是由于地质条件的复杂性、多样性和动态性所致。注入和封存系统也难以获得通用性的排放因子。CO_2 封存后泄漏的监测方法可分为直接和间接两种。直接监测法即直接测量 CO_2 泄漏量。一方面需要分析区域内浅层地下水、土壤的 CO_2 通量变化；另一方面需要监测泄漏风险较大的区域，如井口、断层、泉水等。直接监测法可以布置实时监测设备，也可以通过定期采样的方式对 CO_2 泄漏进行监测。对于 CCUS-EOR 项目，还需要测试采出的原油、天然气和地层水中的 CO_2 含量。此外，需要考虑监测设备运行期间消耗燃料的间接排放，并核算该过程的碳排放量。

除仪器测量外，多项技术也被用于 CO_2 泄漏量的直接监测，如遥感监测、激光雷达监测、地球化学监测、三维地震等。CO_2 泄漏量监测方法多，不同监测方法的特点见表 4-8，优选精度高、成本低、适用性强的监测方法是构建 CCUS 项目长周期尺度监测技术方法的关键。

表 4-8 CO$_2$泄漏量监测方法汇总

监测方法	被测对象	测量类型	测量位置	定位功能	测量精度	区分 CO$_2$ 来源	泄漏量获得	测量周期
IRGA	CO$_2$浓度	点测量	地表以上	可确定单点位置	±0.2 ppm	不能	间接得到	定期或连续
LOIR	CO$_2$沿程平均浓度	线测量(几十米到上千米)	地表以上	可根据单个装置的位置进行定位	<1 ppm	不能	间接得到	定期或连续
AC	CO$_2$小空间平均通量密度	小空间测量(cm^2)	地表及地表浅层	可根据单个气室位置进行定位	满量程的±10%	不能	直接得到	定期或连续
EC	CO$_2$大空间平均通量密度	大空间测量(几平方米到上千平方米)	地表以上	可根据大气条件估算定位	±5%~±30%	不能	直接得到	定期或连续
测井微震法	地下流体流动状态	地质层大范围扫描(几平方米到几百平方米)	地表以下	可根据波动图像判断定位	—	能	不能得到	定期
无线传感器网络	依赖传感器节点功能	超大范围(上千平方米)	地表以上	精确定位	依赖节点设计	依赖算法	直接得到	连续
LIDAR	CO$_2$大空间平均浓度	大空间距离(几米到几千米)	地表以上	可根据仪器位置定位	<1 ppm	不能	间接得到	定期或连续
超光谱成像	地面植被生长情况	大范围(整个陆地面积)	地表以上	可根据成像判断位置	误差<20%	能	不能	定期
示踪剂法	示踪剂含量	点测量	地表以上	可根据取样位置定位	依赖于示踪剂检测精度	能	间接得到	定期
碳同位素检测	碳同位素值(δ13C, δ14C)	点测量	地表以上或地表浅层	可根据取样位置定位	δ13C 或 δ14C 最大精度可达 0.06‰	δ13C 能,δ14C 不能	间接得到	定期

注：IRGA 表示红外气体分析仪，LOIR 代表长程开放路径红外探测和调制激光检测技术，AC 代表聚集室检测方法，EC 代表涡量相关检测方法，LIDAR 表示激光雷达检测方法。

4.4.3 二氧化碳地质封存监测

CO_2捕集、利用与封存（CCUS）能实现大规模CO_2减排，是应对全球气候变暖的必要手段。其中CO_2地质封存是主要方式，各国纷纷开展CO_2地质封存相应的研究和工程示范项目。CO_2地质封存安全状况、环境等监测作为确保项目是否安全运行的主要判定方式，受到各个国家的重视。美国、加拿大、日本、澳大利亚等国家以及欧盟都制定了相关法规，对CO_2地质封存的环境监测做出了相应的规定。如澳大利亚的《二氧化碳地质封存的环境指南》、欧盟的《碳捕获与封存指令》、英国《二氧化碳封存管理2010》、日本的《海洋污染防治法》、美国的《二氧化碳地质封存井的地下灌注控制联邦法案》等，都包含了CO_2封存监测的规定。

目前国内外通用的监测包含了以井筒状况、环境状况（大气、土壤、水、地层）等为对象的几十种技术，如《最佳实践：CO_2深层储存的监测、验证和核算》、《CO_2地质封存监测技术》等文献都做了重要阐释。美国碳封存委员会在《全球CO_2地质封存技术开发现状》中也讨论了监测技术开发现状与成本、项目应用结果等内容。而英国地质调查局（BGS）开发了一种工具，帮助用户设计CO_2地质封存从场地特征描述到闭场后的整个周期的监测草案，即监测选择工具MST（Monitoring Selection Tool）。In Salah、Sleipner、Weyburn、Otway、Gorgon、吉林油田CCUS项目等大量的实践案例为环境监测提供了实测数据。

4.4.3.1 二氧化碳地质封存泄漏的途径

CO_2地质封存工程不仅要求CO_2能够顺利注入地层，最重要的是要保证CO_2安全有效持久地储存在地层中。因为CO_2一旦发生大规模泄漏，将会产生严重的危害。由于自然或人为的地质活动，在油气藏、盐水层和煤层中封存CO_2不可避免地存在或产生一些逃逸途径。如图4-4所示，在长期CO_2注入和封存的过程中，可能发生CO_2逃逸和泄漏的途径有三个。

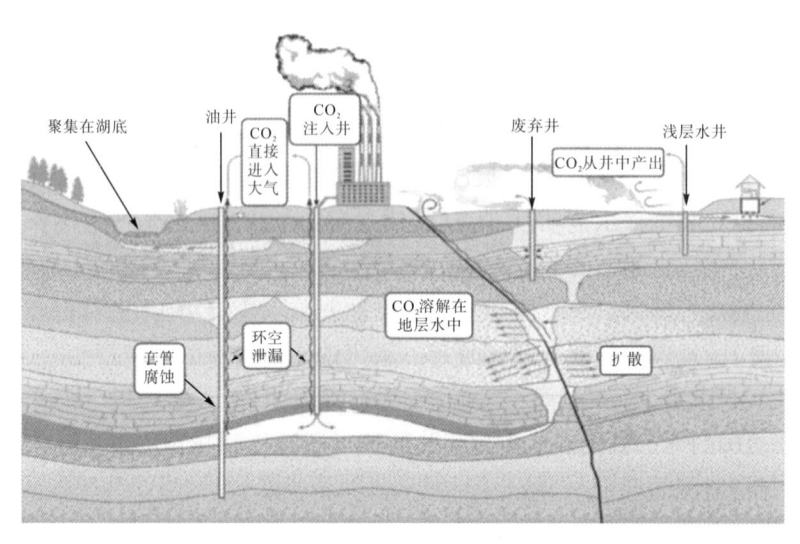

图4—4 发生CO_2逃逸和泄漏的途径

一是天然裂缝渗漏。地质埋存选区过程中区块排查不到位，圈闭存在天然裂缝和裂隙，由于二氧化碳的可压缩性，其在地层有限空间不断积聚、压力逐渐升高，当CO_2埋存规模和压力达到一定值后，储存边界接近天然裂缝，导致天然渗漏。

二是构造盖层渗漏。无论是枯竭油气藏封存，还是以提高采收率为目的将CO_2注入油气藏中，虽然CO_2会溶于残余油、地层水和注入水中，溶解圈闭和残余圈闭机理也会起一定作用，但是大部分CO_2被注入后在相当长的时间内是以游离状态存在的。浮力会导致CO_2向构造上部运移，这会增大封存有效性对盖层的依赖，此时构造圈闭机理是主控因素。对于枯竭油气藏来说，油气藏圈闭构造在很长地质时期内能够储存油气，其气密封性已经被证实，但在CO_2注入过程中局部压力过高，在盖层产生新的裂隙，使CO_2从构造中泄漏出来。

三是井筒渗漏。枯竭油气藏有很多废弃的生产井和注水井，年久失修，其水泥胶结强度降低及套管的腐蚀，也是潜在和主要的泄漏通道（见图4—5）。CO_2在地层条件下，具有较好的传质性能（尤其是超临界状态下），很容易溶于水形成碳酸，这种酸性环境会使矿物溶解，损害井的套管和水泥环，导致新的泄漏通道的产生。其中井的密封失效引起的泄漏途径有：①套管与水泥环胶结变差出现的裂隙与胶结缺陷，如图4—5（a）(b) 所示；②水泥环的缝隙或裂缝，如图4—5（c）(e) 所示；③套管缺陷，如图4—5（d）所示；④水泥环与岩石胶结失效，如图4—5（f）所示。由于开发过的油气田都有相当数量的生产和注入井，封存体范围内井的数目及完整性程度决定着CO_2的泄漏风险水平。

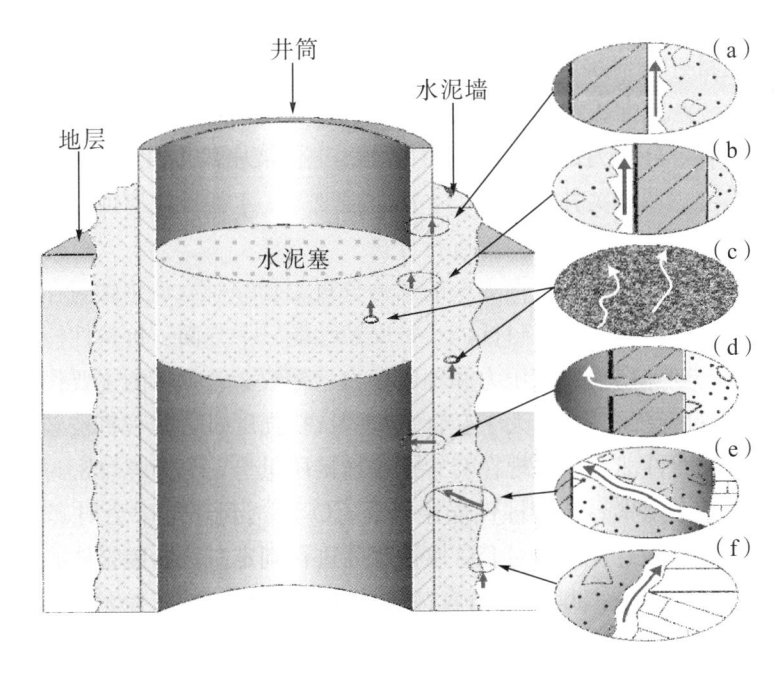

图 4-5 CO_2 在废弃井中的渗漏途径

注：(a) 套管与水泥墙裂缝：水泥在凝结后与套管外壁胶结存在缺陷。(b) 套管与水泥塞胶结缺陷：水泥在凝结后与套管内壁胶结存在缺陷。(c) 水泥环缝隙：水泥在凝结后，水泥本身存在微裂缝。(d) 套管缺陷：套管出现断裂。(e) 水泥墙裂缝：凝结的水泥受地层应力影响出现断裂。(f) 水泥环与岩石胶结失效：水泥在凝结后与地下岩石胶结存在缺陷。

4.4.3.2 二氧化碳封存井筒泄漏监测技术

1. 影响二氧化碳封存安全的井筒泄漏原因分析

（1）井口装置对二氧化碳封存安全的影响分析。CO_2 注采井井口装置主要为采油树，其对二氧化碳封存安全的影响主要体现在主体泄漏和腐蚀。其中采油树主体泄漏一般分为主体内漏和主体外漏两种形式。主体内漏的位置主要是阀板阀座，产生的主要原因是表面粗糙度、尺寸大小、平行度、平面度等参数与标准参数是否匹配等制造因素，也有最大承载压力是否超过了材料抗拉强度、屈服强度等因素。主体泄漏主要表现为渗漏、刺漏和开焊。其主要是二氧化碳对采油树造成的腐蚀。发生在采油树立管以及阀门的腐蚀与 CO_2 分压、流速、温度、腐蚀产物膜等因素有关。由于很难实现完全干燥的环境，因此主体腐蚀无法避免，只能采取应对措施减缓。

（2）水泥环对二氧化碳封存安全的影响分析。水泥环对二氧化碳封存安全的影响主要体现在固井质量、水泥环密封性能和水泥环抗腐蚀性能三个方面。其中固井质量好坏判断主要包括六个内容，分别为套管居中度、井径扩大率、最大井斜角、水泥浆失水、顶替流速和水泥浆返高；水泥环密封性能判断主要包括六个内容，分别为试压压裂压力变化、工作液密度变化、井筒温度变化、地层抗压强度、调产关井加卸压、水泥石强度等；水泥环抗腐蚀性能主要从气体分压、环境温度和腐蚀时间等进行分析。

（3）套管对二氧化碳封存安全的影响分析。套管对二氧化碳封存安全的影响主要体现在抗挤性能、密封性能、抗腐蚀性能三个方面。抗挤性能是注采过程中，套管受到外挤力、内压力和轴向拉力，导致套管损坏的主要作用力是外挤力，当套管所受的外挤力大于套管自身的抗挤强度时，套管将被破坏，从而造成损坏。密封性能主要体现在套管螺纹连接质量上，分为螺纹密封能力与螺纹联接强度两个因素。抗腐蚀性能主要是 CO_2 渗透到环空中会对套管造成腐蚀，形成 CO_2 泄漏通道。在对套管腐蚀程度进行判定时，参照管体腐蚀损伤评价方法（SY/T 6151—2009），当腐蚀坑的相对深度超过套管的腐蚀余量时，容易发生 CO_2 泄漏问题。

（4）油管对二氧化碳封存安全的影响分析。油管对二氧化碳封存安全的影响主要体现在油管强度、密封性能、腐蚀性能三个方面。CO_2 注入过程中，CO_2 直接和油管接触，不同深度 CO_2 压力不同，油管所受的压力也不同，油管所受力主要有 CO_2 施加的内压力和轴向拉力，因此油管要有足够的抗拉强度和抗内压强度。油管柱应选用气密封油管，氦气可用于检测油管柱气密封性，检测压力为油管最大抗内压的 80%，使压力稳定 15~20 s，泄漏速率应小于 1.0×10^{-7} Pa·m³/s。油管直接和井流物接触，很容易受到腐蚀，油管柱腐蚀速率应不超过 0.076 mm/a。

（5）封隔器对二氧化碳封存安全的影响分析。封隔器位于油管底部，是防止井下流体进入环空的屏障。封隔器密封失效的主要原因有：封隔器自身原因，主要为流体性质、温度压力、化学环境等破坏膨胀的胶皮筒，使密封失效；井型，套管内壁因高度倾斜段承受部分坐封力，使橡胶套无法膨胀；套管，因套管变形，导致橡胶套与井壁结合处不太紧密，进而导致密封失效；地层温度和压力，温度和压力对生产封隔器的影响主要是通过井下管柱的变形，从而改变坐封力，导致胶皮套发生变形。当封隔位置不当、吨位不等时，胶筒不会形成密封空间；当进入井内时，液体中的固相与胶筒发生摩擦，更换泥浆时会损坏封隔器的胶筒；当储层改造时，压裂等增产措施会使封隔器上、下压差变大，超过抗压强度会损坏胶筒；封隔器下部压力高于上部压力时，若恢复关井压力，油气井在开采，则封隔器会出现故障。

（6）井下安全阀对二氧化碳封存安全的影响分析。在注入 CO_2 过程中，当井下安全阀损坏时，泄漏 CO_2 的可能性将大大增加。井下安全阀损坏原因和表现主要有：当管线中的压力足够时，井内的安全阀总是关闭状态，原因是阀瓣顶部和底部存在压差、地面控制管线可能存在故障、控制管线内可能有气体；当管线不能加压时，井内的安全阀总是关闭状态，原因是控制管线或接头处有泄漏、安全阀活塞密封失效；井下安全阀不能关闭或关闭不严，原因是阀瓣有污垢、阀瓣损坏、流动管卡死。

2. 井筒管柱完整性监测检测技术

井筒管柱完整性监测检测技术可以分为井下检测、地面检测和地面-井下联合检测。根据是否需要向井下施加外界干预，如主动发射信号、施加压力或注入物质，可将检测技术分为主动检测和被动检测。根据是否能连续检测多个泄漏点，可将检测技术分为单点检测和多点检测。相关技术的分类见表4-9，由此可知，井下检测方式中分布式光纤可预置在井下，而其他检测技术均需在作业时于现场下放仪器。检测能力上，电磁腐蚀探伤仅适合于孔径较大的泄漏点。被动接收声波的检测方式容易受到井下和近地面噪音的干扰，微温差测井的检测能力取决于传感器灵敏度和泄漏程度。压力平衡反算法和同位素示踪则主要依赖于数学方法。同位素示踪、截面流量检测和螺旋测井／马尾巴等方法目前尚未成熟。

表4-9 检测方法分类情况

作业方式	检测方法	作用原理	作用形式	检测能力
井下检测	井下声波噪声测井	声波	被动	多点
	分布式光纤监测井下声波	声波	被动	多点
	机械作封试压	压力	主动	多点
	井下微温差测井	温度	被动	多点
	分布式光纤监测井下温度	温度	被动	多点
	螺旋测井/马尾巴	流场	被动	多点
	截面流量检测	流场	被动	多点
	电磁腐蚀探伤	磁场	主动	多点
地面检测	井口接收泄漏点声波	声波	被动	多点
	压力平衡反算法	压力	被动	单点
地面-井下联合检测	同位素示踪定位	流场	主动	单点

（1）井下声波+温度联合测井技术。单一检测方法或多或少存在着误差和不足，因此发展出井下声波和温度信号联合的测井技术，通过在生产管柱内下入测量短节，接收井下的声波信号并记录温度剖面。TGT、Archer、Tecwel 和 Gowell 等均可提供检测设备，设备耐温性能一般在 150℃，耐压为 100 MPa，所能识别的最小泄漏量可达 0.02 L/min，声波频率覆盖 1~60000 Hz，分为存储式和实时传输两种方式，外径一般在 40 mm 左右。同时，该技术需配合建模和实验来实现井下信号的准确识别，还可穿过生产管柱检测外层套管和水泥环的完整性，以及气体运移通道。

在作业时需要通过放喷油套环空来构建压差，从而使泄漏点处的气体流动，产生声波和温度波动，通过对比放喷前后的声波和温度剖面来定位泄漏点，所能检测的泄漏点与泄漏量和压差有关，因此至少需要两趟井下作业。此外还可采用连续上提和定点测量结合、控制设备上提速度和多个仪器串列的方式提高检测能力。

（2）分布式光纤检测技术。分布式光纤检测技术通过井下光纤接收并分析散射回的光信号，将整条光纤转化为成千上万的监测点，代替传感器接收井下声波和温度信号，从而实时监测井下生产动态或定位井下泄漏点的位置，其部署方式可分为由油管内下入的可回收式和安装于油套管外壁的永久式。Halliburton 公司推出了该项技术服务，并在东南亚海域对海上油气井的完整性进行了检测，定位了 875 m 和 1555 m 两个泄漏点。此外，德国地学研究中心还应用该技术实时监测地热井水泥环的完整性。该技术预先部署于井下则能够实现实时监测，且耐温性能较好（最高 350℃），但由于受光纤强度限制，其下深一般在 5000 m 以内。

气井生产管柱泄漏点识别结果如图 4-6 所示。

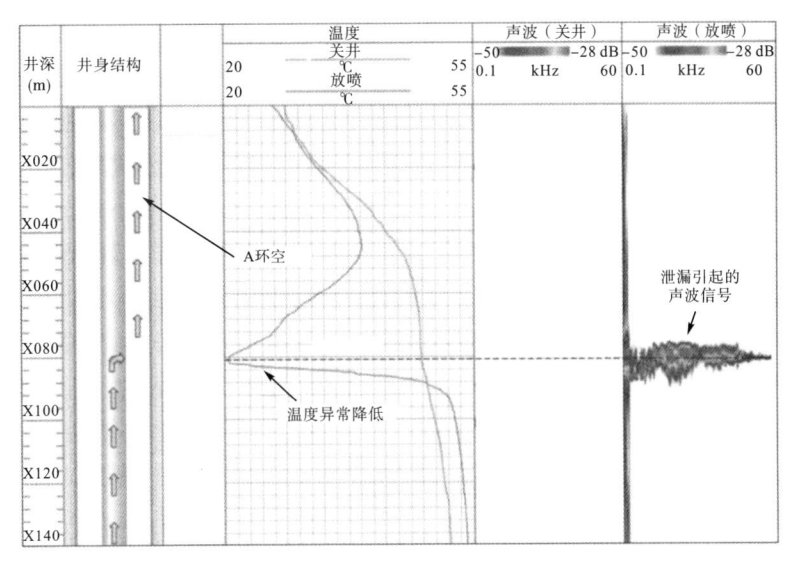

图 4-6 气井生产管柱泄漏点识别结果

（3）机械坐封试压检测技术。Peak Well System 推出了基于坐封试压的完整性检测工具——泄漏检测工具（Leak Detection Tool，LDT）。LDT 由油管内下入并锚定在油管内壁，形成暂时的密封空间，进而通过压力测试来确定泄漏油管和环空之间的泄漏途径。不需要将检测工具上提到地面即可重复布置，直到确认泄漏途径为止。该工具主要由机械结构构成，可靠性较好。其主要参数见表 4-10。需要注意的是，由于工具外径与油管内径差距并不显著，对于变径和存在变形的生产管柱，该工具可能无法顺利下入。

表 4-10 LDT 主要参数表

工具外径（mm）	适用油管尺寸（mm）	耐温（℃）	耐压（MPa）
56.39	73.03	150	10^3
69.09	88.90	150	10^3
92.71	114.30	150	10^3

（4）基于压力平衡反算的定位技术。压力平衡反算法需要获取稳压状态下的环空压力、井口压力及温度、气体性质和环空液面高度，还需要预判生产管柱的完整性，排除液体热膨胀和水泥环-套管体系密封失效等造成油套环空带压的可能性，方法包括气体组分测试和压力恢复测试等。地面检测诊断系统和泄漏计量系统均整合了井口温压测量、气体组分测试、压力恢复测试和超声波

液面定位模块，可满足上述要求。环空带压检测系统开发了基于半稳态传热和垂直管内气液两相流压降模型，利用井口数据获取温压分布的迭代算法来定位压力平衡点。需要注意的是，当生产管柱存在多个不同位置的泄漏点时，该技术会出现较大偏差，因此还需要进一步研究泄漏点数量和分布对环空压力的影响，从而预判泄漏点数量。

（5）井口接收泄漏声波技术。该技术是基于泄漏点声波频率和传播特性提出的。泄漏点发出的声波信号一方面从泄漏点沿管柱井口传播，另一方面从泄漏点位置向井底传播，当到达环空液面时发生反射，继而向井口传播。因此利用两种路径之间的接收时间差和环空内声速即可判断出泄漏点位置。该技术在原理上是可行的，但也存在显著不足：仅能定位液面以上泄漏点；声波信号存在衰减且管柱结构干扰声波传输，长距离传播后信号存在弱化难以接收识别的问题。

（6）废弃井监测技术。废弃井监测与注入井相似，对废弃井的监测管理一直是CO_2地质封存的难点和热点，因为对注入井和废弃井的不封闭处理被认为是造成CO_2渗漏最主要的途径之一。随着油田勘探开发的深入，废弃井的数量庞大，多数情况下它们没有进行防渗漏或封闭处理。同时，随着钻井的废弃，先前使用的一些材料、设备，如水泥和套管等也被遗弃在井下。这无疑将加速堵塞、腐蚀、酸化、碱化等物理化学过程，破坏原有地层的稳定性。因此，对废弃井的监测管理主要体现在两个方面：一方面需要加强对废弃井的防渗漏和封闭处理；另一方面，需要加强对地层，尤其是盖层和储层的保护，防止遗留的钻井设备对废弃井的腐蚀和破坏。

4.4.3.3 二氧化碳封存环境监测技术

环境监测技术是判断CO_2地质封存安全状况的重要技术手段，对于CO_2地质封存项目的成败起到至关重要的作用。环境监测技术贯穿CO_2地质封存项目的前期准备、项目运行和项目结束后长期封存有效性跟踪评价的各个阶段。环境监测的总体目标是向决策者、监管者以及公众表明，CO_2地质封存不会对环境产生显著的负面影响。

1. 主要监测技术介绍

（1）大气环境监测技术。

CO_2从封存地点发生泄漏后可能会导致大气中CO_2碳通量和浓度发生明显变化，因此可以使用便携式CO_2红外探测器测试大气中的CO_2含量，该方法可以降低气体复杂渗流通道和地层风密度差异的影响，且操作简单，可连续进行，以便及时发现CO_2浓度的异常升高。目前，国内外常用技术是大气涡度监测和光感监测。

1）大气涡度监测技术。利用涡度协方差技术和微气象学原理的大气涡度监测仪器（具体参数见表4-11）进行监测，其能直接测量地表和大气间物质的通量交换。经过多年发展，这一测量技术被广泛应用于自然、城市及农田生态系统的通量研究中。2000年前后，一些研究者就这种测量技术在碳捕集、利用与封存（CCUS）领域的适用性开展了探索。2010年之后，涡度协方差技术得到进一步完善，主要表现在仪器测量精准度的提高以及数据自动计算软件的出现。在碳捕集、利用与封存（CCUS）项目中，越来越多的研究者倾向使用该方法监测地表CO_2的泄漏，进而评估CO_2的封存效率。这为其在碳捕集、利用与封存（CCUS）领域的应用铺平了道路。联合国政府间气候变化专门委员会以及美国能源部都推荐使用涡度协方差技术监测和量化CO_2的泄漏/释放，评估其封存效果。《2006年IPCC国家温室气体清单指南》中明确指出，涡度协方差技术是计量地表-大气物质通量交换的标准方法。

表4-11 大气涡度监测仪器技术参数及范围

序号	技术参数	技术范围
1	分析仪硬件设计要求	气体分析仪和三维超声风速仪彼此分离，以减小分析器对风速测定的影响（尤其是垂直风分量）
2	工作环境温度	-25℃～+50℃
3	工作湿度环境	0%～95%RH
4	分析器温度设置	具备低温（5℃）和高温（30℃）两种温控模式
5	压力传感器	测量范围为20～110 kPa；准确度为±0.4 kPa；分辨率为≤0.006 kPa
6	温度传感器	测量范围为-40℃～70℃；准确度为±0.25℃；分辨率为≤0.003℃
7	功耗	最大为≤8 W
8	CO_2测量	校准范围：0～3000 μmol/mol 准确度：≤读数的1% 零点漂移（每℃）：±0.1 μmol/mol RMS噪声/分辨率10 Hz频率时：0.11 μmol/mol

续表

序号	技术参数	技术范围
9	H_2O 测量	校准范围：0~60 mmol/mol
		准确度：≤读数的 1%
		零点漂移（每℃）：±0.03 mmol/mol
		RMS 噪声/分辨率 10 Hz 频率时：0.0047 mmol/mol

涡度监测可以实现区域性大气中 CO_2 浓度变化实时监测。一般情况根据现场实际情况采用两种方式相结合的模式。方式一是长期实时连续监测，采用建观测塔进行监测。主塔高度为 80 m，30 m 高度处搭载涡度微气象观测系统，全年连续监测区域尺度内碳注入井在封存前、封存过程中、封存结束后的情况和地表 CO_2 通量变化，分析碳区内的不同注入井区域碳排放贡献，并计算不同时间尺度内的碳排放量。监测点应主要布设在建设项目场地、周围环境敏感点，包括封井口附近，场地附近地势最低处和常年主导风向的下风处等。选择不利于气体扩散和稀释的时段进行监测，可采用遥感技术，获取特定谱段红外影像数据以探测二氧化碳是否发生泄漏；还可以利用光谱差异识别长势异常的植被，从而判断二氧化碳泄漏地点。方式二是在移动监测车上布设涡度观测系统，实现不同监测区域的灵活高效监测，获取相应背景值，并计算 CO_2 通量基准（Baseline），计算泄漏碳量。或者使用可移动的三脚架布设涡度观测系统，监测区域背景值，并计算 CO_2 通量基准（Baseline），计算泄漏碳量。该方式常用于背景值监测或项目运行过程中与观测塔监测数据做对比分析。

2) 光感监测技术。光感监测技术主要用于注入井井口 CO_2 泄漏浓度检测，目前应用的高精度二氧化碳测量传感器是基于先进的 CARBOCAP 单光束双波段 NDIR 技术二氧化碳探头，通过数据采集器（具体参数见表 4-12）采集数据，实现长期连续监测。

表 4-12 光感监测仪器技术参数及范围

序号	技术参数	技术范围
1	操作温度范围	-40℃~70℃（标准），-55℃~85℃（扩展）
2	模拟通道	16 个单端或 8 对差分
3	脉冲通道	10（P1~P2 和 C1~C8）
4	激发通道	4 个

续表

序号	技术参数	技术范围
5	网络协议	Ethernet、PPP、CS I/O IP、RNDIS、ICMP/Ping、Auto-IP（APIPA）、IPv4、IPv6、UDP、TCP、TLS、DNS、DHCP、SLAAC、SNMPv3、NTP、Telnet、SMTP/TLS、POP3/TLS HTTP（S）、FTP（S）
6	通信协议	PakBus、Modbus、DNP3、SDI-12、TCP、UDP 及其他
7	工作原理	非色散单束双波长红外技术（NDIR）
8	测量范围选择	0~20000 ppm
9	精度	±200 ppm
10	响应时间	30 s
11	材质	主体材料阳极氧化铝；过滤器盖 PC 塑料
12	外壳防护等级	IP67

（2）土壤碳通量监测技术。

封存体中的 CO_2 气体若沿着裂缝通道发生泄漏，会导致土壤气体成分发生变化，而且油藏成分中含有的物质（如氡、氦、甲烷等）会伴随 CO_2 向上迁移，因此土壤气体分析能够示踪深层气体的流动，发现气体可能的迁移途径，评估 CO_2 的逃逸量。土壤中 CO_2 浓度和同位素应该为一个稳定值，一旦封存的 CO_2 发生泄漏，会造成土壤中 CO_2 浓度发生变化，因此，为准确判断是否存在 CO_2 泄漏情况，研究形成了地表土壤 CO_2 监测技术。该技术通过定期监测土壤的 CO_2 同位素、碳含量、呼吸率、pH 等，从而有效判断 CO_2 在地表的泄漏状况。

开展土壤气体分析时，首先要掌握土壤气体随季节自然变化的规律，还要综合考虑井距、裂缝和断层分布以及地形地貌等相关因素，确定合理的浅层土壤气采样网格分布。在此基础上，对可能发生 CO_2 泄漏的高风险区域，如裂缝、断层、注采井周围等，进行连续监测，验证泄漏是否发生，寻找泄漏途径。目前主要采用土壤碳通量监测仪器（具体参数见表 4-13）进行监测。

表 4-13 土壤碳通量监测仪器技术参数

技术参数	CO_2	H_2O
量程	0~20000 μmol/mol	0~60 mmol/mol
准确度	读数的 1.5%	读数的 1.5%

续表

技术参数		CO_2	H_2O
漂移（℃⁻¹）	零点漂移	<0.15 μmol/mol	<0.003 mmol/mol
	量程漂移	<0.03%	<0.03%
总漂移（℃⁻¹）	370 μmol/mol	<0.4 μmol/mol	—
	10 mmol/mol	—	<0.009 mmol/mol
370 μmol/mol 时 1 s 信号平均的 RMS 噪声		<1 μmol/mol	<0.01 mmol/mol
敏感性	CO_2	—	<0.0001 mmol/molH_2O/μmol/molCO_2
	H_2O	<0.1 μmol/molCO_2/mmol/molH_2O	

土壤碳通量监测技术一般以CO_2泄漏的薄弱点及风险点为核心，围绕核心布置碳通量监测点，主要采取"直线＋网状"结合的方式进行布点，对试验区块实现"全覆盖"。

具体布点原则：以CO_2注入井为核心，按照距离注入井远近分为核心监测区、缓冲监测区和外围监测区；构造断裂带、断层活动带、废弃井筒等可能泄漏区域重点监测，加密布置监测点；在兼顾重点监测区域的情况下，沿地下水流向、断层走向等沿线布设，形成网络化路线追踪。

（3）浅层水气监测技术。

如果发生CO_2泄漏，泄漏的CO_2接触地下水源时，大量溶解的CO_2会导致地下水pH降低，酸性增强。CO_2还可能沿泄漏通道向上渗入地表水系，引起地表水的pH及其中溶解的CO_2气体及离子的变化。因此可以通过监测浅层地表水和地下饮用水的pH、CO_2气体及HCO_3^-、CO_3^{2-}等离子浓度的变化，来确定是否发生了CO_2泄漏。目前主要采用高压活塞取样器气液取样U形管进行取样，分析地下浅层水气指标变化，具体指标见表4-14。

表4-14 浅层井监测主要指标统计

序号	类别	指标内容
1	地下水指标	pH、ORP（氧化还原电位）、TDS、碱度、电导率、电阻率、氟离子、氯离子、硫酸根离子、硝酸根离子、亚硝酸根离子、溴离子、磷酸根离子、铵根离子、锂离子、钠离子、钾离子、镁离子、钙离子
2	土壤气指标	二氧化碳、一氧化碳、甲烷、氮气、一氧化氮、硫化氢

续表

序号	类别	指标内容
3	其他指标	矿物成分，包括石英、钠长石、方解石、微斜长石、伊利石和蒙脱石、高岭石、针磷铁矿和铁白云石
4	基础参数	地下水位埋深、地下水温度、颗粒级配

浅层水气取样通常采用 U 形管取样方式。例如高压活塞取样器气液取样 U 形管是基于 U 形管原理和气体推动技术来实现定深取样、高保真取样的，具有操作简单、场地适应性强等特点。高压活塞取样器气液取样 U 形管结构如图 4-7 所示。

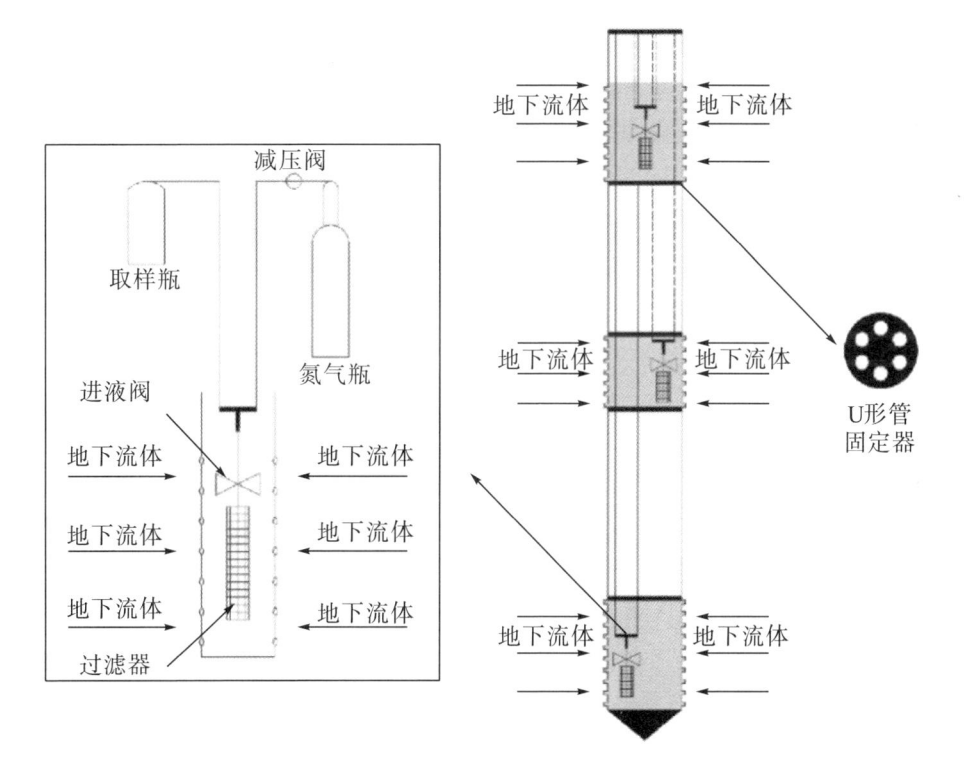

图 4-7 高压活塞取样器气液取样 U 形管结构示意

高压活塞取样器气液取样 U 形管包括连接段和进样段两个部分，可以根据设计需要进行不同方式的组装。连接段分为外管和内管两个部分，外管起支撑连接作用，内管连接各层进样段和提供地下流体储存空间和导流通道。进样段包括方向控制装置等核心部件。除上述部件外，还有井头保护装置、操作面板等部件。根据部署区域的差异，还包括保温装置等特别定制部件。该取样器可以实现取水深度为 -100 m 以上。设计单次取水量为 200 mL，取气量为 2 L。两次取样最短时间间隔为 12 h。可以实现每天取一次样，也可以每月取一次样。取样采用氮气瓶保压取样的方式。取样压力为 $0.3\sim0.5$ MPa。取气采用自动取气泵抽取的方式进行取样。

地下流体流动过程包括三个阶段。第一阶段，含水层的地下流体在压差作用下穿过井筒侧壁的小孔渗入井筒取样段，并逐渐达到渗流平衡。第二阶段，井筒取样段内的地下流体通过单向阀流入 U 形管，地下流体储存在 U 形管的储流容器内。而 U 形管上端的两个软管连至地表，分别为加压端和取样端。第三阶段，采用氮气洗井清洁后，对 U 形管的一端（加压端）用便携式氮气瓶加压，U 形管内储流容器的地下流体从 U 形管的另一端（取样端）排至地面的液体取样容器，从而得到指定层位的地下流体样品。

高压活塞取样器气液取样 U 形管的特点和优势：一是可实现地下水、土壤气一站式取样，取样操作方便，场地适应强；二是轻松实现不同深度地层的多层地下流体取样，且层间间隔距离可因地制宜；三是样品真实性、代表性强，U 形管原理保证了所取样品压力恒定的显著优点，被动式气体取样保证了取样过程、取样速率对地层扰动几乎可以被忽略，层间密封保证了取样的实时性和指定深度的代表性。

2. 主要监测方案设计

（1）碳同位素监测。

1）取样点设计。一是于监测目标区块所辖井组注气间设计取样点，二是为监测目标区块所辖采油井伴生气设计取样点，三是以监测目标区块所辖注入站根据 CO_2 来源供应厂商数量设计取样点。

2）取样准备及要求。首先提前准备好取样瓶并做好标签，同时每个取样点每季度取一次样，每次取样 3~5 个，每个样品取气量不小于 1 L，每季度对所有样品进行碳同位素监测，最后采用取样瓶对接取样阀门进行取样。取样前尽量清空取样瓶内空气，取样过程保持取样瓶口向上垂直放置，取样后立即密封瓶口。

（2）地表土壤碳通量监测。

1）监测点设计。监测目标区块应结合矿场区域的特点设计网格化监测点，监测点之间的距离可根据需求进行优化。土壤碳通量监测点分布如图 4—8 所示。

图 4-8 土壤碳通量监测点分布

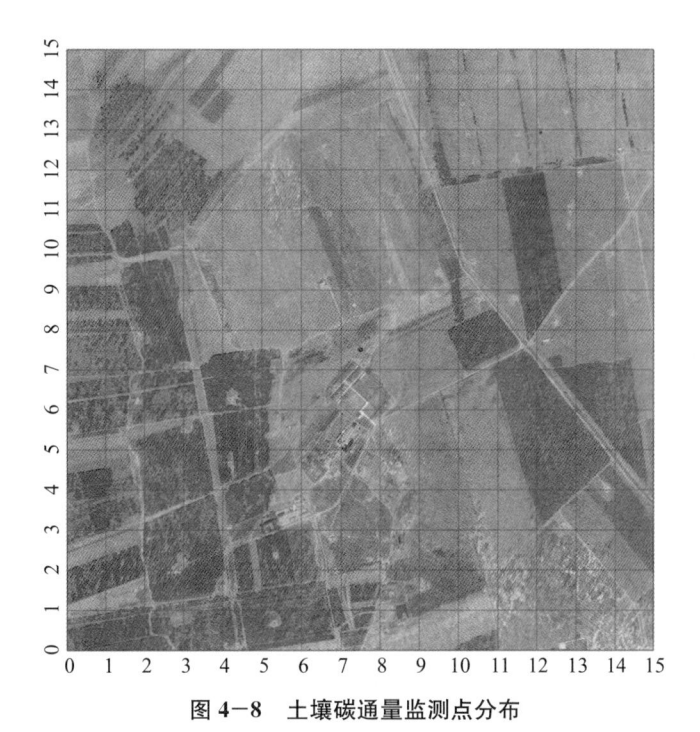

注：图中横纵网格线交叉点为土壤碳通量监测点（每个监测点横纵间隔 200 m）

2）监测准备及要求。首先监测前做好监测设备调试，每季度监测一次，每个监测点要提前 3 天安装土壤环，安装 3 天后方可监测。同时为了避免时间差异性造成的系统误差，于每天 8 点—11 点进行监测，每个监测点至少取三个连续监测数据。根据监测点分布图及监测点坐标，现场使用 GPS 定位确认监测点，在监测点位进行埋环，插入小彩旗作为标志，用硅胶锤将土壤环斜面向下埋入地面，保证土壤环上端平面尽量水平，并保证地面环体留出 5 cm 高度，环体内外与土壤接触处需用土压实保证密封。当现场实际不满足埋环条件时，可适当调整埋环位置，但记录时需做出标注。

（3）大气碳通量监测。

1）监测点设计。选择距目标区块核心位置设置大气通量监测塔，同时在目标区块 10 km 外无油气井的、与目标区块植被相同的地方设置对比数据监测点。

2）监测准备及要求。涡度协方差通量观测方法，要求通量塔建设在植被冠层相对均一、下垫面粗糙度较小的平坦地形上。通量塔应当置于能最佳反映并覆盖其迎风面的植被类型，若周围环境植被类型并不均一，则需要对其主风向进行分析，从而确保塔的设置能使全部取样保持均一。如果地形复杂，则需要考虑冠层下的泻流和平流，尽量将通量塔设置于相对平坦的地形，从而减少平流和泻流的发生。同时，保证有充足的风浪区。一般风浪区大小为仪器安装高度的 100 倍（例如，如果仪器安装高度为 3 m，监测范围可覆盖该风浪区的上风向在 300 m 范围）。如果受实际条件制约，无法保证各个方向的风浪区范围，则应当分析主风向，将通量塔设置于主风向的下风向，且保证上风向足够的风浪区。每月对不同地貌环境监测取样一次，监测前做好监测设备调试和太阳能供电调试，并且要做好与当地农户协调的工作，选取设备安放采集地点，要求满足下垫面均匀、无水平方向的平流通量，并且具有零平面位移和坐标系修正问题，每个监测点连续监测 7~10 天，在农田和草地等低矮冠层植被区仪器安装高度宜高于冠层 2 m，按照要求将设备进行组装，保证立杆垂直、横杆水平；检查电缆、信号线状况，检查供电设施，保证供电安全，三维超声风温仪探头应朝向或垂直于主导风向、主机安装在探头下方，红外二氧化碳分析仪探头应稍倾斜、主机安装在探头下方，镜面清洁、光路无异物。仪器布置及风浪区范围如图 4-9 所示。

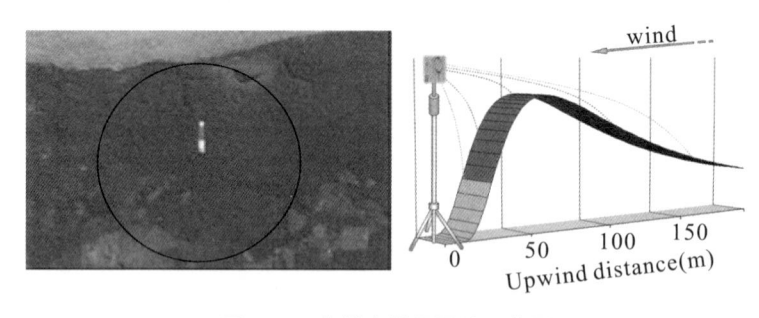

图 4-9 仪器布置及风浪区范围

本着减少投资、注重效益的原则，矿场试验前期，也可以将土壤碳通量和大气涡度监测进行组合。充分利用 CCUS 典型区块的井网，在区块的不同位置优选 1~2 个注气井组，每一口注气井及周围的 4 口采油井为一个测试单元。在 CO_2 驱注气井的东、南、西、北及东南、东北、西南和西北 8 个方向的井口或井口附近位置、距井口 1 m 处、7.5 m 处、10 m 处、30 m 处和 100 m 处及井周围农田（对照）土壤条件相对一致的地点布设测试点；并且，在每个测试单元内的注气井和采油井之间设置涡度相关监测点，监测驱油块范围内地表和大气净 CO_2 通量值。CCUS 典型区块地层监测点位置如图 4-10 所示。

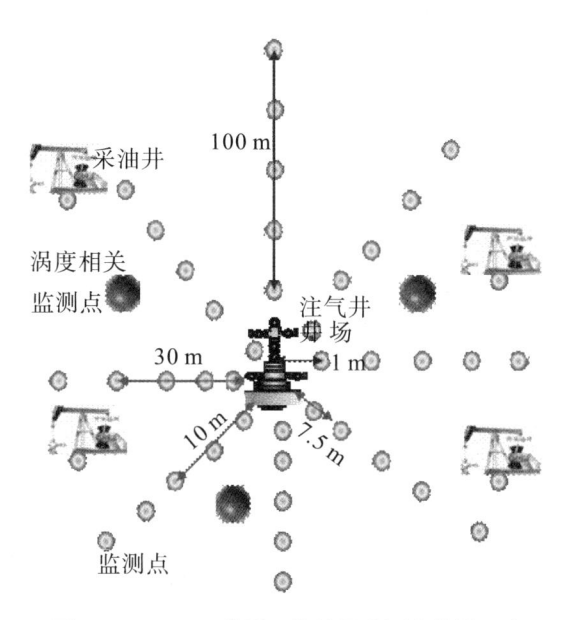

[图示：CCUS典型区块地层监测点位置示意，标注"采油井"、"涡度相关监测点"、"注气井井场"、"监测点"，距离标注为100 m、30 m、10 m、7.5 m、1 m]

图4-10 CCUS典型区块地层监测点位置示意

（4）浅层井监测。

1）监测点设计。井位布置遵循的原则：以CO_2注入井为核心，按照距离CO_2注入井远近分为核心监测区、缓冲监测区和外围监测区；构造断裂带、断层活动带、废弃井筒等可能泄漏区域重点监测，加密布置监测设备；取样深度设计根据核心监测区主要布置Ⅱ型井重点监测，外围监测区主要布置Ⅰ型井辅助监测；在兼顾重点监测区域且监测井数量有限的情况下，沿地下水流向、断层走向等沿线布设，形成网络化路线追踪。

2）监测要求。每月取浅层地下水气一次，水气样品必须在24小时内完成分析测试，避免外因干扰，地表形变监测主要利用合成孔径雷达、差分干涉测量等遥感技术进行，需在注入前开展地表形变背景值监测，并综合各方面因素（时间基线、空间基线、季节等），与注入后的监测数据进行对比，判定是否发生地表形变。监测周期根据需求进行优化设计。

（5）二氧化碳运移情况监测。

通过地球物理方法（地震、电磁、重力）确定储层、盖层、钻孔、近地表地层的二氧化碳前缘的时空分布状况和存储量，通过地震、测井确定饱和度和存储量，由此可掌握二氧化碳地质封存后的运移情况。通过监测井监测分析二氧化碳扩散逃逸状况。在众多监测方法中，优先选择地震和监测井监测。监测周期根据需求进行优化设计。

4.4.3.4 CCUS-EOR全产业链监测案例

1. 碳捕集工艺部分监测

CCUS碳捕集工艺流程如图4-11所示。CCUS碳捕集需要在烟气进口A、净化烟气外排出口C安装气体流量计、温度变送器、压力变送器并设置取样口，外输CO_2出口B安装质量流量计、温度变送器、压力变送器并设置取样口。每半年对烟气进口、净化烟气外排出口、外输CO_2出口含量委托有资质的单位进行检测。烟气进口CO_2量减去外输CO_2出口量，再减去净化烟气外排CO_2量的差值即设备装置的逸散放空量，流量计精度等级要求不低于1级，压力表精度等级要求不低于0.5级，温度变送器精度等级要求不低于0.5级。

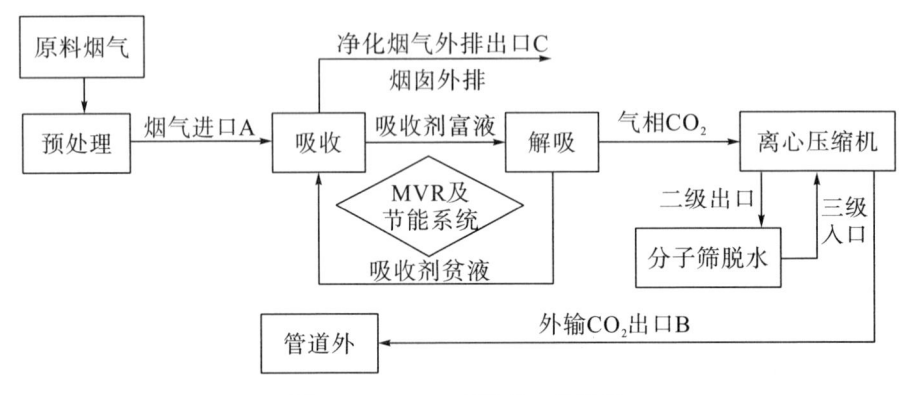

图4-11 CCUS碳捕集工艺流程

2. 管道输送部分监测

管道输送涉及的排放源为电力排放和管道逸散排放，对国家规定的包括二氧化碳（CO_2）、甲烷（CH_4）、氧化亚氮（N_2O）、氢氟碳化物（HFCs）、全氟化碳（PFCs）、六氟化硫（SF_6）和三氟化氮（NF_3）七种温室气体进行识别，见表4-15。

表4-15 主要排放源识别表

序号	碳排放源	排放气体识别	排放设施
1	化石燃料燃烧	二氧化碳（CO_2）、甲烷（CH_4）、氧化亚氮（N_2O）	否
2	工艺放空、逃逸	二氧化碳（CO_2）	管道逸散及泄漏
3	外购电力排放	二氧化碳（CO_2）、甲烷（CH_4）、氧化亚氮（N_2O）	站场生产生活产生的电力消耗

续表

序号	碳排放源	排放气体识别	排放设施
4	外购蒸汽排放	二氧化碳（CO_2）	否

注：HFCs、PFCs、SF_6三种温室气体在管道输送中不涉及。

碳排放计算如下：

$$PE = PE_{电力} + PE_{逸散} \tag{4-36}$$

式中：PE_y——年管道运行后碳排放量，tCO_2；

$PE_{电力}$——年外购电力产生的间接排放，tCO_2；

$PE_{逸散}$——年管道逸散或泄漏排放量，tCO_2。

电力排放主要来源于站场的生产生活用电，以及管道监测仪表产生的电力消耗。

管道逸散排放主要为管道间的阀门逃逸及管道穿孔造成的泄漏排放，由于没有现成的排放因子可供使用，采取实测法进行计算。监测方法为在管道起点和终点分别设置流量计和取样口，定期监测CO_2流量及组成，起点CO_2量与终点CO_2量之间的差值即为管道的逸散量。

3. 驱油生产部分监测

CCUS地面注采和集输工艺环节用能节点多，需要收集注入、驱油、采出、集输处理、分离循环回注等全流程各个节点的用能计量数据，同时监测CO_2注入量、井口返出量，分析检测伴生气中的CO_2含量、回收注入的CO_2量，用来核算CCUS区块温室气体排放量。CCUS地面工艺流程如图4-12所示。

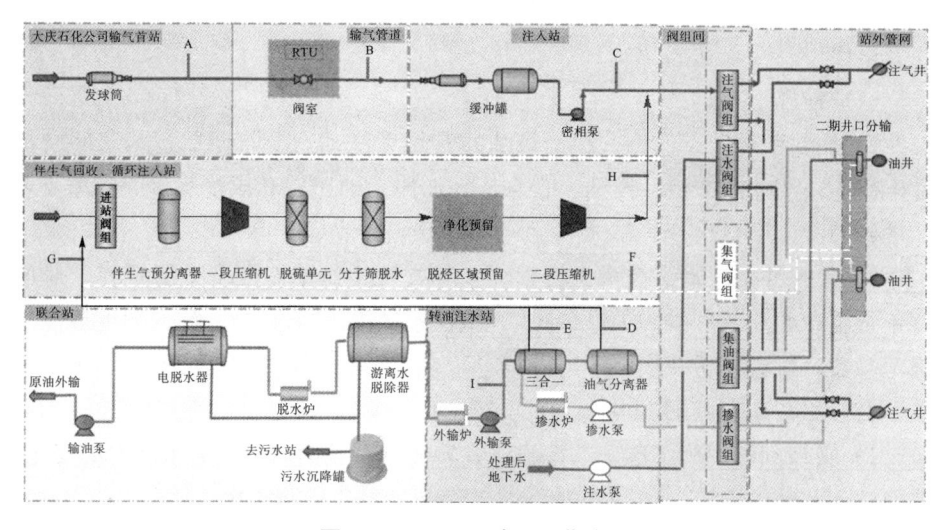

图4-12 CCUS地面工艺流程

(1) 取样点的选择。地面工艺流程中设置了 9 处监测取样点，分别为 A～I。在这几个监测取样点分别安装流量计、压力表并设置取样口，监测流量、压力以及测定其中的 CO_2 浓度，计算 CO_2 的量。流量计精度等级要求为 1 级，压力表精度等级要求为 0.5 级。

Q_B-Q_A＝管道输送过程中 CO_2 的逸散量

Q_C-Q_B＝注入系统中 CO_2 的逸散量

Q_G-Q_H＝回收注入系统中 CO_2 的逸散量

(2) 区块用能监测。区块用能主要为电力消耗和化石燃料燃烧消耗。化石燃料燃烧消耗采用流量计计量，流量计精度等级要求为 1 级，压力表精度等级要求为 0.5 级，监测频率为实时在线监测。

电力消耗主要是设置电度表，在区块内各站（注入站、转油站等）设置总用电度表，压缩机用电单独设置电度表计量，精度等级要求为 0.2 级，监测频率为实时在线监测。需要有电度表对井口采用单独或集中计量，精度等级要求为 0.2 级。

(3) 监测频率和周期。流量计、压力表、电度表采取实时监测。每天跟踪 9 处监测点的流量情况，每 1 个月取样测定 1 次 CO_2 含量，每季度统计 1 次各系统的用能情况。

4. 驱油埋存动态监测

动态监测要求常规与重点监测并重，突出注气过程中油气界面监测、油气水运移规律监测。监测目的有四个：一是落实水驱转 CCUS 后流体性质的变化规律，二是评价 CO_2 驱替前缘，三是判断注气是否气窜，四是监测 CO_2 埋存的安全性。

(1) 常规动态监测。

1) 油井生产动态监测。根据采油井常规生产动态要求录取资料，所有正常生产的采油井的产液、产油、含水、气油比、油压、套压按照生产管理要求计量，每天计量一次。

2) 注入井生产动态监测。根据注入井常规生产动态要求录取资料，对所有正常生产的注入井准确计量日注气量或注水量、注入压力、注入温度等注入施工参数，每天计量一次。

(2) 驱替动态监测。

1) 吸水剖面。为了准确掌握注水井转注气试验前后油层吸水能力的变化，选取注入井数的 10%，在注气前和水气交替后每年检测 1 次。

2) 吸气剖面。为了准确掌握注气井试验前后油层吸气能力的变化，选取注入井数的 10%，每年检测 1 次。

3）井温梯度、压力梯度。为了正确判断注气过程中 CO_2 在井筒中的相态变化，以便及时调整注入参数，选取注入井数的 10%，测试注入 CO_2 过程中井筒中井温及压力的变化情况，每年检测 1 次。

4）产液剖面。典型区块内 250 米井网区和 300 米井网区采油井各选 10%，测试产液剖面，分析层间注气见效程度，每年检测 1 次。

5）地层压力。压力监测可以分析气驱开发后的压力变化情况，分析油藏混相程度，分别选取 10% 的采油井和注气井，进行地层压力测试，每年检测 1 次。

6）井流物分析。分别选取 10% 的采油井进行油、气、水样分析，注气前先检测 1 次，注气后每年检测 4 次。

7）示踪剂监测。为判断注采井砂体的连通状况和地下流体的渗流方向，选取 20% 的注气井，投注气体示踪剂，在与其对应的生产井中进行监测。

8）高压物性测试。为了掌握注入 CO_2 前后油藏流体组分的变化，便于进行数值模拟跟踪拟合、注入参数的优化调整以及试验效果的分析，选取 2 口井在转注气前和大规模见气后取样进行 PVT 分析。

（3）过断层井监测。通过井流物或产气剖面监测，观察过断层井各层位产出流体的变化情况。

5. 停注后井筒安全性监测

区块停注封井后分别选取 10% 的采油井和注气井，进行地层压力测试，每年检测 4 次，观察井口压力等参数变化，分析判断封井井筒的安全性。

4.5 油气田企业碳排放核算核查

碳排放核算是一种测量工业活动向地球生物圈直接或间接排放二氧化碳及其当量气体的措施，是指控排企业按照监测计划对碳排放相关参数实施数据收集、统计、记录，并将所有排放相关数据进行计算、累加的一系列活动。碳排放的统计核算是实现碳达峰碳中和的基础性工作，对于科学制定国家政策、推进地区和行业减碳、参与国际谈判履约等至关重要。

碳排放核查是指主管部门或第三方服务机构根据行业温室气体排放核算方法与报告指南以及相关技术规范，对重点排放单位报告的温室气体排放量和相关信息进行全面核实、查证的过程。碳排放的核查是碳市场框架体系的重要组成部分，对于夯实碳排放统计数据基础、助力企业履行社会责任、完善碳排放权交易市场具有重大意义。

油气田企业碳排放核算核查是我国 MRV（碳排放监测核算/报告/核查）体系的重要内容，能够提升温室气体排放数据质量，有效支撑企业的碳资产管理。但是目前我国的碳排放核查核算工作主要由各省规范监管，还没有系统地推出国家层面的监管核查体系。本节对油气田企业碳排放核算核查的依据、流程、方法、质量保证和文件存档等内容进行了详细阐述，指导企业对不同核算边界内的不同排放源排放的温室气体量进行准确计算、精确核算，以满足我国日趋严格的管控要求。

4.5.1 碳排放核算报告依据

油气田企业碳排放核算报告的主要依据是国家发展改革委发布的各行业温室气体排放核算方法与报告指南。该系列指南由国家发展改革委托国家应对气候变化战略研究与国际合作中心共同编制，编制过程中进行了实地调研和深入研究，并参考了《2006 年 IPCC 国家温室气体清单指南》以及《省级温室气体清单编制指南（试行）》。

主要核查核算依据包括：

（1）《工业企业温室气体排放核算和报告通则》（GB/T 32150—2015），规定了工业企业温室气体排放核算与报告的术语和定义、基本原则、工作流程、核算边界确定、核算步骤与方法、质量保证、报告要求等内容。该标准适用于指导行业温室气体排放核算方法与报告要求标准的编制，也可为工业企业开展温室气体排放核算与报告活动提供方法参考。

（2）《温室气体排放核算与报告要求 第 1 部分：发电企业》（GB/T 32151.1—2015），规定了发电企业温室气体排放量的核算和报告相关的术语、核算边界、核算步骤与核算方法、数据质量管理、报告内容和格式等内容。适用于发电企业温室气体排放量的核算和报告，以电力生产为主营业务的企业可按照标准提供的方法核算温室气体排放量，并编制企业温室气体排放报告。

（3）《温室气体排放核算与报告要求 第 10 部分：化工生产企业》（GB/T 32151.10—2015），规定了化工生产企业温室气体排放量的核算和报告相关的术语、核算边界、核算步骤与核算方法、数据质量管理、报告内容和格式等内容。适用于化工生产企业温室气体排放量的核算和报告，以化工产品生产活动为主营业务的企业可按照标准提供的方法核算温室气体排放量，并编制企业温室气体排放报告。如存在标准未涉及的石油化工或氟化工生产，或伴有温室气体排放行为的其他生产活动，还应同时参考相关行业的企业温室气体排放核算与报告要求标准进行核算并汇总报告。

（4）《中国发电企业温室气体排放核算方法与报告指南（试行）》。为有效落实"十二五"期间提出的建立完善温室气体统计核算制度，逐步建立碳排放交易市场的目标，加快构建国家、地方、企业三级温室气体排放核算工作体系，实行重点企业直接报送温室气体排放数据制度的工作任务，国家发展改革委自2013年起，共印发了三批24个行业企业温室气体排放核算方法与报告指南。

该指南为2013年首批印发的10个指南之一，明确了适用范围、相关引用文件和参考文献、所用术语、核算边界、核算方法、质量保证和文件存档要求以及报告内容和格式。核算的温室气体为二氧化碳，排放源包括化石燃料燃烧排放、脱硫过程排放以及净购入使用电力排放。适用范围为从事电力生产的具有法人资格的生产企业和视同法人的独立核算单位。

（5）《中国化工生产企业温室气体排放核算方法与报告指南（试行）》，为2013年首批印发的10个指南之一，正文阐述了适用范围、相关引用文件和参考文献、所用术语、核算边界、核算方法、质量保证和文件存档、以及企业温室气体排放报告的基本框架。该指南考虑的排放源类别包括燃料燃烧排放、工业生产过程排放、CO_2回收利用以及净购入电力和热力消费引起的排放，温室气体类别包括二氧化碳以及硝酸、己二酸生产过程排放的氧化亚氮。适用范围为从事化工产品生产的具有法人资格的生产企业和视同法人的独立核算单位。

（6）《中国石油和天然气生产企业温室气体排放核算方法与报告指南（试行）》，为2014年第二批印发的4个指南之一，正文阐述了适用范围、引用文件、术语和定义、核算边界、核算方法、质量保证和文件存档以及报告内容。适用范围为在中国境内从事石油天然气生产作业的独立法人企业或视同法人的独立核算单位，核算与报告的排放源类别和气体种类主要包括燃料燃烧二氧化碳排放、火炬燃烧二氧化碳和甲烷排放、工艺放空二氧化碳和甲烷排放、设备泄漏甲烷逃逸排放、二氧化碳和甲烷回收利用量以及净购入电力和热力隐含的二氧化碳排放。

（7）《中国石油化工企业温室气体排放核算方法与报告指南（试行）》，为2014年第二批印发的4个指南之一，正文阐述了适用范围、引用文件、术语和定义、核算边界、核算方法、质量保证和文件存档以及报告内容。适用范围为在中国境内从事石油炼制或石油化工生产的独立法人企业或视同法人的独立核算单位，核算与报告的排放源类别和气体种类主要包括化石燃料燃烧二氧化碳排放、火炬燃烧二氧化碳排放、工业生产过程二氧化碳排放、二氧化碳回收利用量以及净购入电力和热力隐含的二氧化碳排放。

（8）《企业温室气体排放报告核查指南（试行）》，规定了重点排放单位温室气体排放报告的核查原则和依据、核查程序和要点、核查复核以及信息公开等内容。适用于省级生态环境主管部门组织对重点排放单位报告的温室气体排放量及相关数据的核查，以进一步规范全国碳排放权交易市场企业温室气体排放报告核查活动。其中"重点排放单位"指全国碳排放权交易市场覆盖行业内年度温室气体排放量达到 2.6 万吨二氧化碳当量及以上的企业或者其他经济组织。

（9）《企业温室气体排放核算方法与报告指南　发电设施（2022 年修订版）》，适用于被纳入全国碳排放权交易市场的发电行业重点排放单位（含自备电厂）使用燃煤、燃油、燃气等化石燃料及掺烧化石燃料的纯凝发电机组和热电联产机组等发电设施的温室气体排放核算。该指南规定了发电设施的温室气体排放核算边界和排放源、化石燃料燃烧排放核算要求、购入电力排放核算要求、排放量计算、生产数据核算要求、数据质量控制计划、数据质量管理要求、定期报告要求和信息公开要求等。其他未纳入全国碳排放权交易市场的企业发电设施温室气体排放核算可参考该指南。

4.5.2　碳排放核算流程与方法

油气田企业产生碳排放的主要业务环节是石油、天然气的勘探、开发、处理、储运等生产环节，以及石油化工、天然气化工及其他化工产品的生产，不同的业务类型具有不同的核算要求。此外，油气田企业中如有发电设施，相应发电设施应按照发电企业的核算要求进行单独核算。对于被纳入全国碳排放权交易市场的发电设施或企业，应按照《企业温室气体排放核算方法与报告指南　发电设施》进行交易边界内的碳排放核算。

4.5.2.1　核算流程

油气田企业应采取以下步骤核算温室气体排放量，如图 4-13 所示。

（1）根据开展温室气体排放核算的目的，油气田企业应确定温室气体排放核算边界与涉及的时间范围，明确工作对象。

（2）在所确定的核算边界范围内，识别和确定温室气体排放源类别与排放的温室气体的种类。

（3）根据确定的温室气体排放源类别和排放的温室气体种类，制定相应的温室气体排放核算数据质量控制计划和监测计划。

（4）选择核算方法，企业参照行业确定的核算方法进行核算，应选择能得出准确、一致、可再现的结果的核算方法。

(5) 根据选定核算方法的要求选择与收集温室气体活动数据，按照原始数据、二次数据、替代数据的优先级由高到低选择。

(6) 选择或测定温室气体排放因子，并对排放因子的来源做出说明，按照实测值/测算值、参考值的优先级由高到低选择。

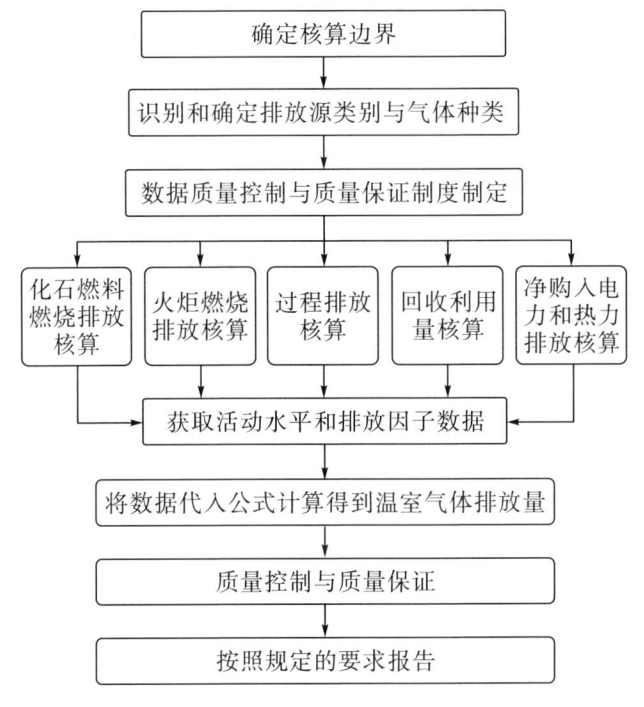

图 4-13　温室气体排放量核算流程图

(7) 计算与汇总温室气体排放量，企业应根据所选定的核算方法对温室气体排放量进行计算，所有温室气体的排放量均应折算成二氧化碳当量。

(8) 核算工作的质量保证，包括但不限于4.5.4节提出的各种制度方法。

(9) 温室气体排放报告，根据进行温室气体排放核算和报告的目的与要求，确定温室气体报告的具体内容，包括但不限于报告主体基本信息、温室气体排放量、活动水平数据及来源、排放因子数据及来源。

4.5.2.2　核算边界

温室气体排放核算报告主体报送国家、地方温室气体核算数据和报告时，应遵照国家、地方的核算边界要求，一般应以独立法人企业或视同法人的独立核算单位为企业边界，核算和报告在运营上受其控制的所有生产设施产生的温室气体排放，设施范围包括与其业务直接相关的基本生产系统、辅助生产系统以及直接为生产服务的附属生产系统，其中辅助生产系统包括厂区内的动力、供电、供水、采暖、制冷、机修、化验、仪表、仓库、运输等，附属生产系统包括生产指挥管理系统如厂部及厂区内为生产服务的部门和单位（如职工食堂等）。

企业报送集团公司的温室气体排放数据和报告的核算边界包括作业范围、权益范围两个核算边界。核算的范围包括与其业务直接相关的基本生产系统、辅助生产系统以及直接为生产服务的附属生产系统。不同类型企业核算边界对比见表 4—16，按报告对象不同核算边界对比见表 4—17。

表 4—16 不同类型企业核算边界对比

	项目	石油天然气生产企业	石油化工企业	化工生产企业	发电企业
覆盖范围	基本生产系统	●	●	●	●
	辅助生产系统	●	●	●	
	附属生产系统	●	●	●	●
排放源和气体种类	燃料燃烧 CO_2 排放	●	●	●	●
	火炬燃烧 CO_2 排放	●	●	●	
	火炬燃烧 CH_4 排放	●			
	工业生产过程 CO_2 排放		●	●	
	工业生产过程 N_2O 排放			●	
	工艺放空 CO_2 排放	●			
	工艺放空 CH_4 排放	●			
	CH_4 逃逸排放	●			
	脱硫过程 CO_2 排放				●
	CO_2 回收利用量	●	●	●	
	CH_4 回收利用量	●			
	净购入电力 CO_2 排放	●	●	●	●
	净购入热力 CO_2 排放	●	●	●	
	其他温室气体排放			●	

表 4-17　不同报告对象核算边界对比

项目		法人边界	交易边界	集团边界
覆盖范围	基本生产系统	●	●	●
	辅助生产系统	●		●
	附属生产系统	●		●
排放源和气体种类	燃料燃烧 CO_2 排放	●	●	●
	火炬燃烧 CO_2 排放	●		●
	火炬燃烧 CH_4 排放	●		●
	工业生产过程 CO_2 排放	●		●
	工业生产过程 N_2O 排放	●		●
	工艺放空 CO_2 排放	●		●
	工艺放空 CH_4 排放	●		●
	CH_4 逃逸排放	●		●
	脱硫过程 CO_2 排放	●	●	●
	CO_2 回收利用量	●		●
	CH_4 回收利用量	●		●
	净购入电力 CO_2 排放	●	●	●
	净购入热力 CO_2 排放	●		●
	其他温室气体排放	●		●

对于油气田生产企业，碳排放核算边界如图 4-14 所示，其涵盖了油气生产的各个环节。

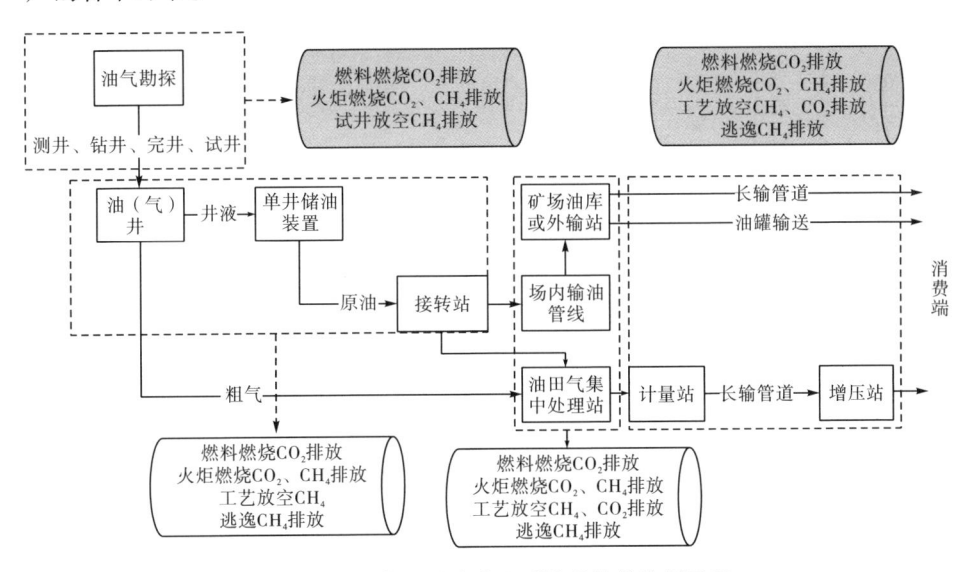

图 4-14　油气田生产企业碳排放核算边界示意

对于油气田化工生产企业即油气田中炼化厂，其碳排放核算边界如图4-15所示，由于其工艺复杂，需要进行碳源流识别以区分化石燃料是否为燃料燃烧使用。

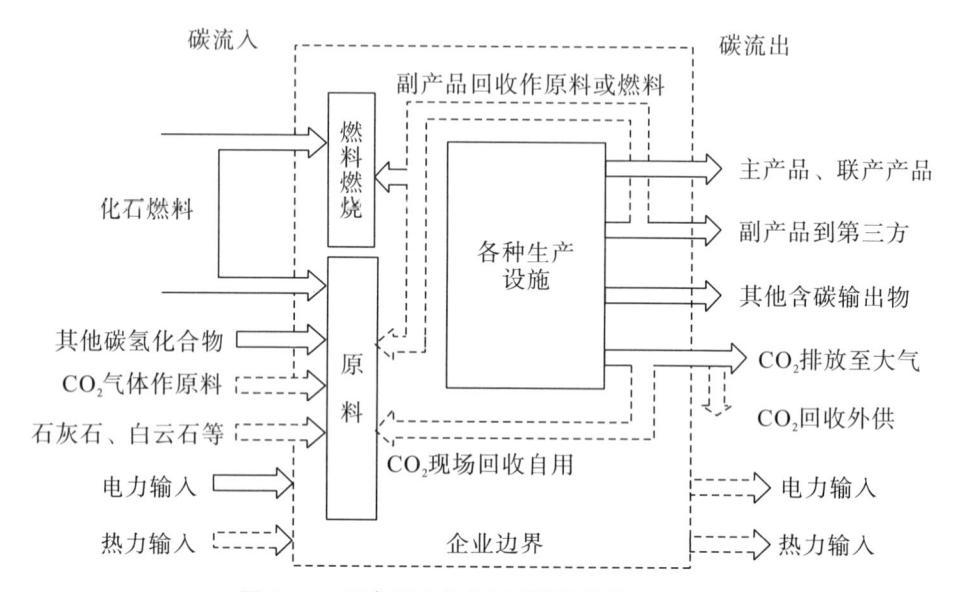

图4-15 油气田中炼化厂碳排放核算边界示意

注：(1) 碳源流识别的目的是更清晰地区分化石燃料是作为燃料燃烧还是原材料用途；确保准确地采用碳质量平衡法核算工业生产过程的CO_2排放。
(2) 以下情况不应视为碳源流，即不应有活动水平：在核算单元内循环而不出边界的中间产品或副产品（包括CO_2气体）；纯生物质燃料；生物质混合燃料只将其中的化石燃料部分作为源流；进入企业作为非能源产品使用的地沥青、固体石蜡、润滑剂、石油溶剂等不进行焚烧或能源回收的部分。

对于具有发电设施的油气田企业根据其发电生产过程的异同，碳排放核算边界如图4-16所示，如果报告主体除电力生产外还存在其他产品生产活动，并存在本部分未涵盖的温室气体排放环节，则应参考其他相关行业的企业温室气体排放核算和报告要求。

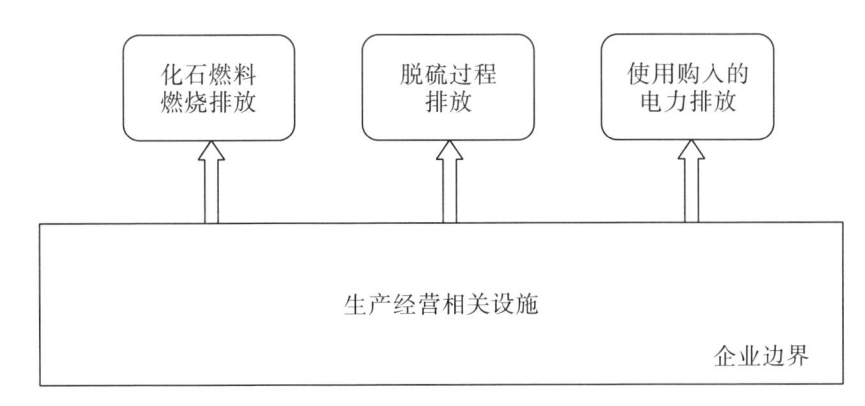

```
┌──────────┐   ┌──────────┐   ┌──────────┐
│化石燃料   │   │脱硫过程   │   │使用购入的 │
│燃烧排放   │   │排放      │   │电力排放   │
└────▲─────┘   └────▲─────┘   └────▲─────┘
     │              │              │
┌────┴──────────────┴──────────────┴─────┐
│                                         │
│          生产经营相关设施                │
│                              企业边界   │
└─────────────────────────────────────────┘
```

图 4-16 油气田企业所属电厂碳排放核算边界示意

4.5.2.3 核算方法

油气田企业的温室气体排放量等于化石燃料燃烧排放量，加上火炬燃烧排放量，加上各个业务环节的过程排放量，减去温室气体回收量，再加上净购入电力或热力隐含的排放量，其中非 CO_2 气体应按全球增温潜势（即 GWP 值）折算成 CO_2 当量计算，计算公式如下：

$$E_{GHG} = E_{CO_2\_燃烧} + E_{GHG\_火炬} + E_{GHG\_过程} - R_{GHG\_回收} + E_{CO_2\_净电} + E_{CO_2\_净热}$$

(4-37)

式中：E_{GHG}——油气田企业温室气体排放总量，单位为吨二氧化碳当量（tCO_2e）；

$E_{CO_2\_燃烧}$——企业由于化石燃料燃烧活动产生的 CO_2 排放，单位为吨二氧化碳（tCO_2）；

$E_{GHG\_火炬}$——企业由于火炬燃烧活动产生的温室气体排放，单位为吨二氧化碳当量（tCO_2e）；

$E_{GHG\_过程}$——企业各工业生产过程产生的温室气体排放，单位为吨二氧化碳当量（tCO_2e）；

$R_{GHG\_回收}$——企业的温室气体回收利用量，单位为吨二氧化碳当量（tCO_2e）；

$E_{CO_2\_净电}$——企业净购入电力隐含的 CO_2 排放量，单位为吨二氧化碳（tCO_2）；

$E_{CO_2\_净热}$——企业净购入热力隐含的 CO_2 排放量，单位为吨二氧化碳（tCO_2）。

1. 燃料燃烧排放

企业化石燃料燃烧CO_2排放量等于企业边界内各个燃烧设施分品种的化石燃料燃烧量,乘以相应的燃料含碳量和碳氧化率,再逐层累加汇总得到,计算公式如下:

$$E_{CO_2\_燃烧} = \sum_i \sum_j \left(AD_{i,j} \times CC_{i,j} \times OF_{i,j} \times \frac{44}{12}\right) \quad (4-38)$$

式中:i——化石燃料的种类;

j——燃烧设施序号;

$AD_{i,j}$——燃烧设施j内燃烧的化石燃料i的消费量,对固体或液体燃料以吨(t)为单位,对其他气体燃料以气体燃料标准状况下的体积万标立方米($10^4 Nm^3$)为单位,非标准状况下的体积需转化成标况下进行计算;

$CC_{i,j}$——燃烧设施j内燃烧的化石燃料i的含碳量,对固体和液体燃料以吨碳每吨燃料(tC/t)为单位,对气体燃料以吨碳每万标立方米($tC/10^4 Nm^3$)为单位,气体燃料含碳量实测方法见式(4-39),常见商品燃料含碳量实测方法见式(4-40);

$OF_{i,j}$——燃烧设施j内燃烧的化石燃料i的碳氧化率,取值范围为0~1(液体燃料、气体燃料的碳氧化率可分别取缺省值0.98、0.99,固体燃料可取缺省值)。

分品种的化石燃料活动水平数据应根据企业能源消费原始记录或统计台账确定,是明确送往各类燃烧设备作为燃料燃烧的化石燃料部分,包括企业自产及回收的能源品种。

有条件的企业应自行或委托有资质的专业机构定期检测燃料的含碳量。对于天然气等气体燃料,可根据每种气体组分的体积浓度及该组分化学分子式中碳原子的数目计算含碳量:

$$CC_g = \sum_n \left(\frac{12 \times CN_n \times V_n}{22.4} \times 10\right) \quad (4-39)$$

式中:n——待测气体的各种气体组分;

CC_g——待测气体g的含碳量,单位为吨碳每万标立方米($tC/10^4 Nm^3$);

V_n——待测气体气体组分n的体积浓度,取值范围为0~1;

CN_n——气体组分n的化学分子式中碳原子的数目;

12——碳的摩尔质量,单位为千克每千摩尔(kg/kmol);

22.4——标准状况下理想气体摩尔体积,单位为标立方米每千摩尔

（Nm³/kmol）。

对常见商品燃料也可定期检测燃料的低位发热量，再估算燃料的含碳量：
$$CC_i = NCV_i \times CV_i \tag{4-40}$$

式中：CC_i——化石燃料 i 的含碳量，对于固体和液体燃料单位为吨碳每吨燃料（tC/t），对于气体燃料单位为吨碳每万标立方米（tC/10⁴Nm³）；

NCV_i——化石燃料 i 的低位发热量，对于固体和液体燃料单位为吉焦每吨（GJ/t），对于气体燃料单位为吉焦每万标立方米（GJ/10⁴Nm³）；

CV_i——化石燃料 i 的单位热值含碳量，单位为吨碳每吉焦（tC/GJ）。

2. 火炬燃烧排放

油气田企业的火炬燃烧可分为正常工况下的火炬气燃烧和由于事故导致的火炬气燃烧两种。

$$E_{GHG\_火炬} = E_{GHG\_正常火炬} + E_{GHG\_事故火炬} \tag{4-41}$$

式中：$E_{GHG\_正常火炬}$——正常工况下火炬系统产生的温室气体排放量，单位为吨二氧化碳（tCO₂）；

$E_{GHG\_事故火炬}$——由于事故导致火炬系统产生的温室气体排放量，单位为吨二氧化碳（tCO₂）。

正常工况火炬温室气体排放计算公式：

$$E_{GHG\_正常火炬} = E_{CO_2\_正常火炬} + E_{CH_4\_正常火炬} \times GWP_{CH_4} \tag{4-42}$$

$$E_{CO_2\_正常火炬} = \sum_i \left[Q_{正常火炬} \times \left(CC_{非CO_2} \times OF \times \frac{44}{12} \times V_{CO_2} \times 19.7 \right) \right]_i \tag{4-43}$$

$$E_{CH_4\_正常火炬} = \sum_i \left[Q_{正常火炬} \times V_{CH_4} \times (1 - OF) \times 7.17 \right]_i \tag{4-44}$$

式中：$E_{CO_2\_正常火炬}$——正常工况下火炬系统产生的 CO_2 排放量，单位为吨二氧化碳（tCO₂）；

$E_{CH_4\_正常火炬}$——正常工况下火炬系统产生的 CH_4 排放量，单位为吨甲烷（tCH₄）；

GWP_{CH_4}——CH_4 相比 CO_2 的全球变暖潜势（GWP）值，据 IPCC 第二次评估表明，100 年时间尺度内 1 tCH₄ 相当于 21 tCO₂ 的增温能力，因此为 21；

i——火炬系统序号；

$Q_{正常火炬}$——正常生产状态下火炬系统的火炬气流量，单位为万标立方米（10⁴Nm³）；

$CC_{非CO_2}$——火炬气中除CO_2外的其他含碳化合物的总含碳量,单位为吨碳每万标立方米($tC/10^4 Nm^3$),计算方法见式(4-45);

OF——第 i 号火炬系统的碳氧化率,如无实测数据可采用缺省值 0.98;

V_{CO_2}——火炬气中CO_2的体积浓度,取值范围为 0~1;

V_{CH_4}——火炬气中CH_4的体积浓度;

$\dfrac{44}{12}$——碳与二氧化碳的转换系数;

19.7——CO_2气体在标准状况下的密度,单位为吨每万标立方米($t/10^4 Nm^3$);

7.17——CH_4气体在标准状况下的密度,单位为吨每万标立方米($t/10^4 Nm^3$)。

火炬气中除CO_2外的其他含碳化合物的含碳量,应根据每种气体组分的体积浓度及该组分化学分子式中碳原子的数目计算其含碳量:

$$CC_{非CO_2} = \sum_n \left(\frac{12 \times V_n \times CN_n \times 10}{22.4} \right) \quad (4-45)$$

式中:n——火炬气除CO_2的各种气体组分;

V_n——火炬气除CO_2外的第 n 种含碳化合物(包括一氧化碳)的体积浓度,取值范围为 0~1。

目前我国油气田企业由于事故导致的火炬气燃烧一般无具体监测,直接获取火炬气流量数据非常困难,建议以事故设施通往火炬的平均气体流量及事故持续时间为基础,估算事故火炬燃烧量,进而估算事故火炬燃烧的CO_2和CH_4排放量:

$$E_{GHG\_事故火炬} = E_{CO_2\_事故火炬} + E_{CH_4\_事故火炬} \times GWP_{CH_4} \quad (4-46)$$

$$E_{CO_2\_事故火炬} = \sum_j \left[FV_{事故} \times T_{事故} \left(CC_{非CO_2} \times OF \times \frac{44}{12} \times V_{CO_2} \times 19.7 \right) \right]_j$$

$$= \sum_j \left[FV_{事故} \times T_{事故} \times CN_n \times \frac{44}{22.4} \times 10 \right]_j$$

$$(4-47)$$

$$E_{CH_4\_事故火炬} = \sum_j \left[FV_{事故} \times T_{事故} \times V_{CH_4} \times (1-OF) \times 7.17 \right]_j$$

$$(4-48)$$

式中:$E_{CO_2\_事故火炬}$——由于事故火炬系统产生的CO_2排放量,单位为吨二氧化碳(tCO_2);

$E_{CH_4\_事故火炬}$——由于事故火炬系统产生的 CH_4 排放量，单位为吨甲烷（tCH_4）；

j——事故次数；

$FV_{事故}$——报告期内第 j 次事故状态时的火炬气流速度，单位为万标立方米每小时（$10^4 Nm^3/h$）；

$T_{事故}$——报告期内第 j 次事故的持续时间，单位为小时（h）；

对石油炼制系统的事故火炬气体组分按 C_5 记，即 $CN_n=5$，对石油化工系统的事故火炬气体组分按 C_3 记，即 $CN_n=3$。

3. 过程排放

（1）油气勘探业务。

油气勘探业务发生的化石燃料燃烧 CO_2 排放在"燃料燃烧排放"下核算和报告；油气勘探业务发生的火炬燃烧排放在"火炬燃烧排放"下核算和报告；油气勘探业务工艺放空 CH_4 排放的核算，可能的情形是天然气试井时的无阻放空过程，通常会加以回收或通过火炬燃烧处理，如果直接放空，则按下式计算：

$$E_{CH_4\_试井} = \sum_{k=1}^{N}(Q_k \times H_k \times V_{CH_4,k} \times 7.17 \times 10^{-4}) \quad (4-49)$$

式中：$E_{CH_4\_试井}$——天然气试井作业时直接排放的 CH_4 量，单位为吨甲烷（tCH_4）；

k——试井作业时直接放空的天然气井序号；

Q_k——第 k 个实施无阻放空试井作业的天然气井的无阻流量，需折算成标准状况下的气体体积，单位为标立方米每小时（Nm^3/h）；

H_k——报告期内第 k 个天然气井试井作业的作业时数，单位为小时（h）；

$V_{CH_4,k}$——第 k 个天然气井排放气中的 CH_4 体积浓度，取值范围为 0~1；

（2）油气开采业务。

油气开采业务发生的化石燃料燃烧 CO_2 排放在"燃料燃烧 CO_2 排放"下核算和报告；油气开采业务发生的火炬燃烧排放在"火炬燃烧排放"下核算和报告；油气开采业务工艺放空 CH_4 排放及 CH_4 逸散排放主要发生于原油开采中的井口装置、单井储油装置、接转站、联合站及天然气开采中的井口装置、集气站、计量/配气站及储气站等。计算如下：

$$E_{CH_4\_开采放空} = \sum_j (Num_j \times EF_j) \quad (4-50)$$

$$E_{CH_4\_开采逃逸} = \sum_{j}(Num_{oil,j} \times EF_{oil,j}) + \sum_{j}(Num_{gas,j} \times EF_{gas,j})$$

(4-51)

式中：$E_{CH_4\_开采放空}$——油气开采环节产生的工艺放空 CH_4 排放量，单位为吨甲烷（tCH_4）；

j——油气开采系统中的装置类型，如原油开采的井口装置、单井储油装置、集气站等；

Num_j——第 j 个装置的数量，单位为个；

EF_j——第 j 个装置的工艺放空 CH_4 排放因子，单位为吨甲烷/(年·个)；

$E_{CH_4\_开采逃逸}$——油气开采环节产生的 CH_4 逃逸排放量，单位为吨甲烷（tCH_4）；

$Num_{oil,j}$——原油开采业务涉及的泄露设施类型的数量，单位为个；

$EF_{oil,j}$——原油开采业务涉及的每种设施类型 j 的 CH_4 逃逸排放因子，单位为吨甲烷/(年·个)；

$Num_{gas,j}$——天然气开采业务涉及的泄露设施类型的数量，单位为个；

$EF_{gas,j}$——天然气开采业务涉及的每种设施类型 j 的 CH_4 逃逸排放因子，单位为吨甲烷/(年·个)。

（3）油气处理业务。

油气处理业务发生的化石燃料燃烧 CO_2 排放在"燃料燃烧 CO_2 排放"下核算和报告，油气处理业务发生的火炬燃烧排放在"火炬燃烧排放"下核算和报告，油气处理业务工艺放空排放和逃逸排放主要发生在天然气处理过程中。

天然气处理过程工艺放空 CH_4 排放主要发生在乙二醇脱水装置乙二醇的再生阶段：

$$E_{CH_4\_气处理放空} = Q_{gas} \times EF_{CH_4\_气处理放空}$$

(4-52)

天然气处理过程中酸气脱除、CO_2 脱除等工艺还可能产生 CO_2 排放：

$$E_{CO_2\_酸气脱除} = \sum_{k=1}^{N}(Q_{in,k} \times V_{CO_2,in,k} - Q_{out,k} \times V_{CO_2,out,k}) \times \frac{44}{22.4} \times 10$$

(4-53)

天然气处理过程的 CH_4 逃逸排放可根据天然气处理量估算：

$$E_{CH_4\_气处理逃逸} = Q_{gas} \times EF_{CH_4\_气处理逃逸}$$

(4-54)

式中：$E_{CH_4\_气处理放空}$——天然气处理过程中工艺放空 CH_4 排放，单位为吨甲烷（tCH_4）；

Q_{gas}——天然气处理量，单位为亿标立方米（$10^8 Nm^3$）；

$EF_{CH_4\_气处理放空}$——天然气处理过程中工艺放空CH_4排放因子，单位为吨甲烷每亿标立方米（$tCH_4/10^8 Nm^3$）；

$E_{CO_2\_酸气脱除}$——酸气脱除过程中产生的CO_2年排放量，单位为吨二氧化碳（tCO_2）；

k——脱酸设备序号；

$Q_{in,k}$——进入第k套酸气脱除设备处理的气体体积，单位为万标立方米（$10^4 Nm^3$）；

$V_{CO_2,in,k}$——第k套酸气脱除设备入口处（未处理）气体中CO_2体积浓度，取值范围为$0\sim1$；

$Q_{out,k}$——经过第k套酸气脱除设备处理后的气体体积，单位为万标立方米（$10^4 Nm^3$）；

$V_{CO_2,out,k}$——经过第k套酸气脱除设备处理后的气体中CO_2体积浓度，取值范围为$0\sim1$；

$E_{CH_4\_气处理逃逸}$——天然气处理过程CH_4逃逸排放，单位为吨甲烷（tCH_4）；

$EF_{CH_4\_气处理逃逸}$——单位天然气处理量的CH_4逃逸排放因子，单位为吨甲烷每亿标立方米（$tCH_4/10^8 Nm^3$）。

（4）油气储运业务。

油气储运业务发生的化石燃料燃烧CO_2排放在"燃料燃烧CO_2排放"下核算和报告，油气储运业务发生的火炬燃烧排放在"火炬燃烧排放"下核算和报告，油气储运业务工艺放空排放主要来自压气站/增压站、管线（逆止阀）、计量站/分输站等，逃逸排放主要来自原油和天然气输送过程，计算如下：

$$E_{CH_4\_气输放空} = \sum_i (Num_i \times EF_i) \qquad (4-55)$$

$$E_{CH_4\_油输逃逸} = Q_{oil} \times EF_{CH_4\_油输逃逸} \qquad (4-56)$$

$$E_{CH_4\_气输逃逸} = \sum_j (Num_j \times EF_j) \qquad (4-57)$$

式中：$E_{CH_4\_气输放空}$——天然气输送环节产生的工艺放空排放量，单位为吨甲烷（tCH_4）；

i——天然气输送环节不同的设施类型，包括压气站/增压站、计量站/分输站等；

Num_i——第i个油气输送设施的数量，单位为个；

EF_i——第i个油气输送设施的工艺放空排放因子，单位为吨甲烷/

（年·个）；

$E_{CH_4\_油输逃逸}$——原油输送过程中产生的CH_4逃逸排放，单位为吨甲烷（tCH_4）；

Q_{oil}——原油输送量，单位为亿吨（$10^8 t$）；

$EF_{CH_4\_油输逃逸}$——原油输送的CH_4逃逸排放因子，单位为吨甲烷每亿吨原油（$tCH_4/10^8 t$）；

$E_{CH_4\_气输逃逸}$——天然气输送过程中产生的CH_4逃逸排放，单位为吨甲烷（tCH_4）；

Num_j——天然气输送过程中产生逃逸排放的设施j的数量（包括天然气输送环节中的压气站/增压站、计量站/分输站、管线逆止阀等），单位为个；

EF_j——每个设施j的CH_4逃逸排放因子，单位为吨甲烷/（年·个）。

(5) 催化裂化装置。

对于直接排放的连续烧焦尾气，根据烧焦量计算CO_2排放量：

$$E_{CO_2\_烧焦} = \sum_{j=1}^{N} \left(AD_j \times CC_j \times OF \times \frac{44}{12} \right) \quad (4-58)$$

式中：$E_{CO_2\_烧焦}$——催化裂化装置烧焦产生的CO_2年排放量，单位为吨二氧化碳（tCO_2）；

j——催化裂化装置序号；

AD_j——第j套催化裂化装置烧焦量，单位为吨（t）；

CC_j——第j套催化裂化装置催化剂结焦的平均含碳量，单位为吨碳每吨焦（tC/t）。

(6) 催化重整装置。

催化重整工艺中的催化剂需要烧焦再生，如果采用连续烧焦方式，可参考式（4-58）进行核算；如果采用间歇烧焦方式，其CO_2排放量可用下式计算：

$$E_{CO_2\_烧焦} = \sum_{j=1}^{N} \left[AD_j \times (1 - CC_{前,j}) \times \left(\frac{CC_{前,j}}{1 - CC_{前,j}} - \frac{CC_{后,j}}{1 - CC_{后,j}} \right) \times \frac{44}{12} \right]$$

$$(4-59)$$

式中：$E_{CO_2\_烧焦}$——催化剂间歇烧焦再生导致的CO_2排放量，单位为吨二氧化碳（tCO_2）；

j——催化重整装置序号；

AD_j——第j套催化重整装置在整个报告期内待再生的催化剂量，单位为吨（t）；

$CC_{前,j}$——第 j 套催化重整装置再生前催化剂上的含碳量，%；

$CC_{后,j}$——第 j 套催化重整装置再生后催化剂上的含碳量，%。

（7）制氢装置。

建议统一采用碳质量平衡法核算制氢过程中的 CO_2 排放，计算公式如下：

$$E_{CO_2\_制氢} = \sum_{j=1}^{N}[AD_{r,j} \times CC_{r,j} - (Q_{sg,j} \times CC_{sg,j} + Q_{w,j} \times CC_{w,j})] \times \frac{44}{12}$$

(4-60)

式中：$E_{CO_2\_制氢}$——制氢装置产生的 CO_2 排放量，单位为吨二氧化碳（tCO_2）；

j——制氢装置序号；

$AD_{r,j}$——第 j 个制氢装置原料投入量，单位为吨原料（t）；

$CC_{r,j}$——第 j 个制氢装置原料的平均含碳量，单位为吨碳每吨原料（tC/t）；

$Q_{sg,j}$——第 j 个制氢装置产生的合成气的量，单位为万标立方米合成气（$10^4 Nm^3$）；

$CC_{sg,j}$——第 j 个制氢装置产生的合成气的含碳量，单位为吨碳每万标立方米合成气（$tC/10^4 Nm^3$）；

$Q_{w,j}$——第 j 个制氢装置产生的残渣量，单位为吨（t）；

$CC_{w,j}$——第 j 个制氢装置产生的残渣的含碳量，单位为吨碳每吨残渣（tC/t）。

（8）焦化装置。

炼油厂使用的焦化装置可以分为延迟焦化装置、流化焦化装置和灵活焦化装置三种形式。延迟焦化装置不计算工业生产过程排放；流化焦化装置可参照催化裂化装置连续烧焦排放的计算方法进行核算，并报告为过程排放；灵活焦化装置不计入过程排放。

（9）石油焦煅烧装置。

对于石油焦煅烧装置，采用碳质量平衡法计算其排放量：

$$E_{CO_2\_煅烧} = \sum_{j=1}^{N}[AD_{RC,j} \times CC_{RC,j} - (AD_{PC,j} + AD_{ds,j}) \times CC_{PC,j}] \times \frac{44}{12}$$

(4-61)

式中：$E_{CO_2\_煅烧}$——石油焦煅烧装置 CO_2 排放量，单位为吨二氧化碳（tCO_2）；

j——石油焦煅烧装置序号；

$AD_{RC,j}$——进入第 j 套石油焦煅烧装置的生焦的质量，单位为吨（t）；

$CC_{RC,j}$——进入第 j 套石油焦煅烧装置的生焦的平均含碳量，单位为吨碳每吨生焦（tC/t）；

$AD_{PC,j}$——第 j 套石油焦煅烧装置产出的石油焦成品的质量，单位为吨（t）；

$AD_{ds,j}$——第 j 套石油焦煅烧装置的粉尘收集系统收集的石油焦粉尘的质量，单位为吨（t）；

$CC_{PC,j}$——第 j 套石油焦煅烧装置产出的石油焦成品的平均含碳量，单位为吨碳每吨石油焦（tC/t）。

（10）氧化沥青装置。

氧化沥青过程的CO_2排放量可以采用连续监测或按下式进行估算：

$$E_{CO_2\_沥青} = \sum_{j=1}^{N}(AD_{oa,j} \times EF_{oa,j}) \quad (4-62)$$

式中：$E_{CO_2\_沥青}$——沥青氧化装置CO_2年排放量，单位为吨二氧化碳（tCO_2）；

j——氧化沥青装置序号；

$AD_{oa,j}$——第 j 套氧化沥青装置的氧化沥青产量，单位为吨（t）；

$EF_{oa,j}$——第 j 套氧化沥青装置沥青氧化过程的CO_2排放系数，单位为吨二氧化碳每吨氧化沥青（tCO_2/t）。

（11）乙烯裂解装置。

乙烯裂解装置的排放量可根据烧焦过程中炉管排气口的气体流量及其中的CO_2和CO浓度确定，如果采用水力或机械清焦，则不需要计算该过程排放；此外，乙烯裂解尾气通常被回收利用，产生的CO_2排放在燃料燃烧排放下计算：

$$E_{CO_2\_裂解} = \sum_{j=1}^{N}[Q_{wg,j} \times T_j \times (V_{CO_2,j} + V_{CO,j}) \times 19.7 \times 10^{-4}] \quad (4-63)$$

式中：$E_{CO_2\_裂解}$——乙烯裂解装置炉管烧焦产生的CO_2排放量，单位吨二氧化碳每年（tCO_2/a）；

j——乙烯裂解装置序号；

$Q_{wg,j}$——第 j 套乙烯裂解装置的炉管烧焦尾气平均流量，需折算成标准状况下的气体体积，单位为标立方米每小时（Nm^3/h）；

T_j——第 j 套乙烯裂解装置的年累计烧焦时间，单位为小时每年（h/a）；

$V_{CO_2,j}$——第 j 套乙烯裂解装置炉管烧焦尾气中CO_2的体积浓度，%；

$V_{CO,j}$——第 j 套乙烯裂解装置炉管烧焦尾气中CO的体积浓度，%。

（12）乙二醇/环氧乙烷生产装置。

以乙烯为原料生产的乙二醇工艺中，乙烯氧化生产环氧乙烷产生的排放量可采用碳质量平衡法进行计算：

$$E_{\mathrm{CO_2\_乙二醇}} = \sum_{j=1}^{N}\left[(RE_j \times REC_j - EO_j \times EOC_j) \times \frac{44}{12}\right] \quad (4-64)$$

式中：$E_{\mathrm{CO_2\_乙二醇}}$——乙二醇生产装置 CO_2 排放量，单位为吨二氧化碳（tCO_2）；

　　　j——企业乙二醇生产装置序号，$1,2,3,\cdots,N$；

　　　RE_j——第 j 套乙二醇生产装置乙烯原料用量，单位为吨（t）；

　　　REC_j——第 j 套乙二醇生产装置乙烯原料的含碳量，单位为吨碳每吨乙烯（tC/t）；

　　　EO_j——第 j 套乙二醇生产装置的当量环氧乙烷产品产量，单位为吨（t）；

　　　EOC_j——第 j 套乙二醇生产装置环氧乙烷的含碳量，单位为吨碳每吨环氧乙烷（tC/t）。

(13) 硫黄回收装置。

硫黄回收装置含硫原料气（酸性气）中含有部分 CO_x；对于带有尾气加氢还原净化工艺的装置，制氢过程还会排放 CO_2。

$$P_{硫黄} = \sum_{i}\left(Q_i \times V_i \times 44 \times \frac{10}{22.4}\right) + \sum_{j}\left(HQ_j \times HF_j \times \frac{44}{12}\right) \quad (4-65)$$

式中：$P_{硫黄}$——硫黄装置生产过程中产生的二氧化碳排放量，单位为吨（t）；

　　　i——硫黄回收装置序号；

　　　j——尾气加氢单元序号；

　　　Q_i——进入第 i 套硫黄回收装置的酸性气的气量，单位为万标立方米（$10^4 \mathrm{Nm}^3$）；

　　　V_i——进入第 i 套硫黄回收装置的酸性气中 CO_x 的体积浓度，取值范围为 $0 \sim 1$；

　　　HQ_j——第 j 套尾气加氢单元的原料用量，单位为吨（t）；

　　　HF_j——第 j 套尾气加氢单元原料的平均含碳量（质量分数），%。

(14) 其他产品过程排放：

$$E_{\mathrm{GHG\_过程}} = E_{\mathrm{CO_2\_过程}} + E_{\mathrm{N_2O\_过程}} \times GWP_{\mathrm{N_2O}} \quad (4-66)$$

$$E_{\mathrm{CO_2\_过程}} = E_{\mathrm{CO_2\_原料}} + E_{\mathrm{CO_2\_碳酸盐}} \quad (4-67)$$

$$E_{\mathrm{N_2O\_过程}} = E_{\mathrm{N_2O\_硝酸}} + E_{\mathrm{N_2O\_己二酸}} \quad (4-68)$$

式中：$E_{\mathrm{CO_2\_原料}}$——化石燃料和其他碳氢化合物用作原材料产生的 CO_2 排放，计算方法见式（4-69）；

$E_{CO_2\_碳酸盐}$——碳酸盐使用过程产生的CO_2排放,计算方法见式(4-70);

$E_{N_2O\_硝酸}$——硝酸生产过程的N_2O排放,计算方法见式(4-71);

$E_{N_2O\_己二酸}$——己二酸生产过程的N_2O排放,计算方法见式(4-72);

GWP_{N_2O}——N_2O相比CO_2的全球变暖潜势(GWP)值。根据IPCC第二次评估报告,100年时间尺度内$1\ tN_2O$相当于$310\ tCO_2$的增温能力,因此其值为310。

油气田企业生产涉及的产品领域比较广泛,其他化工产品的工业生产过程CO_2排放量可参考原料—产品流程采用碳质量平衡法进行核算:

$$E_{CO_2\_原料} = \left\{ \sum_r (AD_r \times CC_r) - \left[\sum_p (Y_p \times CC_p) + \sum_w (W_w \times CC_w) \right] \right\} \times \frac{44}{12}$$

(4-69)

式中:$E_{CO_2\_原料}$——化石燃料和其他碳氢化合物用作原材料产生的CO_2排放量,单位为吨二氧化碳(tCO_2);

AD_r——该装置生产原料r的投入量,对固体或液体原料以吨(t)为单位,对气体原料以万标立方米($10^4 Nm^3$)为单位;

CC_r——原料r的含碳量,对固体或液体原料以吨碳每吨原料(tC/t)为单位,对气体原料以吨碳每万标立方米($tC/10^4 Nm^3$)为单位;

Y_p——该装置产出的产品p的量,对固体或液体产品以吨(t)为单位,对气体产品以万标立方米($10^4 Nm^3$)为单位;

CC_p——产品p的含碳量,对固体或液体产品以吨碳每吨产品(tC/t)为单位,对气体产品以吨碳每万标立方米($tC/10^4 Nm^3$)为单位;

W_w——该装置产出的各种含碳废弃物的量,单位为吨(t);

CC_w——含碳废弃物w的含碳量,单位为吨碳每吨废弃物w(tC/t)。

$$E_{CO_2\_碳酸盐} = \sum_i (AD_i \times EF_i \times PUR_i) \quad (4-70)$$

式中:i——碳酸盐的种类;

AD_i——碳酸盐i用于原材料、助熔剂和脱硫剂的总消费量,单位为吨(t);

EF_i——碳酸盐i的CO_2排放因子,单位为吨二氧化碳每吨碳酸盐i(tCO_2/t);

PUR_i——碳酸盐i的纯度,%。

$$E_{N_2O\_硝酸} = \sum_{j,k}[AD_j \times EF_j \times (1-\eta_k \times \mu_k) \times 10^{-3}] \quad (4-71)$$

式中：j——硝酸生产技术类型；

k——NO_x/N_2O尾气处理设备类型；

AD_j——生产技术类型j的硝酸产量，单位为吨（t）；

EF_j——生产技术类型j的N_2O生成因子，单位为千克氧化亚氮每吨硝酸（kgN_2O/t）；

η_k——尾气处理设备类型的N_2O去除效率，%；

μ_k——尾气处理设备类型的使用率，%。

$$E_{N_2O\_己二酸} = \sum_{j,k}[AD_j \times EF_j \times (1-\eta_k \times \mu_k) \times 10^{-3}] \quad (4-72)$$

式中：j——己二酸生产工艺，分为硝酸氧化工艺、其他工艺两类；

k——NO_x/N_2O尾气处理设备类型；

AD_j——生产工艺j的己二酸产量，单位为吨（t）；

EF_j——生产工艺j的N_2O生成因子，单位为千克氧化亚氮每吨己二酸（kgN_2O/t）。

4. 回收利用量

如果报告主体回收CO_2且外供或者自用作生产原料，则应计算此部分CO_2回收利用量并从排放总量中予以扣除；如果报告主体进行了CH_4回收且前述的工艺放空CH_4排放因子没有反映CH_4回收技术的效果，则应计算CH_4回收利用量并从排放总量中予以扣除。计算公式如下：

$$R_{GHG\_回收} = R_{CO_2\_回收} + R_{CH_4\_回收} \quad (4-73)$$

$$R_{CO_2\_回收} = Q_{re} \times PUR_{CO_2} \times 19.7 \quad (4-74)$$

$$R_{CH_4\_回收} = Q_{re} \times PUR_{CH_4} \times 7.17 \quad (4-75)$$

式中：$R_{CO_2\_回收}$——报告主体的CO_2回收利用量，单位为吨二氧化碳（tCO_2）；

$R_{CH_4\_回收}$——报告主体的CH_4回收利用量，单位为吨甲烷（tCH_4）；

Q_{re}——报告主体回收的气体体积，单位为万标立方米（$10^4 Nm^3$）；

PUR_{CO_2}——CO_2气体的纯度（CO_2体积浓度），取值范围为0~1；

PUR_{CH_4}——CH_4气体的纯度（CH_4体积浓度），取值范围为0~1。

5. 净购入电力和热力隐含的排放

企业净购入电力和热力隐含的排放计算如下：

$$E_{CO_2\_净电} = AD_{电力} \times EF_{电力} \quad (4-76)$$

$$E_{CO_2\_净热} = AD_{热力} \times EF_{热力} \quad (4-77)$$

式中：$E_{CO_2\_净电}$——企业净购入的电力消费引起的CO_2排放，单位为吨二氧化碳（tCO_2）；

$E_{CO_2\_净热}$——企业净购入的热力消费引起的CO_2排放，单位为吨二氧化碳（tCO_2）；

$AD_{电力}$——企业净购入的电力消费，单位为兆瓦时（MW·h）；

$AD_{热力}$——企业净购入的热力消费，单位为吉焦（GJ），以质量单位计量的热水计算方法见式（4-78），以质量单位计量的蒸汽计算方法见式（4 79）；

$EF_{电力}$——电力供应的CO_2排放因子，单位为吨二氧化碳每兆瓦时[tCO_2/(MW·h)]；

$EF_{热力}$——热力供应的CO_2排放因子，单位为吨二氧化碳每吉焦（tCO_2/GJ）。

以质量单位计量的热水可按下式转换为热量单位：

$$AD_{热水} = M_{aw} \times (Tem_w - 20) \times 4.1868 \times 10^{-3} \qquad (4-78)$$

式中：$AD_{热水}$——热水的热量，单位为吉焦（GJ）；

M_{aw}——热水的质量，单位为吨热水（t）；

Tem_w——热水的温度，单位为摄氏度（℃）；

4.1868——水在常温常压下的比热，单位为千焦每千克摄氏度[kJ/(kg·℃)]。

以质量单位计量的蒸汽可按下式转换为热量单位：

$$AD_{蒸汽} = M_{ast} \times (En_{st} - 83.74) \times 10^{-3} \qquad (4-79)$$

式中：$AD_{蒸汽}$——蒸汽的热量，单位为吉焦（GJ）；

M_{ast}——蒸汽的质量，单位为吨蒸汽（t）；

En_{st}——蒸汽对应的温度、压力下每千克蒸汽的热焓，单位为千焦每千克（kJ/kg）。

4.5.3 质量保证和文件存档

油气田企业温室气体排放报告主体应建立企业温室气体年度报告的质量控制与质量保证制度，主要包括如下工作：

（1）建立企业温室气体排放核算和报告的规章制度，包括组织方式、负责机构和人员、工作流程和内容、工作周期和时间节点等。

（2）指定专职人员负责企业温室气体排放核算和报告工作。

（3）建立企业主要温室气体排放源一览表，根据各种类型温室气体排放源的重要程度对其进行等级划分，对于不同等级排放源的活动数据和排放因子确定合适的温室气体排放量化方法，形成文件并存档。

（4）为计算过程涉及的每项参数制定可行的监测计划，并依照 GB 17167—2006 对现有监测条件进行评估，监测计划的内容应包括：待测参数、采样点或计量设备的具体位置、采样方法和程序、监测方法和程序、监测频率或时间点、数据收集或交付流程、负责部门、质量保证和质量控制（QA/QC）程序等。企业应指定相关部门和专人负责数据的取样、监测、分析、记录、收集、存档工作。如果某些排放因子计算参数采用缺省值，则应说明缺省值的数据来源和定期检查更新的计划。

（5）制定计量设备的定期校准检定计划，按照相关规程对所有计量设备定期进行校验、校准，并记录存档。若发现设备性能未达到相关要求，企业应及时采取必要的纠正和矫正措施。

（6）建立健全温室气体数据记录管理体系，包括数据来源、数据获取时间及相关责任人等信息的记录管理。

（7）建立健全企业温室气体排放和能源消耗台账记录。

（8）制定数据缺失、生产活动或报告方法发生变化时的应对措施。若核算某项排放所需的活动水平或排放因子数据缺失，企业应采用适当的估算方法确定相应时期和缺失参数的保守替代数据。

（9）建立文档管理规范，保存、维护有关温室气体年度报告的文档和数据记录，确保相关文档在第三方核查以及向主管部门汇报时可用。

（10）建立数据的内部审核和验证程序，通过不同数据源的交叉验证、统计核算期内数据的波动情况、与多年历史运行数据的比对等主要逻辑审核关系，确保活动水平数据的完整性和准确性。

4.5.4 碳排放核查流程及要点

碳排放核查是主管部门或第三方服务机构作为核查方，对于重点排放单位等被核查方报告的温室气体排放量和相关信息的核查，依据客观独立、诚实守信、公平公正、专业严谨的原则，核查方和被核查方均需对温室气体核查工作进行相应的准备。

4.5.4.1 核查流程

1. 企业准备流程

在开展碳排放核查之前,企业应进行如下前期准备:

(1) 明确二氧化碳管理部门,指定专门人员负责活动水平和排放因子的记录、收集、整理等工作。

(2) 建立碳排放管理相关制度,如制定碳排放企业监测计划、数据存档方案、质量保证及控制措施等,确保数据质量。

(3) 规范管理监测仪器仪表,按照相关标准规范对监测仪器仪表定期校准、检定。

(4) 管理碳排放相关数据,针对数据缺失、生产活动变化等情况制定相应的应对措施,规范记录排放数据并留档。

在开展碳排放核查的过程中,企业应指定专人专组积极配合,明确自身责任,与第三方核查机构及时沟通,确保核查工作的顺利有效进行,主要工作流程如图 4-17 所示。

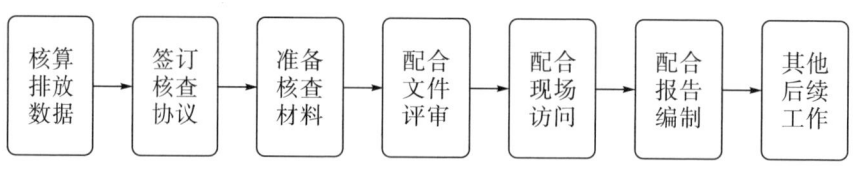

核算排放数据 → 签订核查协议 → 准备核查材料 → 配合文件评审 → 配合现场访问 → 配合报告编制 → 其他后续工作

图 4-17 企业碳核查工作流程

2. 核查机构准备流程

碳排放核查主要分为外部核查和内部核查两部分:

(1) 外部核查是第三方机构对参与碳排放权交易的碳排放管控单位或其他有核查需求的单位提交的温室气体排放量报告进行的核查,通常第三方机构由政府部门通过招标方式选定。外部核查机构应按照规定的程序进行核查,主要步骤包括签订协议、核查准备、文件评审、现场核查、内部技术评审、核查报告交付及记录保存 8 个步骤,如图 4-18 所示。核查机构可以根据工作的实际情况对核查程序进行适当调整,但调整的理由应在核查报告中予以详细说明。

(2) 内部核查是由公司内部组织的碳排放核查工作,对公司核算边界内产生碳排放的企业上报的数据收集过程、计算方法、计算过程以及报告文档等进行核查,通常核查机构由公司自行指定。相对于外部核查机构,内部核查机构一般无需与被核查公司签订协议,后续核查步骤基本与外部核查机构一致。

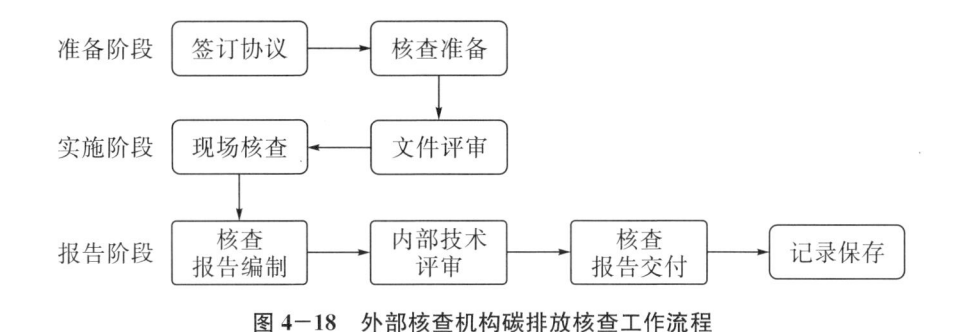

```
准备阶段   签订协议 → 核查准备
                        ↓
实施阶段   现场核查 ← 文件评审
             ↓
报告阶段   核查报告编制 → 内部技术评审 → 核查报告交付 → 记录保存
```

图 4-18 外部核查机构碳排放核查工作流程

4.5.4.2 核查要点

1. 文件评审要点

(1) 重点排放单位基本情况。

核查工作组应通过查阅重点排放单位的营业执照、组织机构代码证、机构简介、组织结构图、工艺流程说明、排污许可证、能源统计报表、原始凭证等文件的方式确认排放单位报告信息的真实性、准确性以及与数据质量控制计划的符合性。

(2) 核算边界。

核查工作组应查阅组织机构图、厂区平面图、标记排放源输入与输出的工艺流程图及工艺流程描述、固定资产管理台账、主要用能设备清单，并查阅可行性研究报告及批复、相关环境影响评价报告及批复、排污许可证、承包合同、租赁协议等，确认核算边界是否与相应行业的核算指南以及数据质量控制计划一致、纳入核算边界的排放设施和排放源是否完整、本年度核算边界与上一年度相比是否存在变更等。

(3) 核算方法。

核查工作组应确认重点排放单位在报告中使用的核算方法是否符合相应行业核算指南的要求，对任何偏离指南的核算方法都应判断合理性。

(4) 活动数据。

核查工作组应依据核算指南，对重点排放单位排放报告中的每一个活动数据的来源及数值进行核查。核查的内容应包括活动数据的单位、数据来源、监测方法、监测频次、记录频次、数据缺失处理等。对支撑数据样本较多、需采用抽样方法进行验证的，应考虑抽样方法、抽样数量以及样本的代表性。应将每一个活动数据与其他数据来源进行交叉核对，其他数据来源可包括燃料购买合同、能源台账、月度生产报表、购售电发票、供热协议及报告、化学分析报告、能源审计报告等。

（5）排放因子。

核查工作组应依据核算指南和数据质量控制计划对重点排放单位排放报告中的每一个排放因子的来源及数值进行核查。

（6）排放量。

核查工作组应对排放报告中排放量的核算结果进行核查，通过验证排放量计算公式是否正确、排放量的累加是否正确、排放量的计算是否可再现等方式确认排放量的计算结果是否正确。通过对比以前年份的排放报告，通过分析生产数据和排放数据的变化和波动情况确认排放量是否合理等。

（7）生产数据。

核查工作组依据核算指南和数据质量控制计划对每一个生产数据进行核查，并与数据质量控制计划规定之外的数据源进行交叉验证。核查内容应包括数据的单位、数据来源、监测方法、监测频次、记录频次、数据缺失处理等。对生产数据样本较多、需采用抽样方法进行验证的，应考虑抽样方法、抽样数量以及样本的代表性。

（8）质量保证和文件存档。

核查工作组应对重点排放单位的质量保障和文件存档执行情况进行核查，核查内容包括是否建立了温室气体排放核算和报告的规章制度、是否对计量器具进行维护管理、是否建立健全温室气体数据记录管理体系等。

（9）数据质量控制计划。

核查工作组应从数据质量控制计划版本及修订情况、重点排放单位信息真实性、核算边界和主要排放设施真实完整性、数据的确定方式、数据内部质量控制和质量保证相关规定等方面，确认数据质量控制计划是否符合核算指南的要求。

对不符合核算指南要求的数据质量控制计划，应开具不符合项，要求重点排放单位进行整改。

对于未按数据质量控制计划获取的活动数据、排放因子、生产数据，技术工作组应结合现场核查组的现场核查情况开具不符合项，要求重点排放单位按照保守性原则测算数据，确保不会低估排放量或过量发放配额。

（10）其他核查内容。

除上述核查要点外，核查工作组在文件评审中还应关注：

投诉举报企业温室气体排放量和相关信息存在的问题；

各级生态环境主管部门转办交办的事项；

日常数据监测发现企业温室气体排放量和相关信息存在异常的情况；

排放报告和数据质量控制计划中出现错误风险较高的数据以及重点排放单位是如何控制这些风险的；

重点排放单位以往年份不符合项的整改完成情况，以及是否得到持续有效管理等。

2. 现场核查要点

现场核查组应重点关注如下内容：

（1）投诉举报企业温室气体排放量和相关信息存在的问题；

（2）各级生态环境主管部门转办交办的事项；

（3）日常数据监测发现企业温室气体排放量和相关信息存在异常的情况；

（4）重点排放单位基本情况与数据质量控制计划或其他信息源不一致的情况；

（5）核算边界与核算指南不符，或与数据质量控制计划不一致的情况；

（6）排放报告中采用的核算方法与核算指南不一致的情况；

（7）活动数据、排放因子、排放量、生产数据等不完整、不合理或不符合数据质量控制计划的情况；

（8）重点排放单位是否有效地实施了内部数据质量控制措施的情况；

（9）重点排放单位是否有效地执行了数据质量控制计划的情况；

（10）数据质量控制计划中报告主体基本情况、核算边界和主要排放设施、数据的确定方式、数据内部质量控制和质量保证相关规定等与实际情况的一致性；

（11）确认数据质量控制计划修订的原因，比如排放设施发生变化、使用新燃料或物料、采用新的测量仪器和测量方法等情况。

5 油气田碳减排发展建议

5.1 节能低碳政策趋势

碳资产的开发受国际国内政策的影响明显，随着政策的发展变化，碳资产开发的具体方法和要求也会不断演化。

5.1.1 国际碳政策现状

于1992年通过的《联合国气候变化框架公约》建立起全球协同合作应对气候变化风险的体系架构。于1997年通过的《京都议定书》首次以法规形式限制温室气体的排放，并建立了国际碳交易机制。于2015年通过的《巴黎协定》逐步取代《京都议定书》成为新的全球气候治理公约。《巴黎协定》确立了以"国家自主贡献＋五年评审"为核心的新气候治理模式，同时协定第6条提出的可持续发展机制为加强碳交易国际协作提供了重要框架。

1. 《巴黎协定》确立了国家自主贡献减排模式

《巴黎协定》将所有缔约国都纳入温室气体减排行列，允许各国根据本国的具体国情作出自愿减排承诺，构建将国家自主贡献（Nationally Determined Contributions，NDCs）作为关键的"自下而上"的减排模式，同时还规定了"只进不退"的棘齿锁定机制，并每5年进行一次更新与盘点。

国家自主贡献作为《巴黎协定》的核心内容，是由缔约国自主参与并编制、通报和确保目标实现的法律文本。通过每5年的更新，保证《巴黎协定》既定目标的实现。自主贡献的核心特征体现在：

（1）自愿承诺与行动。为了应对气候变化，各国依据本国国情，自愿作出碳减排的具体承诺并采取碳减排行动，以实现《巴黎协定》确定的减排目标。各国的自主贡献打破了发达国家和发展中国家之间的屏障。

（2）减少缔约国的矛盾。不同于《京都议定书》规定的"自上而下"的强制性减排模式，《巴黎协定》尊重并认可各国在全球气候变化问题上的重要地位，认为缔约国可以自主制定本国的具体减排方案，由缔约国自愿承诺，形成新的框架与格局。这种承诺的框架与格局从总体上缓解了缔约国之间关于减排分配的矛盾，从而扫除了减排合作的障碍。

（3）推动缔约国的国内驱动。国家自主贡献推动了全球气候治理走向"自我驱动"，即并不寻求强制性、具有法律约束力的国际法方案，而是赋予各缔约国在减排问题上的自主权。

2.《巴黎协定》第 6 条确立了新的全球碳交易机制

《巴黎协定》第 6 条第 2 款规定，缔约方如果在自愿的基础上采取合作方法，并使用国际转让的减缓成果（Internationally transferred mitigation outcomes，ITMO）来实现国家自主贡献，就应促进可持续发展，确保环境完整和透明，包括在治理方面，并应运用稳健的核算，以主要依作为《巴黎协定》缔约方会议的《公约》缔约方会议通过的指导确保避免双重核算。该"合作方法"构建了一个以 ITMO 为标的、以国家为主体的交易机制，类似于《京都议定书》时期的联合履约机制（Joint Implementation，JI）。

《巴黎协定》第 6 条第 4 款还约定了第二种以碳信用为标的、由非国家主体参与的交易机制，一般称为 6.4 条机制。6.4 条机制是对《京都议定书》CDM 的继承与发展，实现了对 JI 和 CDM 的整合，有助于推动建立以碳信用作为交易对象的全球碳市场。

2021 年 11 月，《联合国气候变化框架公约》第 26 次缔约方大会（COP26）基本敲定了《巴黎协定》第 6 条旨在保障碳信用产生额外性效益和避免重复计算减排结果的实施细则。接下来的几次气候变化大会负责继续讨论剩余细节，预计 2030 年前完成机制搭建。新的国际碳交易机制和规则主要包括以下内容：

（1）避免双重核算问题。双重核算是指一国将其产生的减排量计入自身 NDC 的同时，又将同一减排成果转让给他国，并纳入他国 NDC，从而导致同一减排被计算两次。COP26 要求卖方国家在其国家统计中增加一个排放单位，买方国家则相应扣除一个排放单位，以确保国家之间的减排量只计算一次。

（2）明确 CDM 过渡机制。在 6.4 条机制建立之前，CDM 可照常运作，使用时间根据项目具体情况而定，但最迟不得晚于 2025 年 12 月 31 日。2013 年后注册、2021 年前获批的 CDM 项目产生的 CER 只能用于签署国的首次 NDC 履约。

（3）碳信用额度分配。各国减排量交易额的 5% 将用于补充气候适应基金（Adaptation Fund），以支持发展中国家增强其气候韧性；此外，交易额中的

2%将被注入全球排放减缓账户（OMGE），以提升全球的碳减排效果。

3. 欧盟委员会发布《欧洲绿色协议》

《欧州绿色协议》由欧盟委员会在2019年12月公布，是欧盟实现2050碳中和目标的指导协议。在实施路线规划中，基本上涵盖了包括工业、交通、农业、能源、建筑等所有领域，重点聚焦在清洁能源、循环经济、数字科技、生物多样性等方面，推动欧盟加快从传统模式转向可持续发展模式。2021年6月，欧盟正式通过了《欧洲气候法案》并随后发布了"Fit for 55"一揽子计划，计划通过强化碳交易、实施碳边境调节机制、2035年停止内燃机车销售、替代燃料基础设施、航运中的绿色燃料、社会气候基金等12项措施，实现2030年底温室气体排放量较1990年减少55%的目标。

2022年6月22日，欧洲议会通过议会版的碳边境调节机制（Carbon Border Adjustment Mechanism，CBAM）方案。经过四轮协商，欧盟理事会和欧洲议会就欧盟碳排放交易体系（EU-ETS）改革方案达成了协议，确定了碳边境调节机制的实施细节：

（1）过渡期为2023年10月至2025年12月31日，在此期间出口到欧盟的产品需要提交碳排放报告，但无需缴纳费用；2026年开始正式征收。

（2）涵盖范围较2021年的初始提案，在钢铁、水泥、铝、化肥、电力之外，新增了氢气、特定前体、某些下游产品等，并将在过渡期结束前评估是否扩大范围。

（3）碳排放核查主要考虑直接排放，视情况纳入某些特定条件下的间接排放。

碳边境税将补齐产品隐含碳排放在欧盟与进口国之间的碳差价，降低我国出口高碳产品竞争力。目前欧盟碳市场的配额价格和涵盖范围均远远大于中国市场，欧盟CBAM的施行，将导致出口国高碳产品成本增加，增加出口企业的竞争压力。欧盟在计算碳边境调节税时可以按照产品生产国已支付的碳价进行抵扣，因而出口国的碳定价和碳政策会直接影响该国产品出口到欧盟所需要承担的碳关税。为应对"碳关税"谈判，保持出口产品竞争力，需要我国碳市场规模扩容并使碳价不断与国际接轨，通过各类减碳措施降低出口产品的碳足迹。

4. 美国发布《通胀削减法案》

美国总统拜登2022年8月16日签署《通胀削减法案》（Inflation Reduction Act of 2022，IRA，以下简称《法案》），计划2023年开始执行。该法案将通过降低能源成本来对抗通胀，为实现美国2030年前减排温室气体40%的目标，《法案》承诺未来十年在气候和能源领域投入近3690亿美元。从法案主体内容看，这是美国联邦层面首次颁布的与应对气候变化直接相关的法案，对美国清洁能源产业的支持和门槛条件具有明显的"本土化"特征。

《法案》在气候领域的投资将用于消费者补贴、支持清洁能源制造业、经济去碳化、投资弱势社区、治理农村环境五个方面：

（1）消费者补贴，包括直接激励消费者购买节能电器、清洁汽车和屋顶太阳能，促进家庭绿色节能消费。

（2）支持清洁能源制造业，投入 600 亿美元用于美国陆上清洁能源制造，在向绿色经济过渡时创造大量的就业机会。

（3）经济去碳化，为各州公用事业单位和企业提供税收抵免和拨款支持，从而加快清洁能源技术开发推广。

（4）投资弱势社区，投入 600 亿美元的环境公平优先事项，侧重于社区、家庭的能源清洁化。

（5）治理农村环境，提高对于保护森林、城市绿植和沿海栖息地的投资，以及发展农村社区的清洁能源。

5.1.2 国内碳政策发展趋势

我国一直高度重视气候变化问题，把积极应对气候变化作为国家经济社会发展的重大战略。我国实施积极应对气候变化的国家战略，在各个领域不懈努力，以减少大气中温室气体的排放，改善全球变暖的状况，增强适应气候变化不利影响的能力。我国已从全球应对气候变化事业的积极参与者逐步转变为全球生态文明建设的引领者和主导者。

5.1.2.1 国内碳政策发展历程

2006 年，我国发布的"十一五"规划首次明确提出了节能减排约束性指标，这可被视为中国正式启动低碳发展战略的标志；2007 年国务院颁布的《中国应对气候变化国家方案》，成为中国政府采取积极措施应对气候变化的开端；2009 年 9 月 22 日，联合国气候变化哥本哈根大会上，中国政府向世界宣布了具有约束力的碳减排目标，表明了中国应对气候变化和参与全球气候保护的积极态度，同时意味着碳排放的减缓正式成为中国低碳发展战略的主要目标之一。

2010 年 10 月 18 日国务院发布的《国务院关于加快培育和发展战略性新兴产业的决定》第八条"推进体制机制创新，加强组织领导"提出要"建立和完善主要污染物和碳排放交易制度"，碳排放交易首次在我国官方文件中出现，且是在体制创新部分。2011 年 10 月 29 日，国家发展改革委印发了《关于开展碳排放权交易试点工作的通知》，批准北京、天津、上海、重庆、湖北、广东、深圳七省（市）开展碳排放权交易试点工作，2013年起，七个碳排放权交易试点省（市）陆续启动碳排放权交易。2014年12月10日，国家发展改革委发布了《碳排放权交易管理暂行办法》，全国碳排放权交易市场拟于2016—2020年间全面启动实施和完善。

2015年6月30日，我国向联合国提交了《强化应对气候变化行动——中国国家自主贡献》。在这个文件里，中国根据自身国情发展阶段、可持续发展战略和国际责任，确定了到2030年的自主行动目标：二氧化碳排放在2030年左右达到峰值并争取尽早达峰；单位国内生产总值二氧化碳排放比2005年下降60%～65%，非化石能源占一次能源消费比重达到20%左右，森林蓄积量比2005年增加45亿立方米左右。于2015年9月25日发布的《中美元首气候变化联合声明》提出，中国到2030年单位国内生产总值二氧化碳排放将比2005年下降60%～65%，森林蓄积量比2005年增加45亿立方米左右。中国将推动绿色电力调度，优先调用可再生能源发电和高能效、低排放的化石能源发电资源。

2016年以来，我国碳交易和碳市场等得到了较大发展。2016年1月，国家发展改革委向各省印发《国家发展改革委办公厅关于切实做好全国碳排放权交易市场启动重点工作的通知》。2016年3月，《中华人民共和国国民经济和社会发展第十三个五年规划纲要》提出要建立健全用能权、用水权、碳排放权初始分配制度，明确了建立碳排放权制度为"十三五"期间的重要工作。2015年9月21日，中共中央、国务院印发《生态文明体制改革总体方案》，明确深化碳排放权交易试点，逐步建立全国碳排放权交易市场，研究制定全国碳排放权交易总量设定与配额分配方案；完善碳交易注册登记系统，建立碳排放权交易市场监管体系。2016年11月国务院印发的《"十三五"控制温室气体排放工作方案》明确提出，于2017年建立和启动运行全国碳排放权交易市场，到2020年力争建成制度完善、交易活跃、监管严格、公开透明的全国碳排放权交易市场，实现稳定、健康、持续发展。

2017年12月国家发展改革委印发《全国碳排放权交易市场建设方案（发电行业）》，标志着中国碳排放权交易体系完成了总体设计并正式启动。2018年国家按照山水林田湖草是一个生命共同体的理念组建了生态环境部，整合政府部门生态环境保护职责，出台了生态环境部"三定方案"，应对气候变化的职能由国家发展改革委转隶生态环境部，部门机构重组延缓了全国碳排放权交易市场建设，但中国生态环境保护政策、立法更为协调和统一，为加快全国碳排放权交易市场的建设提供了坚实基础和有力保障。

2020年9月22日，习近平主席在第七十五届联合国大会上向国际社会做出庄严承诺，中国力争二氧化碳排放2030年前达到峰值、2060年前实现碳中和。2020年10月中国共产党第十九届中央委员会第五次全体会议审议通过的《中共中央关于制定国民经济和社会发展第十四个五年规划和二〇三五年远景目标的建议》提出，到2035年广泛形成绿色生产生活方式，碳排放达峰后稳中有降，生态环境根本好转，美丽中国建设目标基本实现。"十四五"期间，加快推动低碳绿色发展，降低碳排放强度，支持有条件的地方率先达到碳排放峰值，制定2030年前碳排放达峰行动方案，推进碳排放权市场化交易。2020年12月，中央经济工作会议将做好碳达峰、碳中和工作作为2021年八大重点任务之一，要求抓紧制定2030年前碳排放达峰行动方案，支持有条件的地方率先达峰，要加快调整优化产业结构、能源结构，推动煤炭消费尽早达峰，大力发展新能源，加快建设全国用能权、碳排放权交易市场，完善能源消费双控制度。2020年12月31日，生态环境部发布《碳排放权交易管理办法（试行）》，为我国碳交易领域监管的核心法规，适用于全国碳排放权交易及相关活动，包括碳排放配额分配和清缴，碳排放权登记、交易、结算，温室气体排放报告与核查等活动，以及对前述活动的监督管理。

2021年2月22日，国务院印发《关于加快建立健全绿色低碳循环发展经济体系的指导意见》，提出发展要建立在高效利用资源、严格保护生态环境、有效控制温室气体排放的基础上，健全绿色低碳循环发展的流通体系，确保实现碳达峰、碳中和目标，推动我国绿色发展迈上新台阶。2021年7月29日，教育部发布《高等学校碳中和科技创新行动计划》，提出立足实现碳中和目标，建成一批引领世界碳中和基础研究的顶尖学科，打造一批碳中和原始创新高地，形成碳中和战略科技力量，为我国实现能源碳中和、资源碳中和、信息碳中和提供充分的科技支撑和人才保障。2021年9月22日，中共中央、国务院印发的《中共中央 国务院关于完整准确全面贯彻新发展理念做好碳达峰碳中和工作的意见》提出，实现碳达峰、碳中和目标，要坚持"全国统筹、节约优先、双轮驱动、内外畅通、防范风险"的原则。2021年10月21日，国家发展改革委、工业和信息化部、生态环境部、市场监管总局、国家能源局发布《关于严格能效约束推动重点领域节能降碳的若干意见》，要求选择综合条件较好的重点行业，率先开展节能降碳技术改造，待重点行业取得实质性进展、相关机制运行成熟后，再研究推广至其他行业和产品领域。2021年10月24日，国务院发布《2030年前碳达峰行动方案》，把碳达峰、碳中和纳入经济社会发展全局，明确各地区、各领域、各行业目标任务，加快实现生产生活方式绿色变革，推动经济社会发展建立在资源高效利用和绿色低碳发展的基础之上，确保如期实现2030年前碳达峰目标。

2021年12月28日，国务院发布《"十四五"节能减排综合工作方案》，提出到2025年，全国单位国内生产总值能源消耗比2020年下降13.5%，能源消费总量得到合理控制，化学需氧量、氨氮、氮氧化物、挥发性有机物排放总量比2020年分别下降8%、8%、10%以上、10%以上。节能减排政策机制更加健全，重点行业能源利用效率和主要污染物排放控制水平基本达到国际先进水平，经济社会发展绿色转型取得显著成效。2022年4月2日，生态环境部办公厅印发《"十四五"环境影响评价与排污许可工作实施方案》提出，积极开展产业园区减污降碳协同管控，强化产业园区管理机构开展和组织落实规划环评的主体责任，高质量开展规划环评工作，推动园区绿色低碳发展。2022年5月30日，财政部发布《财政支持做好碳达峰碳中和工作的意见》，提出在2030年前，有利于绿色低碳发展的财税政策体系基本形成，促进绿色低碳发展的长效机制逐步建立，推动碳达峰目标顺利实现；2060年前，财政支持绿色低碳发展政策体系成熟健全，推动碳中和目标顺利实现。2022年6月17日，生态环境部等七部门发布《减污降碳协同增效实施方案》，提出到2025年，减污降碳协同推进的工作格局基本形成，到2030年，减污降碳协同能力显著提升，助力实现碳达峰目标；大气污染防治重点区域碳达峰与空气质量改善协同推进取得显著成效。

在碳达峰、碳中和目标背景下，全国碳排放权交易市场第一个履约周期于2021年1月1日正式启动，2162家发电行业的重点排放单位率先被纳入碳排放权交易市场，国家生态环境部下一步将加快推进全国碳排放权注册登记系统和交易系统建设，逐步扩大市场覆盖行业范围，丰富交易品种和交易方式。"十四五"期间，包括石化、化工、建材、钢、有色金属、造纸等在内的八大行业将全部被纳入全国碳排放权交易市场，充分利用市场机制控制和减少温室气体排放。中国建设碳交易体系将在全社会范围内形成给碳排放定价的信号，为整个社会的低碳转型奠定坚实基础，以实现中国政府对国际社会做出的力争2030年前碳达、2060年前实现碳中和的承诺。

5.1.2.2 国内碳市场发展阶段

整体而言，我国碳排放权交易市场体系建设主要分为三个阶段：先参与国际碳交易体系，后开展国内区域试点，进而推进全国碳排放权交易市场体系建设。2013年以前，我国参与碳排放交易的唯一方式为参与国际CDM项目；

2011年10月，国家发展改革委发布《国家发展改革委办公厅关于开展碳排放权交易试点工作的通知》，正式批准在北京、天津、上海、重庆、广东、湖北、深圳"两省五市"开展碳排放权交易试点。2012年6月，国家发展改革委印发《温室气体自愿减排交易管理暂行办法》，同年10月印发《温室气体自愿减排项目审定与核证指南》，这两个文件为自愿减排机制提供了系统的管理规范。2012年起，北京、上海等七个碳排放权交易试点先后启动，CCER在试点地区参与交易；2016年，福建成为国内第8个碳排放权交易试点省。2014年12月，《碳排放权交易管理暂行办法》颁布；2017年12月19日，全国碳排放权交易体系正式开启。2018—2019年，全国碳市场建设处于基础建设和模拟运行期，暂时不进行实际的碳配额现货交易。2021年2月1日，《碳排放权交易管理办法（试行）》开始施行，提出在全国范围组织建立碳排放权注册登记机构和碳排放权交易系统。2021年7月16日，全国碳排放权交易市场正式启动上线交易。根据上海环境能源交易所发布的全国碳市场每日成交数据显示，截至2023年5月26日，全国碳市场碳排放配额（CEA）累计成交量235359012吨，累计成交额10785709679.34元。随着全国碳市场覆盖的行业范围、企业数量和碳排放量的逐渐扩大，碳市场的管理也将更加复杂，相关能力建设、系统建设和管理制度建设也还需要相当长的时间。因此，全国碳市场要真正发挥二氧化碳减排控排以及降低碳减排成本的作用，还需要很长的一段时间。

5.1.3 碳交易市场发展趋势

随着气候问题日益严峻，各经济体对气候变化、碳减排的重视程度逐渐加强，全球经济向低碳转型是大势所趋。大量针对碳排放及碳交易的政策密集落地，世界主要经济体纷纷提出近五年、十年甚至更长时期的碳减排目标，促进全球经济向绿色低碳方向发展。在政策推动下，碳交易体系也在快速变革和发展，未来碳交易体系所覆盖的行业范围将不断扩展，配额分配方法将不断完善，全球碳交易市场数量与覆盖范围将持续增加，碳排放权价格差异将不断缩小。

5.1.3.1 国际碳排放交易发展趋势

近年来，全球碳市场发展迅猛，数量不断增加，覆盖范围加速扩大。根据国际碳行动伙伴组织（International Carbon Action Partnership，ICAP）发布的《2022年度全球碳市场进展报告》，目前全球已运行25个碳市场，22个碳市场正在建设或计划建设中。碳市场覆盖全球17%的温室气体排放，近1/3的全球人口生活在碳市场活跃的地区，正在运行的采用碳交易机制的司法管辖区 GDP 占全球总 GDP 的 55%。2021 年，全球碳市场交易总量达到 158 亿吨二氧化碳当量，比 2020 年增长 24%；与此同时，受交易价格飞涨影响，交易总额增长 164%。不少国家或地区为使现有政策与实现承诺的净零目标相一致，通过一系列政策调整，加快推动碳市场新体系的形成。

(1) 更多国家或地区加入碳市场建设，全球减排进程进一步加快。

随着温室气体排放的逐年增加，全球气温升高、极端天气事件增多，越来越多国家和地区认识到节能减排、保护环境的重要性，未来将有更多国家或地区加入国际碳市场。根据 ICAP 发布的《2022 年度全球碳市场进展报告》，未来几年将有 7 个国家或地区启动碳市场，包括哥伦比亚、越南、印度尼西亚等；还有 15 个司法管辖区正在考虑建设碳市场，以发挥其在气候变化政策组合中的作用。随着越来越多国家或地区建立碳市场，国际碳排放交易体系的规模和覆盖范围将会越来越大，其在全球减排进程中发挥的作用也将越发凸显。

(2) 配额分配方法将进一步优化，更体现公平和效率。

目前，国际上碳排放配额的分配方式分为无偿分配与有偿分配两种，其中无偿分配主要采用历史法和基准法，有偿分配则主要采用拍卖的方式。欧盟碳排放权交易体系前两阶段与第三阶段的运行结果表明，与无偿分配相比，有偿分配更能促进企业建立长效减排机制，提升减排成效。目前很多碳市场正逐步扩大拍卖方式的配额分配比例，比如韩国将第三阶段配额拍卖比例提升 10%，德国计划自 2026 年起以拍卖方式进行配额分配。随着越来越多国家采取拍卖等有偿方式进行配额分配，未来配额分配将更体现公平和效率，有效促进碳市场供求平衡，提升运行效率。

(3) 碳排放权价格差异将进一步缩小，促使碳价提升。

碳价差异较大的经济体或通过碳边境调节机制、经贸谈判等方式，对碳市场施加间接影响。碳价差异较大的经济体难以直接推动碳市场连接，而维持不同的碳价将对各经济体的经济发展、出口商品竞争力产生差异化影响。减排进度较快的经济体由于本土产品中所含减排成本高，为维持商品在国际竞争中的竞争力，将通过碳边境调节机制、经贸谈判等方式，对减排进度较慢的经济体的碳市场施加间接影响，促使后者碳价提升，缩小差距。2021 年 7 月，欧盟委员会提交"欧盟碳边境调节机制"（Carbon Border Adjustment Mechanism，CBAM）草案，以平衡欧盟内部产品与进口产品之间的碳价格，减少部分由欧盟和其他经济体之间发生的基于不同气候变化应对方案所产生的碳泄漏，减少搭便车行为。未来，随着各经济体减排进程的推进，平衡各碳市场的碳价将成为国际碳市场发展的重要议题。

5.1.3.2 国内碳市场发展趋势

我国的碳排放权交易制度以 2010 年发布的《国务院关于加快培育和发展战略性新兴产业的决定》为开端，2011 年 10 月，国家发展改革委批准在北京、天津、上海、重庆、湖北、广东和深圳七个省市开展碳排放权交易试点工作。有了七个试点的试验，2017 年 12 月 19 日，以发电行业为突破口，中国碳排放权交易体系正式启动。《碳排放权交易管理办法（试行）》于 2021 年 2 月 1 日起施行，标志着全国碳交易市场首个履约周期正式启动。2021 年 3 月底，生态环境部发布《关于加强企业温室气体排放报告管理相关工作的通知》，并公布碳排放工作时间表。2021 年 5 月，生态环境部发布《碳排放权登记管理规则（试行）》《碳排放权交易管理规则（试行）》《碳排放权结算管理规则（试行）》三份文件，这是碳市场交易和履约的关键性、原则性规则。2021 年 7 月 16 日，全国碳排放权交易正式开市。

（1）基于配额的碳市场覆盖范围将逐步扩大，循序渐进发展。

全国碳市场由北京、上海、武汉三地联合建设：上海环交所承担系统账户开立和运行维护等具体工作，湖北碳排放权交易中心承建注册登记系统，北京绿交所承担全国温室气体自愿减排管理和交易职能。全国碳交易市场以碳排放配额（CEA）交易为主，因 2017 年 3 月起温室气体自愿减排相关备案事项已暂缓，全国碳交易市场第一个履约周期可用的 CCER 均为 2017 年 3 月前产生的减排量，且减排量产生期间有关减排项目均不是纳入全国碳交易市场配额管理的减排项目。同时，由于发电行业直接烧煤，二氧化碳排放量比较大，且该行业管理制度相对健全，数据基础比较好，因此发电行业成为首个纳入全国碳交易市场的行业。全国碳交易市场首批纳入 2162 家发电行业重点排放企业，覆盖 45 亿吨二氧化碳排放量，是全球规模最大的碳市场。未来，全国碳交易市场范围将逐步扩大，最终覆盖发电、石化、化工、建材、钢铁、有色金属、造纸和国内民用航空等行业。中国未来碳市场发展还需循序渐进，距离碳市场达到显著减排效果仍需一定的时间。中国一方面需大力加强与欧盟等发达国家合作，借鉴其发展经验，完善现有制度。另一方面，作为《巴黎协定》缔约方，中国的碳市场发展路径对其他发展中国家的碳市场发展而言有着重要意义。

（2）基于 CCER 项目的碳交易市场重启在即，未来变化趋势如下：

全国碳市场运行两年以来，市场上存量的 CCER 几乎消耗殆尽，为保证全国碳市场的经济高效运行，重启 CCER 机制的呼声越来越高，其未来变化趋势也引起更多关注。

1）受政策补贴倾向影响，风光发电项目 CCER 签发量或大幅下降。未来，在新的 CCER 项目政策下，我们预计，风光发电项目 CCER 签发量或大幅下降。核心原因在于，随着风光发电成本持续下降，部分风光发电项目已能实现平价上网，若后续新增风光发电项目继续授予 CCER，市场 CCER 供给量将大幅上升，供需失衡会导致 CCER 价格不可避免地长期萎靡，从而难以实现奖励和补贴绿色低碳领域项目发展的目的。未来政策将更加倾向于补贴尚未实现盈利的绿色低碳项目，帮助这类项目和企业成长壮大，而对于已经实现了盈利的相关绿色低碳项目，政策端或逐步减少 CCER 的授予量，这在后续新的 CCER 方法学上或有所反映。

2）抵消机制限制放松，CCER 无差别流通。目前，各个地方试点碳市场在 CCER 的使用方面存在诸多限制，包括项目类型、地域和时效限制。比如，水电项目由于高昂的开发成本和对生态环境的影响，被大部分市场排除。随着全国碳市场逐步放开碳信用抵消机制，CCER 有望被纳入全国碳信用抵消机制当中，实现无差别流通。

3）CCER 价格向碳配额价格收敛，持续走强。一直以来，由于存在抵减比例（5%~10%）、项目类型、地域以及时效因素限制，各试点碳市场 CCER 价格通常低于碳配额价格。不过，近期 CCER 项目审批重新放开的迹象明显，在全国碳市场运行的背景下，CCER 使用限制有望放松。经测算，CCER 目前存量约为 1000 万吨，而需求量将达到 1.5 亿~2 亿吨的水平，CCER 短期内价格持续走强。从长期来看，新的 CCER 项目审批政策无论在方法学、项目审批、备案以及监测方面将越来越规范化。同时，政策或更倾向于通过碳信用抵消机制帮助尚不能实现盈利的 CCER 项目，而已实现盈利的绿色低碳项目获得 CCER 的难度将有所增加，CCER 的授予量或下降。

（3）绿证、绿电和碳交易协同发展机制将进一步明确。

目前，绿证（绿色电力证书）交易和碳交易还是两个独立的市场，但是未来可以有效融合。绿证的核发和交易机构设在国家可再生能源信息管理中心，该中心是独立于发电企业和电网企业的第三方机构，记录了可再生能源发电项目的规模、地址、并网时间等详细信息。无论是陆上风电还是光伏发电，每张绿证都对应 1 兆瓦新能源发电量，根据电网碳排放因子可以确定每张绿证对应减少 0.5810 吨二氧化碳。绿证核发单位唯一，核发标准明确，非常适合作为衡量二氧化碳减排的方式，可以与碳市场形成有效结合。在部分欧洲国家，绿证交易和碳交易已同时存在较长时间，两者都促进了可再生能源的发展。我国设计两者融合时，需要进一步明确绿证代表的减排量在碳交易中的归属问题。

作为碳交易重要配套的国家核证自愿减排量（CCER）机制在未来重启之后，新能源绿色价值可以通过同时开发 CCER 资产和绿证来实现。CCER 对应的是经核算的碳减排量，可以抵消碳配额主体的直接和间接温室气体排放问题。而绿证交易解决的是绿色电力消费的确权问题，对应抵消的是减排主体在用热用电过程中的碳排放，不能够抵消自身能源消费的直接排放和基于产业上下游关系的间接排放。

虽然碳-证-电市场间的协调机制不是一蹴而就的，需要根据我国能源领域的实际情况逐步推行，可能短期内尚不能完全建成明确的衔接机制，但我们认为，碳-证-电市场间的衔接之桥的搭建工作将成为未来政策发展的重点之一，并将成为促进双碳目标达成的重要措施。未来可能还会不断扩大市场主体范围、丰富交易品种并与绿色金融充分结合，形成新的低碳经济发展方式。

5.2 油气田节能低碳发展趋势

新能源不稳定不连续，油气田要求供能稳定可靠。风光的固有特性无法改变，就需改变油气田生产系统自身。一是转变生产方式。利用生产系统负荷的余量和油田高含水等有利因素，生产方式从连续、均匀向间歇、变工况运行转变，提升与新能源特性的匹配度，增加绿电消纳。同时也利于充分利用峰谷电价的机制，降低成本。二是变革地面工艺。风光发电小时数低、绿电＋储能不经济，在现阶段网电依然是重要支撑的前提下，提高电气化率，利用工艺优化、热泵等作为倍增器，使网电加热经济可行，并支撑绿电消纳。三是建立多能互补分布式能源供给体系。在油气田区域内，打造融合风、光、热、储、氢多能的分布式清洁能源供应体系，提高油气生产清洁能源占比，建立综合能源智慧管控系统，促进协同优化和高效配置。四是推广应用全局视角的系统节能措施。持续系统性优化简化，提升负荷降低能耗，优化地面生产系统全过程，积极开展地上地下一体化，促进油气田企业能源管理水平向智能化迈进。

5.2.1 以生产模式变革提升绿电消纳能力

对整个生产系统进行分解研究，寻找可行的技术方案增加绿电消纳。将油气生产从连续、相对稳定向变工况运行转变，生产负荷变化与风光出力曲线相匹配，形成绿色生产模式和低成本用能方式，最大化消纳绿电。新的生产方式有助于利用弃风弃光。随着国家新能源装机快速增长，调峰能力和外输通道的制约将日益显现，光伏风电会面临上网难和弃光弃风等挑战。如图 5-1 所示，增加绿电消纳的技术措施包括：油井智能间开、间歇加热、变负荷处理、自储热、变工况管输、采用绿电热水蓄热、变流量注汽和变工况注水，以上措施相比调峰储能更为经济。

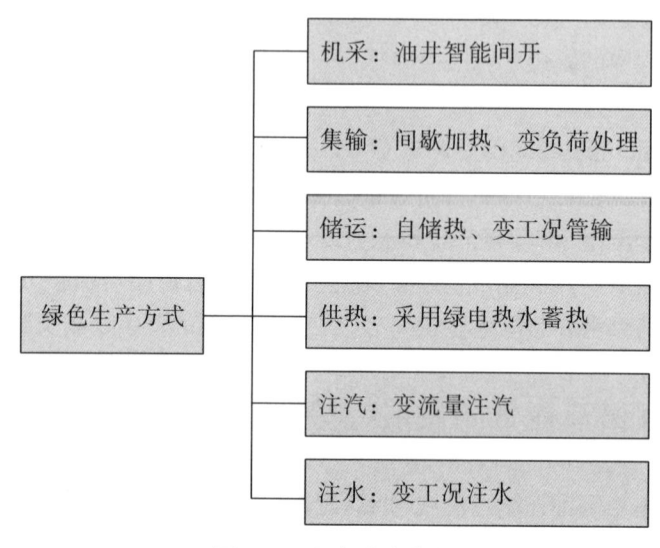

```
                    ┌─ 机采：油井智能间开
                    │
                    ├─ 集输：间歇加热、变负荷处理
                    │
                    ├─ 储运：自储热、变工况管输
    绿色生产方式 ───┤
                    ├─ 供热：采用绿电热水蓄热
                    │
                    ├─ 注汽：变流量注汽
                    │
                    └─ 注水：变工况注水
```

图 5-1　绿色生产方式

1. 机采系统低产井智能间开

低产井大部分时间处于空抽状态，油井间抽是目前提高低产井举升效率最直接、最有效的手段，对日产液 5 m³ 以下的油井实施智能间开，在绿电高峰时段开井，既节能降耗，又增加了绿电消纳。长庆油田已实施间开的机采井为16859 口，平均日开井时间为 12 小时，机采系统平均效率由 14.4% 提升至16.9%，年节电 1.4 亿千瓦时。未来与绿电相耦合，可年增绿电消纳 6200 万千瓦时。预计中国石油未来有 8 万口左右的油井可实施智能间开，推广应用前景广阔。

2. 集输系统间歇加热及变负荷处理

充分发挥老油田特高含水期常温集输的潜力，变连续加热为间歇加热，在绿电高峰加热管道熔蜡，其他时间不加热输送或降温输送，减少加热 60% 以上。目前接转站平均负荷率为 53.7%，一段脱水平均负荷率为 65.6%，二段脱水平均负荷率为 43.1%，可充分发挥站场负荷的余量，在绿电高峰增加处理量、低谷时段降低处理量。

3. 储运系统储罐自储热维温及变工况管输

储罐利用液体自储热的特性，以绿电或光热替代燃气加热维温，绿电高峰时段加热升温 1℃（大罐日散热约温降 1℃），其他时段散热降温 1℃，保持储罐温度稳定。利用管道具有自储气能力的特性，使天然气管道在保持日输量稳定的基础上，绿电高峰时段多输、低谷时段少输。原油管道利用首末站的储罐变工况输送。

4. 注汽系统变流量注汽

根据国内外的研究与实践，稠油注汽可采用变流量注汽。利用地下蒸汽腔蓄热的优势，与风光特性相匹配的变流量注入，地面可不建高温储热设施。新疆重 37 井区 SAGD 开发：单井平均注气量为 5~6 t/h，可承受 50% 蒸汽量的波动，在蒸汽量极限值下可承受 5~10 天。当采用光热制蒸汽时，经方案比选，变流量注汽、不储热效果更佳。

阿曼 Miraah 项目采用变流量蒸汽注入：白天 8 小时注入流量为 159 桶/天，剩余 16 小时为 5 桶/天。结果表明，持续稳定注汽的生产效果略好于变流量注入，最终采收率、突破时间、产油高峰期几乎相同。

5. 供热系统空气源热泵与热水蓄热

利用白天气温比夜晚高、空气源热泵机组效率更高的优势，机组在白天多运行，最大限度消纳光电，降低能耗。以热水蓄热，满足夜间基本用热需求。空气源热泵热水蓄热流程如图 5-2 所示。

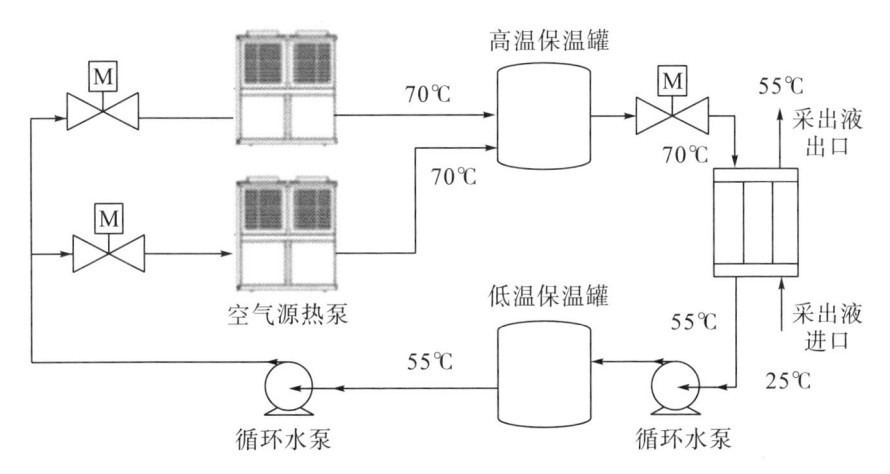

图 5-2 空气源热泵热水蓄热流程

6. 注水系统变工况注水

在保持油田日注水量稳定的基础上，探索在绿电高峰时多注、低谷时少注，智能调节小时注水量。油气田无效回注系统只在绿电高峰时段运行。如图 5-3 所示，与连续注水相比，几种间歇注水方式可提高低渗透油层采收率。

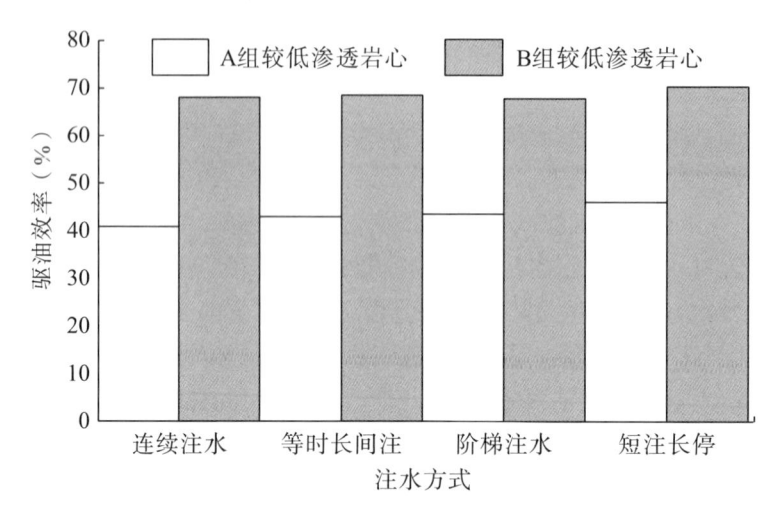

图 5-3 不同注水方式驱油效率对比图

7. 充分利用谷电提高网电加热经济性

在充分利用绿电的同时，通过改变生产方式，合理调整生产时序，多使用谷电、平电，降低网电用电成本。以黑龙江省为例，高峰电价 0.85 元/千瓦时、时长 7.5 小时，低谷电价 0.30 元/千瓦时、时长 6.5 小时，峰谷价差达 0.55 元。

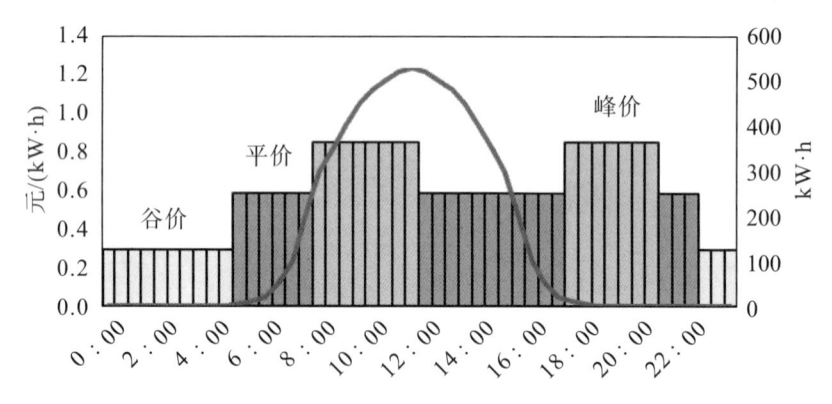

图 5-4 黑龙江大工业 1~10 kV 峰谷电价和光伏出力曲线拟合

5.2.2 以工艺流程再造降低电气化成本

直接以"电加热"替代"天然气加热"成本高，需对传统流程进行再造，建立经济可行的新工艺流程，使提高电气化率经济可行，支撑绿色能源消纳。主要途径包括：一是利用电加热的灵活性，简化地面工艺、降低集输能耗。由于安全、管理和炉效等问题，燃气加热炉更适于在后端集中规模设置，而电加热无明火、全自动、热效率高、变工况适应性好，适于在前端分散布置。二是推广热泵等"倍增器"技术，利用空气、土壤等自然冷热源、余热和地热，以更少的电力换取更多的热能。三是推广前端就地放水，减少高含水期采出水全量集输与处理，降低能耗、解决余热回收的源汇不匹配问题。四是研究电强化高效处理技术及设备，提高处理效率，使以电替代天然气能够带来额外收益。

1. 利用电加热简化地面工艺流程

油田集输系统加热主要用于 20 余万千米管线延程热损。目前，"供热中心"多在流程后端，"用热中心"在井口，二者的分离加大了集输系统的热损失。当前，中石油有 60% 左右的油井仍然采用"井口加热"和"接转站集中加热、双管掺热水"的工艺。因此，可利用电加热的灵活性，在用热源头分散加热，降低管道沿程热损失和集输系统用热负荷，简化工艺。利用电加热可实现的推广应用效果包括：

（1）利用电加热节能降碳。老油田普遍进入高含水阶段，水力热力条件变化，具备降温输送的条件。将"接转站集中加热、双管掺热水"改为"井口电加热、串接集油"，优化掺水流程。其中，低产液井可通过接转站掺常温水，至井口再加热，降低掺水管线温度和热损；高产液井可取消掺水，实现单管集油。青海油田在尕斯区块"困难井"应用电加热，停运双管掺水，实现节能 70% 以上，应用超过 100 台。

（2）利用电加热减员增效。井口采用电加热，管理环节和巡回检查点少，维护工作量小于燃气加热炉，可实现无人值守。井口电加热器已在多个油气田规模应用，实现了减员增效，年运行维护费用降低 50% 以上。塔里木油田、吐哈油田应用单井电磁加热器均超过 300 台，电磁加热器漏电保护试跳每月 1 次、全面检查每年 1 次、棒芯除垢和清砂作业每 3 年 1 次。新疆油田多个区块长期开发后伴生气量不稳不足，加热炉熄火频发，长距离布置燃料气系统投资高，因此逐步在井口采用电加热器替代燃气加热，已规模应用超 1500 台，占单井加热流程的 70% 以上。大庆油田在偏远、零散、无伴生气的区块，利用电加热实现长距离多井串联输送，集油半径可达 12 公里以上。在中石油海外油田，为安全稳定运行、实现无人值守、降低运维成本，苏丹、乍得、尼日尔等高凝区块的井口、计量站、混输泵站等采用了电加热器。在国内偏远区块，也可推广站场电加热助力无人值守。

（3）利用电加热支持老油气田改造。进入开发后期的老油气田，部分井口加热负荷与原设计相差较大，存在大马拉小车、装置老化、热效率低、自控功能缺失等问题。若采用小功率自动燃气加热炉更新，投资高、效率低，对比来看，采用功率调节灵活的井口电加热器更经济。新疆克拉美丽气田对采用大气式燃烧器的19口气井进行改造，通过对7口井采用井下节流、12口井采用电加热，替代燃气加热炉，总投资1342万元，静态投资回收期为4.93年。预计项目实施后，年可节约天然气 254.51×10^4 m³，新增用电7.7万度，节能效果显著。

（4）利用电加热助力采油与地面一体优化。将由转油站集中加热向井口提供高温掺水及热洗水，改为应用井筒电加热清蜡降粘装置，在井筒间歇加热、井下清蜡，同时提高出油温度满足集输要求，取消掺水及热洗，实现单管集油。大庆喇嘛甸油田北北区块单管集输改造工程新建油井高效清蜡降粘装置49套，井口电热器5台，投资1132万元，年均节省运行费用158万元，预计年节气 287×10^4 m³，年均增加用电428万度，通过工艺的改造相当于消耗1.5度电节气1 m³，工艺变革实现了电加热效益倍增。

（5）利用电加热简化稠油注汽流程。稠油热采地面加热温度、干度要求较高，较难实现经济的清洁替代，且沿程热损失较大（热损失达25%～35%）。探索从地面集中加热到源头分散加热的方案，如井筒电加热、深层稠油原位改质，辽河油田研究在蒸汽吞吐中变注汽为注水，依托"绿电＋弃电"，利用井下电加热制蒸汽。

2. 充分利用热泵技术挖掘油田低温热资源

（1）以空气源热泵替代小型加热炉技术经济可行。空气源热泵适用于冬季最冷月平均温度－10℃以上地区。在气温为－25℃的情况下，制热可达70℃。由表5－1可知，电价不高于0.35～0.59元/度时经济可行，若利用自发自用绿电会更经济，配套储热还可进一步增加绿电消纳。目前单机功率小（50～700 kW），后续需要继续攻关兆瓦级机组。塔里木玉东7-4-8H井空气源热泵，投运后实际节电约754 kW·h/d，相比电磁加热器节省约65.5%的电量，折算年节电约 24.88×10^4 kW·h/d，年均减少碳排放166 t。

表5－1 空气源热泵可接受电价测算

序号	项目名称	2021年度电成本* [元/(kW·h)]	2021年天然气销售价格** （元/m³）	空气源热泵可接受电价 [元/(kW·h)]
1	大庆油田	0.5245	2.340	<0.59
2	吉林油田	0.5866	1.954	<0.49
3	辽河油田	0.5260	2.073	<0.52
4	华北油田	0.4862	2.134	<0.53

续表

序号	项目名称	2021年度电成本* [元/(kW·h)]	2021年天然气销售 价格**（元/m³）	空气源热泵可接受 电价[元/(kW·h)]
5	长庆油田	0.5500	1.814	<0.45
6	塔里木油田	0.3610	1.401	<0.35
7	新疆油田	0.3412	1.401	<0.35
8	青海油田	0.4000	1.457	<0.36

注：* 度电成本：油气田从国家电网购电的价格。

** 天然气销售价格：长庆、塔里木、新疆、青海为扣除管输费的销售平均价，大庆、吉林、辽河、华北为所在省市天然气销售平均价格。

（2）以水源热泵替代大型加热炉经济效益较好。目前，在采出水余热利用方面，油田采出水约为 $10×10^9$ m³，其中稀油水量 $9×10^9$ m³，一段脱水平均放水温度为 39.6℃；新疆、辽河等稠油水量为 $1×10^9$ m³，平均温度为 74.3℃。现有热泵技术水平可将采出水取热至 20℃ 后再回注。当前水源热泵应用存在的问题包括：源汇不匹配，制约了采出水余热利用规模；现阶段是回收集输系统后端的脱水站、联合站净化后的采出水余热，但用热负荷主要集中在集输系统前端的井场、转油站。采出水余热利用工艺流程如图 5-5 所示。

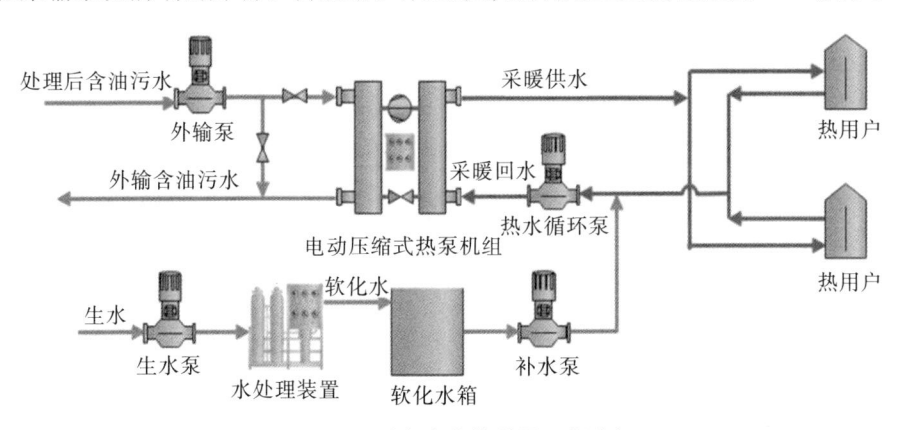

图 5-5 采出水余热利用工艺流程

3. 推广就地放水以减少无效大循环

目前采出水是在系统末端分离处理，而后回注至前端，为全液量大循环。随着技术进步和智能化水平提高，地面生产模式从"大站集中脱水"向"就地分散放水"转变成为可能。如图 5-6 所示，通过流程再造，在井口和小站等前端就地放水、回注，可部分解决高含水老油田全液量集输、大循环注水的高能耗高成本问题。井下油水分离、同井注采是其最简化的情况。就地放水即可就地取热，有利于实现余热回收源汇匹配。$10×10^9$ m³ 采出水理论上可取热 $187×10^4$ t 标准煤。

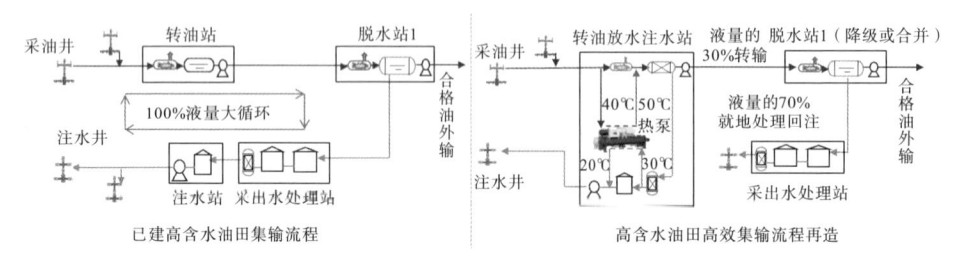

图 5-6 高效短流程集输模式再造

中石化为解决采出液量逐步增加后管网能力不足、联合站扩建困难及采出水往返调配等问题，研发了"就地分水、就地回注"预分水处理技术及装置，已在江苏油田多个区块应用。油气与新能源公司已组织规划总院等单位开展了短流程脱水除油技术研究，开发了短流程脱水除油工艺流程，如图 5-7 所示。并研发了具有自主知识产权的高效处理装置，可实现多功能合一和无人值守，为就地放水取热提供了基础。

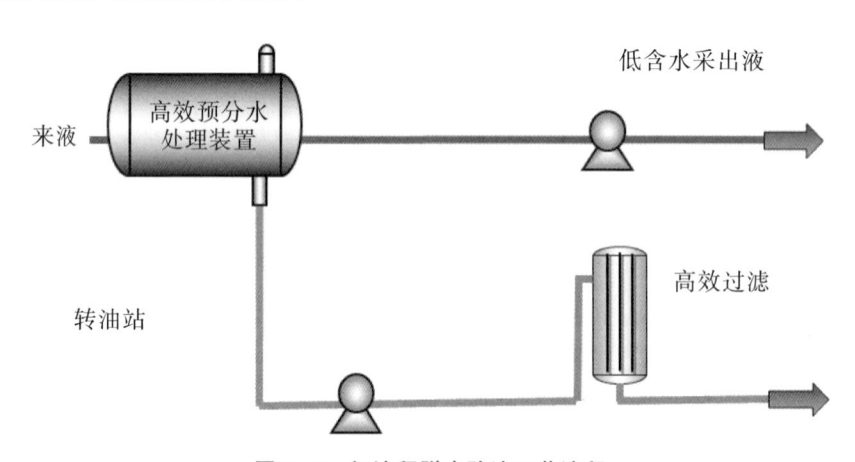

图 5-7 短流程脱水除油工艺流程

前述新工艺思路，会引起地面工艺系统大范围的变化，以及思维方式和管理模式的改变，需要进行细致的研究与现场试验，同时也应关注工艺以外的配套系统。

4. 积极探索电强化高效处理技术及设备

要进一步提升电气化率，还需积极探索油气水电强化高效处理技术及设备，实现对传统工艺技术的变革。利用电能对现有炼化生产工艺进行重构和革新的研究包括：美国能源部、美国化学工程师协会等机构开展的多项化工过程广泛电气化及工艺强化研究，旨在对现有的生产架构进行全局优化，主要技术方向有电催化、等离子体、电裂解等。国内也在开展相关研究。此外，近期巴斯夫、沙特基础工业与林德公司签署协议，使用可再生电力替代传统化石燃料，共同开发电加热蒸汽裂解装置解决方案，有望实现高达90%的碳减排。

（1）电强化原油脱水。电强化在原油脱水方面已有一定的研究和现场应用，采用电磁辐射降粘、超声脉冲破乳、高频电场聚结多能耦合的脱水技术，实现以电替热。电磁辐射降粘的技术原理为当磁场作用于原油时，脉冲磁场可破坏各烃类分子间的作用力，使分子的聚合力减弱，从而使油粘度降低，增加流动性。超声脉冲破乳的技术原理包括机械效应、共振效应和热效应，机械效应使得液滴振荡与相互碰撞，促进聚并；共振效应使得液滴振幅加大，加速油水分离；热效应降低油水界面膜强度和原油粘度，有利于水滴的重力沉降和分离。高频电场聚结根据电介质（原油乳状液）的击穿伏秒特性，建立起稳定的高频电场，使油中小水珠在电场作用下产生变形、振动，相互碰撞快速聚结成大水珠，在重力作用下沉降分离。与传统热化学脱水相比，电强化脱水可提高效率、缩短流程、脱水温度降低10℃以上，相当于1度电替代10 m³天然气，并减少约50%的药剂消耗，是油田采出液高效处理的重要发展方向。

（2）电强化水处理。研究应用电催化氧化采出水处理技术，通过强化相界面微观电热反应条件，提高固液传质效果，实现低温条件下的破胶降粘。该技术用于化学驱、页岩油等复杂采出水的预处理，在消纳绿电的同时可减少后续常规除油、除悬浮物的药剂用量，保障水质达标，预计降低运行成本30%以上。

（3）电强化天然气处理。天然气处理中的分子筛、三甘醇脱水、MDEA脱硫脱碳等，均是以加热再生为主的工艺。一方面大力探索以电为主的新技术（如等离子体、膜分离和变压吸附、电磁活化分离技术等），另一方面研发低再生能耗的药剂，可以促进工艺流程简化、能量消耗降低和操作管理优化，能够帮助实现天然气深度处理、产品结构多元化和低压井/废弃井资源回收。

5.2.3 建立与地面系统变革配套的分布式供能体系

在油气田区域内，打造融合风、光、热、储、氢多能的分布式清洁能源供应体系，提高油气生产清洁能源占比，建立综合能源智慧管控系统，促进协同优化和高效配置。能源供应侧结构持续调整，近期达到低碳化、远期实现零碳化。

1. 根据电气化做好油田分布式供能体系的顶层设计

生产模式改变、地面工艺流程再造，需要配套建设分布式光伏风电，打造以用能负荷为中心，源网荷储一体化的分布式智能电网。参照优化简化思路，结合油田中长期规划，以支撑绿色能源消纳和再电气化、在充分利用已有输配电设施的基础上构建新型电力系统为原则，制定油田分布式电网的顶层设计方案，使能源转型的综合成本最优，发挥出高度电气化带来的自动化智能化优势。然而，新能源渗透率的大幅提高，会给电网带来电压越限、配变过载、系统保护等问题，需开展油田新型电网运行特性、故障特性以及保护控制之间的协同研究；针对油气田资源多样、用能场景丰富的特点，加快形成"区域多能互补＋智慧能源管控"技术体系。

2. 探索油气田具有优势的储能技术

随着新能源的快速发展，配套大规模长周期储能设施不但是提高风光利用时数、提高清洁替代率的关键，随着分时电价价差越来越大，还可以降低高峰时段用电负荷，增加低谷用电量，降低用电成本。

在压缩空气储能方面，根据文献调研，编制表5－2，由此可知，国外已建或在建的压缩空气储能电站约有10处。国内正在进行盐穴压缩空气储能试验、示范，中石油也正在开展科研攻关。

表5－2 国外已建或在建的压缩空气储能电站

名称	国家	功率（MW）	状态
Huntorf	德国	290	已建
Mcintosh	美国	110	已建
PGECAU	美国	300	已建
ATK	美国	0.08	已建
Texas	美国	1	已建
Apex	美国	317	在建
SustainX	美国	1.5	在建
NextGen	美国	9	在建
Highview	英国	0.35	在建
Adele	德国	200	在建

参照压缩空气储能思路，利用中石油已有枯竭油气藏和已建生产设施，以及油气田周边的天然气管网，探索枯竭油气田藏压缩天然气储能方式。总体工

艺流程包括注气和采气两段，注气流程为在电价低或绿电发力时段，从管网下载天然气压缩后注入油气藏，采气流程为采出气经处理、膨胀发电后外输至周边管网。关键设备中膨胀机包括透平膨胀机、双转子膨胀机和螺杆膨胀机，目前工作压力小于 4 MPa。应用在净化气领域的国产膨胀机已较成熟，国内厂商具备 10 MPa 及以下的膨胀机组设计制造能力，但尚无 6.4 MPa 以上压力的应用业绩。同时适应净化前含液、含杂质气质的国产膨胀机尚需攻关。

按基础数据［天然气注采量为 $200×10^4$ m³/d，注气时间为 8 h（电价低谷时段或新能源发电时段），采气时间为 8 h（电价峰值时段或无新能源供应时段），天然气流量为 $25×10^4$ m³/h，注气的天然气进口压力为 6 MPa，增压后压力为 12 MPa，采气的井口压力按 8.5~9 MPa 设计，膨胀机入口压力为 8 MPa，出口压力为 4 MPa，注气期间电价按 0.2 元/千瓦时计］进行测算、分析，利用地质条件较好的枯竭油气藏，在有已建天然气处理设施及管网可以利用的条件下，压缩天然气储能是经济可行的。压缩天然气储能与压缩空气储能对比见表 5-3。建议摸排油气田实际情况，寻找合适区块进行探索，形成国内油气企业具有优势的储能技术。

表 5-3 压缩天然气储能与压缩空气储能对比

存储类型	压缩空气储能	压缩天然气储能
储存介质	空气	天然气
储存装置	盐穴	枯竭油气藏
成本［元/(kW·h)］	0.63~0.73	0.5~0.6
优点	储能容量大，运行寿命长	可选地质构造多，无需开展构建储存空间的工作，注采技术成熟
缺点	1. 优质地下资源稀缺； 2. 形成地下储存空间需要较大投资及较长周期； 3. "卤水"、CO_2 以及高压空气（氧气）工况引发的腐蚀风险； 4. 高频注采及宽工况条件带来的系统运行稳定性及效率问题	1. 需要有可依托的注采气处理设施、配套管网及下游低压用户； 2. 采气工况存在生产压差； 3. 尚无应用案例

注：(1) 成本按充电电价 0.2 元计算。
(2) 压缩天然气储能成本仅考虑注气压缩机+天然气处理装置+透平膨胀机的投资。

5.2.4 全局视角的系统节能措施

全局视角下，系统节能措施包括持续系统性优化简化以提升负荷降低能耗、地面生产系统的全过程优化以及利用已有资源积极开展地上地下一体化优化。

1. 持续系统性优化简化以提升负荷降低能耗

油气田开发处于持续动态变化中，地面工程也需不断优化简化，与之形成最优匹配，始终以提高系统负荷率和降低能耗为导向，进行总体布局，工艺流程、设备选型和系统配套优化。近年来，形成了一批好的做法和经验。

大庆油田针对老区建产工作量大的问题，立足于老站扩建、少建站、建大站。杏八、杏九区的3个聚驱区块，集中建站，少建8座；挖掘已建系统剩余能力，控制新增建设规模。利用相邻区块集输、水处理、配制能力，取消大型站场3座，节省投资1.0亿元，减少年运行费用1100万元；加强"地上地下"一体化，采用丛式井组，合并工艺管道，降低集输能耗；规模应用简化工艺及高效合一设备，如"四合一""五合一"，节省年运行费用1300万元。

华北油田针对老油田产量递减、负荷率低的问题，开展冀中地区地面系统整合再造工程，通过加大"关停并转减"力度，打破厂矿界限，在更大范围内优化地面系统总体布局，实现瘦身、升级、提效；由厂际原油交接转为含水油交接计量；低含水油输送、末端集中处理，脱水站由23座减少为5座；负荷率提高37个百分点，每年降低运行成本2.72亿元，降幅达10%。

2. 地面生产系统的全过程优化（融合系统优化和管控）

地面生产系统的全过程优化融合了能量系统优化和能源管控，推广应用后可为生产系统节能降碳提供重要手段。

（1）能量系统优化。单项节能技术挖潜难度越来越大，运用"系统工程"理论，以全局最优为目标，利用过程模拟、优化模型，提出全流程全系统用能优化方案，是有效的技术手段。"十三五"期间，稀油油田能量系统（包含机采、油气集输处理、注水等主要耗能系统）优化基本成熟。

大庆油田采油四厂的25座转油站、17座注水站、11251口油水井优化运行，4年累计节能7.7万吨标准煤、减排二氧化碳15万吨，创造经济效益9914万元。大庆油田将向全油田推广。未来攻关方向包括：气田、稠油能量系统优化技术，油田聚合物驱、三元驱等工艺的集输界限优化。

（2）能源管控。计量、在线监测能源生产、输配和消耗的全过程；各环节诊断分析、能耗预警，通过基于大数据的动态优化控制模型开展系统优化，为油气田企业提供有效的用能管理手段。"十三五"期间，优化级能源管控技术基本成熟。

在大庆庆新油田、华北煤层气、青海采油五厂、南方福山油田等14个单位开展的能源管控试点，形成了节能能力 2 万吨标准煤/年，促进油气田企业能源管理水平向集中管控迈进。未来攻关的方向为油气田智能级能源管控技术。

综合能量系统优化、能源管控，融合机理模型、大数据模型，可节能 25 万吨标准煤/年，产生经济效益 3.8 亿元/年，减排二氧化碳 60 万吨/年，应用前景广阔。

3. 利用已有资源积极开展地上地下一体化优化

国际大型石油公司通常利用油气藏、井筒、地面模拟软件联合开展地下地上协同优化，实现最大油气产量、最低建设和运行成本、全生命周期效益最大化。这也是斯伦贝谢、康士伯、阿什卡等国际技术服务公司主推的解决方案。国内外各专业相关软件见表 5-4。

表 5-4 国外各专业相关软件

油气藏动态分析	MBAL、REVEAL、Petrel、OFM、Eclipse
完井优化	PROSPER、Netool
地面集输	GAP、OLGA、LEADFLOW、PIPESIM
油气处理	PVTP、HYSYS、Symmetry、UniSim

在智能化实现之前，各油气田可建立支撑一体化工作机制，利用地下、地面已有模拟软件，开展联合模拟、优化，作为地上地下一体化优化的抓手。部分油气田已经有了一些好的做法，例如西南油气田龙王庙气田，建立了气藏、井筒、地面一体化模型，达到工作协同化、管理一体化的目的。大力推进智能化建设，推广已经成熟的智能化应用，可逐渐积淀完善地上地下一体化模型。

5.3 油气田方法学开发建议

对于作为碳资产项目开发实施主体的油气田企业而言，复杂的开发规则和程序极有可能成为其积极参与各类碳资产项目开发的巨大障碍，无法对项目适用方法学有充分掌握和合理应用往往成为最大的阻力之一。在碳资产项目最初的识别与设计阶段，项目参与方首先需要在已批准的方法学中寻找与所要开发的项目相匹配、相合适的方法学，如果没有相应的已批准方法学，项目参与方则需要重新提出适用于项目的新方法学。因此非常有必要对各油气田企业及相关单位对各种减排机制下的方法学需求进行分析研究，寻找可被油气田碳资产项目有效应用的方法学，或者结合油气田企业自身特点开发新的方法学。

5.3.1 开发方向更多极

方法学的创建需依托具体项目，结合项目所采用的工程技术编写，按照已有方法学开发碳资产项目，效率高、成功率大，且更为可靠。方法学与项目场景吻合度越高，开发成功率越高。我国已备案的CCER方法学截至目前已有200多个，其大部分为从CDM方法学转化而来，基本涵盖了绝大多数的减排类型。但是随着减排技术的进步，一些新技术支撑的降碳、负碳工程不断涌现，且油气田作为减排潜力大户，在其业务链条涵盖的众多专业技术领域，节能降碳技术日新月异，不断发展，存在开发新方法学的巨大需求。同时，全球碳交易市场形势也在不断地发生变化，以联合国为代表的国际组织和国际区域性组织不断推出新的或改进后的市场化减排机制，一直致力于用市场化手段解决温室气体控排问题，受油气田节能降碳技术发展和国际国内碳市场形势政策变化双重因素影响，指引着油气田碳减排新方法学开发的探索前进的方向。在技术与政策的内外部环境耦合作用下，油气田碳减排方法学的开发方向和应用场景呈现出非常鲜明的行业特色。

5.3.1.1 油气田降碳技术发展影响下的开发方向

虽然能源领域的脱碳化给传统油气行业带来一定挑战，但是在未来很长的一段时间内，传统油气化石能源仍将与可再生绿色能源共存，油气仍然在交通、航天、日化等重要支柱行业起到支配作用。油气生产企业要积极应对，发挥优势，扬长补短，加大油气资源清洁开发利用的投入力度，充分发挥油气行业土地、风、光、地热、氢能产储运的资源优势，尤其是碳捕集、利用与存储（CCS/CCUS）的先天资源禀赋，推动各项零碳与负碳技术发展，抓住新的历史发展机遇。例如，《中国石油绿色低碳发展行动计划3.0》推动中石油从油气供应商向综合能源服务商转型，实施的绿色企业建设引领者行动、清洁低碳能源贡献者行动、碳循环经济先行者行动，有力推动了油气田企业对节能降碳技术的应用，使"油田、气田"变身为"电田、热田"，充分应用碳资产开发工具，再进一步转化为"碳田"。当前阶段，如下技术领域内的油气田方法学开发尚需重点攻关。

1. CCS、CCUS技术

CCUS作为CCS的延伸，在CCS的基础上增加了应用环节。CCUS被认为是大部分工业行业实现碳中和的可靠选择和最佳方案。经过深入广泛的地质分析，油气田是目前最适合储存 CO_2 的地点，特别是枯竭或临近枯竭的油气田，CCUS 项目碳资产开发方法学的产生将为油气田企业带来巨大的碳资产开发机遇。CCUS 碳资产项目开发的难点是克服泄漏、补偿机制和投资效益等问题，其方法学开发的重点集中于项目边界和基准线情景确定，基准线排放、项目排放和泄漏预测的核算方法，监测方案的制定及监测数据的获取等方面。但要注意的是，目前油气田 CCUS 项目的减排量核算普遍存在遗漏捕集、运输和注入某个或多个环节能源消耗带来的间接排放，导致项目减排效果失真夸大的问题。同时油田 CCUS-EOR 项目由于过于侧重通过 CO_2 驱油带来油田采收率提升，最终真实地质封存 CO_2 带来的减排量核算尚有争议。CCUS-EOR 项目能否被各主流碳减排机制确认为碳资产项目存在较大不确定性，由于 CCUS 项目中对 CO_2 的利用导致项目真实减排效果产生一定争议，但是在不考虑 CO_2 利用的情景下，按照当前国家政策最新要求，碳捕获和储存即 CCS，已被纳入 CCER 方法学征集范围。

作为国内最早试水二氧化碳驱油的大庆油田，充分利用已开发油田区块开展 CCUS 技术的试验应用。大庆油田 CCUS 潜力储量为 5.53 亿吨，其中长垣外围油田为 5.14 亿吨，全部为非混相驱；海拉尔油田潜力储量为 0.39 亿吨，其中混相驱为 0.30 亿吨，非混相驱为 0.09 亿吨。上述储量全部实施 CO_2 驱，总共可实现埋存 2.5 亿吨 CO_2，蕴含巨大的碳资产开发机会。

2. 氢能技术

氢能作为来源丰富、绿色低碳、应用广泛的二次能源，是未来国家能源体系的重要组成部分，是用能终端实现绿色低碳转型的重要载体，更是油气行业战略性新兴产业和未来产业的重点发展方向。利用光伏风电等零碳能源制"绿氢"取代原有石化原料制氢工艺，与 CCUS 技术耦合实现"就地生产与应用"的"蓝氢"及"就地埋存"的 CO_2，以及氢气与甲烷的混输混烧将为油气行业上下游企业带来广阔的碳资产开发前景。根据中国氢能联盟 2021 年 4 月发布的《中国氢能源及燃料电池产业白皮书 2020》，2030 年碳达峰情景下，我国氢气的年需求量将达到 3715 万吨，在终端能源消费中的占比约为 5%；2060 年碳中和情景下，我国氢气的年需求量将增至 1.3 亿吨左右，在终端能源消费中的占比约为 20%，氢能技术发展路线与"双碳"技术路径高度重合。目前业内尚没有可成熟应用于碳资产开发的氢能碳减排方法学，但是可再生能源制"绿氢"、甲烷氢气"混烧"工艺的较高成本带来了经济吸引力较差的"额外性"，为氢能利用碳减排方法学获取额外减排收益带来巨大可能，油气田企业对利用碳资产开发提高氢能项目经济评价指标产生迫切需求，为方法学开发提供了充分条件。

中石油在青海省茫崖市冷湖镇建设了100万千瓦（风光各50万）新能源基地，同步在海西州格尔木炼油厂配套建设了10万标方/小时的制氢设备，并配备16万标方储氢设施，新能源项目与制氢项目同属于海西地区电网，有利于电量消纳。新能源所发电量全部用于制氢，其中，一部分氢气用于石油加氢裂化，一部分氢气用于二氧化碳加氢制甲醇，既保证了新能源电力消纳，又通过绿电制氢实现了清洁能源的综合利用。该类型项目对油气田企业而言具有巨大的碳资产开发价值。

青海油田大基地风光氢一体化电解制氢工艺流程如图5-8所示。

3. 光热技术

利用成熟廉价的太阳能光热工程来进行工业节能减排，对改变以燃烧化石能源加热为供能结构的油气田生产工艺同样具有重要意义。太阳能集热系统吸收太阳辐射热量，把热量储存于储热罐内，通过换热器直接与加热介质进行热量交换，提升温度；同时富余太阳能热量储存在储热箱内。以油田热水站为例，其运行工况为日间运行，与光热供热时率匹配度较好。选取在热水站应用太阳能光热技术替代热水站加热炉供热的原理，就是利用聚光技术，将太阳能直接转化为热能。光热设备以其高清洁度、低运行成本受到各行业关注，近几年发展迅猛。然而截至目前，可广泛适用于油气田生产领域的大规模光热项目减排量方法学尚未建立。

大庆油田采油三厂北Ⅱ-1光热试验站，同传统工艺相比，节约天然气 51.10×10^4 Nm^3/a，增加电耗 6.4×10^4 $kW\cdot h$，总节约标准煤 671.76 t/a，减少 CO_2 排放量 1786.89 t。随着该类技术的推广应用，各油气田企业投运的同类型项目将带来前景可观的碳资产开发价值。

5.3.1.2 形势政策变化影响下的开发方向

碳交易机制是国际国内碳减排政策的产物，作为碳资产项目开发基础的方法学的演变发展必然受到国际国内形势政策变化的影响。

1. CDM 向 SDM 的过渡

国际碳市场的形势变化给方法学开发方向带来的影响不容小觑。《联合国气候变化框架公约》第二十六次缔约方大会（COP26）确定要从清洁发展机制（CDM）向可持续发展机制（SDM）过渡，在SDM制度建立前，CDM照常运营。CDM是一个非常成功的机制，它一方面降低了其设置的附件一国家的减排成本，另一方面加速了非附件一国家的低碳转型。我国是CDM下核证减排量的最大卖方，并由此获得可观的经济效益，加速了低碳技术的应用和推广。在CDM机制下，买方和卖方是泾渭分明的两个阵营，非附件一国家因为没有减排目标，所以本国产生的减排量可以尽数卖给附件一国家。而在SDM机制下，所有国家都有自己的减排目标即国家自主贡献（NDC）。《巴黎协定》的6.5条明确规定6.4条产生的减排量如果用于它国的NDC，则不能再用于本国的NDC，以避免重复计算。为了防止重复计算，形成了全球的减缓成果转移（Internationally transferred mitigation outcomes，ITMOs）数据库，类似于注册登记簿，用于记录所有国家间的ITMOs转移，及因ITMOs造成的各个国家自主贡献目标变化，可以说，这是一个以ITMO为标的、以国家为主体的交易机制。同时，《巴黎协定》第6条第4款还约定了第二种以碳信用为标的、由非国家主体参与的交易机制，即SDM。SDM在基准线、核查、注册与签发等要素上与CDM框架基本一致，是对《京都议定书》CDM的继承与发展，实现了对JI和CDM的整合，有助于推动建立以碳信用作为交易对象的全球碳市场。

作为《巴黎协定》实施机制的组成部分，SDM旨在以自愿合作为基础，激励更多公私实体参与建立全球碳排放权交易新市场机制。但目前各国尚未就其实施细则达成共识。单纯地将现行方法学和工具进行修订和简单修改并不足以使其完全符合SDM的应用原则，因为它们起初就不是为这一原则而设计的。随着SDM的逐步建立实施，需要重新修订规定项目参与者所提供的信息和数据类型的其他规范性文件，这些标准包括新的项目识别标准、PDD模板和审定、核查标准。每一个方法学都需要考虑国家政策和NDC等因素，并能够有效论证项目的额外性，避免对东道国可持续发展产生负面影响。

2. 国内CCER的重启

国内碳市场，SDM逐步启动带来的影响尚有待进一步观察，CCER重启已是箭在弦上，蓄势待发。2023年3月，生态环境部重新启动CCER方法学征集工作，此举是因为碳达峰、碳中和目标对温室气体自愿减排交易市场建设提出了新的更高要求，原有方法学体系已难以满足当前工作需求，多数方法学需要更新基准线和额外性论证要求，部分方法学缺乏推广使用价值和应用场景，个别方法学不符合产业政策导向。此外，近年涌现的创新减排技术也急需相应方法学支持。

自2017年3月CCER项目暂停审核以来，从861个备案项目清单上看，高频率使用的方法学不超过十分之一。目前CCER方法学里使用率最高的包括可再生能源并网发电方法学、多选垃圾处理方式、碳汇造林项目方法学等。在实际的CCER项目开发中，不到20%的方法学贡献了80%以上项目数量和减排量。随着国家"双碳"目标的实施，产业政策的调整，科技赋能的发展，原有的方法学已经到了更新、扩容的关键时期。所以才有了公开征集方法学的这个通知。生态环境部通过征求项目方法学，更新原有方法学体系，也强调新增创新减排技术方法学，不能对现有法律法规规定的有强制温室气体减排义务的行业和领域提出方法学建议。鼓励对减排效果明显、社会期待高、技术争议小、数据质量可靠、社会和生态效益兼具的行业和领域提出方法学建议，其额外性可免于论证或简化论证。这说明对于国内 CCER 方法学的开发来说，额外性根据情况而定，不再是唯一核心标准。

同时，还应注意在当前方法学分类的框架下，方法学开发难易程度的区别。以 CCER 方法学为例（其分类仍是参照 CDM 方法学），其按照减排量的不同分为大规模方法学和小规模方法学，以可再生能源项目规模 15 MW、提高能效项目年节能量 60 GW·h、减排量 6×10^4 t 为标准，高于标准数值的项目适用于大规模方法学，小于标准数值的项目适用于小规模方法学。小规模方法学的项目应用或开发可采用相应简化的程序和模式进行申请和实施。

5.3.2　开发模式更多元

在降碳技术发展及国际国内政策形势变化的影响下，方法学开发模式呈现出下列发展趋势。

1. 多元化

碳减排方法学开发的多元化，一方面是指开发碳减排机制的多元化，在多种碳减排机制共存、互通互认条件暂不具备的情况下，方法学开发应多元化布局。国际上以 CDM 为主，VCS、GCC 等多种碳减排机制方法学共存，国内的方法学主要由将要重启的 CCER 方法学和地方试点市场及碳普惠机制方法学构成，开发不同机制下的方法学为进入不同要求或倾向性的碳市场提供了机会，有助于最大化实现油气田企业碳资产的交易价值。另一方面是指开发项目类型的多元化，油气能源行业业务链条长，涉及技术领域多，在 CCUS、氢能、光热等方法学空白领域具有较大发力空间，多元化项目类型的方法学开发有助于最大化发掘油气田企业碳资产的潜在价值。

2. 标准化

碳减排方法学是指导碳资产项目开发、实施、审定和减排量核查的主要依据，对减排项目的基准线识别、额外性论证、减排量核算和监测计划制定等具有重要的规范作用。不同减排机制下的方法学主要内容框架基本相同。碳减排方法学在相应碳减排机制下发挥着技术标准的作用，方法学的开发程序和内容必将逐步标准化，方法学建立的算法以及对数据质量的要求也将愈加规范。统一标准、统一要求，对不同减排机制之间减排量的互通互认具有重要意义。油气田新方法学开发在起步阶段就应充分重视其规范化和标准化的结构、算法和数据质量要求，采用技术标准的管理模式进行开发，保证方法学的科学性、适用性和合理性。

3. 信息化

方法学用以对真实、可测量且长期的减排量进行核算和监测，对数据质量的可验证、可溯源具有极高要求。将碳减排方法学与不断快速发展的大数据、物联网和区块链等信息技术充分融合，有助于实现减排量计量的准确性、长期性和可操作性。油气田企业目前规划的节能降碳工程普遍存在项目地理边界广、项目体量规模大、需采集监测数据多、数据质量易受人为干扰等多种不利于数据质量控制的因素，新方法学开发过程中充分利用经过验证的可靠的信息化新技术，将进一步推动潜在碳资产项目开发的高效实施。

5.3.3 开发合作更多样

为顺利进行油气田方法学开发，油气田企业除了要考虑结合油气田降碳技术发展需求采取适合企业的开发模式，也要充分考虑政策变化及企业内外资源的利用情况，采取有效措施才能保障开发的成功率。

1. 加强国际国内方法学及政策研究跟踪

《京都议定书》形成了国际排放贸易机制（IET）、联合履约机制（JI）和清洁发展机制（CDM），为各国碳减排产品的全球互认和流通奠定了基础。CDM设立后受到了发展中国家的普遍认可，项目数量和预计碳减排额度在短期内大幅上升。我国有关部门于2004年和2005年先后发布了《清洁发展机制项目运行管理暂行办法》和《清洁发展机制项目运行管理办法》，以促进CDM项目活动的有效开展，维护我国权益。同时，各地陆续设立了CDM服务中心，官方还发布了电网基准线排放因子以帮助降低CDM项目的开发难度。此外，基于国家从CDM项目产生的CER交易收入中应得的部分，中国政府还专门建立了清洁发展机制基金，用于支持国内应对气候变化的相关行业和产业，促进经济社会可持续发展。尽管CDM的黄金期不长，但它为全球碳市场协同作出了有益的探索。

受行业形势政策变化的影响，碳市场的不确定性同样存在于方法学开发的过程中。在《联合国气候变化框架公约》框架下的碳交易机制的国际协同与合作，《京都议定书》下的IET、JI和CDM向《巴黎协定》框架下的ITMO和

SDM 转变，行业形势政策的"风吹草动"，对方法学的开发要求将发生巨大变化。历届 COP 大会均多次对方法学的开发与应用进行补充解释和说明，其中不乏全面修订之举。紧密研究跟踪最新的国际国内方法学政策，是开展相关工作不可或缺的条件。

2. 整合企业内外资源合作开发

《巴黎协定》6.4 条将为 CDM 及其方法学的开发与应用带来较大变化，而中国的 CCER 重启在即，油气田企业在进行方法学开发时可将 CCER 方法学的开发作为重点方向。根据自愿减排项目方法学备案流程的规定，没有对方法学开发者身份提出要求，具备温室气体自愿减排项目方法学编制技术条件的项目业主、行业协会以及科研机构、大专院校等企事业单位均可提出方法学建议。项目业主、第三方咨询机构都可以提交新方法学的备案申请，第三方咨询机构需要进行项目审定，因此一般会在项目审定过程中参与新方法学的评估和修订。油气田企业在主导 CCER 方法学开发备案时，与相应的第三方咨询机构进行合作开发将是必然选择。

国家主管部门此前分六批对 12 家机构予以温室气体交易审定与核证机构备案，分别为中国质量认证中心、广州赛宝认证中心服务有限公司、中环联合（北京）认证中心有限公司、环境保护部环境保护对外合作中心、中国船级社质量认证公司、北京中创碳投科技有限公司、中国农业科学院、深圳华测国际认证有限公司、中国林业科学研究院林业科技信息研究所、中国建材检验认证集团股份有限公司、江苏省星霖碳业股份有限公司、中国铝业郑州有色金属研究院有限公司。

各家机构的审定和核证领域存在差异，主要区别为能源工业（可再生能源/不可再生能源）、能源分配、能源需求、制造业、化工行业、建筑行业、交通运输业、矿产品、金属生产、燃料的飞逸性排放（固体燃料、石油和天然气）、碳卤化合物和六氟化硫的生产和消费产生的飞逸性排放、溶剂的使用、废物处置、造林和再造林、农业、碳捕获与储存等 16 个专业领域，其中中国质量认证中心、中环联合（北京）认证中心有限公司、中国船级社质量认证公司、深圳华测国际认证有限公司或获得认可的专业领域数量居于前列。油气田企业可根据项目情况和自身要求选择适合的合作伙伴共同进行碳资产项目开发或方法学开发。

3. 必要的保障措施

碳资产开发方法学专业性很强，技术范围广，为保证方法学的顺利开发，需要采取必要的保证措施。

（1）团队建设。鉴于方法学开发的专业性与长期性，建立一支稳固且兼顾灵活的工作团队是方法学开发人力资源保障的前提。在集团系统内部，从集团总部至油田公司层面有必要设置碳资产管理专业科室或专门岗位，且依托下属科研院所设立专业的技术支持机构，在建立稳定的管理与技术团队的同时，结合项目业主和运营人员建立灵活高效的项目团队；在集团系统外部，应加大合作交流，除了选择相应的第三方审定核证团队共同合作，跨集团系统联合同行业公司、共享技术进展、共担开发成本与风险也具有一定的必要性。

（2）开发费用。方法学开发费用视其依托项目的具体情况，从数十万元到数百万元不等，按照现行规定，无论是 CDM 方法学还是 CCER 方法学的开发均与项目开发同步进行，开发的直接成本可以由项目业主牵头承担。但是从方法学的推广应用与后续更新角度出发，在集团总部层面进行统筹管理，利用科研专项费用分担部分开发成本，连同各合作方共担开发费用存在较强的合理性。在开发的方法学成功被主管机构备案后，即对外公布，免费供后续项目使用。由此产生的知识产权及附加社会效应价值有待进一步分析评估。

（3）风险控制。选用已公布的方法学进行碳资产项目开发，对于项目参与者而言无疑是成本最低、风险最小的选择。碳资产项目开发具有先期投入大、开发周期长、进入门槛高等风险，项目开发在叠加方法学开发后，收益与风险的匹配需要被项目者充分分析与考虑。从方法学开发风险识别与控制的角度看，风险主要存在如下几个方面：一是选择何种碳减排机制，CDM 方法学在当前向 SDM 转化的过程中开发内容与周期存在较大不确定的风险，开发 CCER 方法学或国内区域市场减排机制方法学可作为优先选择；二是方法学开发过程中需要紧密跟踪政策形势，充分考虑政策因素带来的方法学开发要求变化，在一段较长的开发周期内及时跟踪政策形势，强化内外部的沟通交流；三是统筹安排计划进度，方法学开发由多方组成项目团队，在计划推进过程中以及关键节点必须明确责任人和各方角色分工，避免拖延或递交相关材料不及时。

参考文献

[1] 马建国. 油气田甲烷控排与碳资产开发策略 [M]. 成都：四川大学出版社，2022.

[2] 中国质量认证中心. 温室气体减排方法学理论与实践 [M]. 北京：中国质量标准出版传媒有限公司，中国标准出版社，2019.

[3] 李锐，杨捷，陈灿，等. 油气田企业碳资产开发重点方向及路径研究 [J]. 天然气技术与经济，2022，16（6）：69-77.

[4] 盛春光，刘宗烨，赵晓晴. 国际核证碳标准林业碳汇项目运行机理、开发现状及经验借鉴 [J]. 世界林业研究，2023，36（1）：14-19.

[5] 崇为伟. 浅谈国有能源企业的碳资产管理 [J]. 国有资产管理，2023（3）：28-30.

[6] 王连凤. 国际碳排放权交易体系现状及发展趋势 [J]. 金融纵横，2022（7）：74-79.

[7] 陈星星. 全球碳市场最新进展及对中国的启示 [J]. 财经智库，2022，7（3）：109-122.

[8] 王科，陈沫. 中国碳交易市场回顾与展望 [J]. 北京理工大学学报（社会科学版），2018，20（2）：24-31.

[9] 周晋冲，张彬，雷征东，等. 低渗透油藏不稳定注水岩心实验及增油机理 [J]. 新疆石油地质，2022（4）：43.

附录1 CDM 方法学清单

附表1-1 按照行业领域划分的CDM方法学清单

序号	方法学编号	方法学名称
能源工业（可再生/不可再生）		
1	AM0007	季节性运行的生物质热电联产厂的最低成本燃料选择分析
2	AM0009	燃放或排空油田伴生气的回收利用
3	AM0014	天然气热电联产
4	AM0019	替代单个化石燃料发电项目的部分电力的可再生能源项目
5	AM0026	智利或其他基于优先调度零排放并网型国家的可再生能源发电
6	AM0036	供热锅炉使用生物质废弃物替代化石燃料
7	AM0042	应用来自新建的专门种植园的生物质联进行并网发电
8	AM0044	在工业或区域供暖部门中通过锅炉改造或替换提高能源效率
9	AM0045	独立电网系统的联网
10	AM0048	新建热电联产设施向多个用户供电和/或供蒸汽并取代使用碳含量较高燃料的联网/离网的蒸汽和电力生产
11	AM0049	在工业设施中利用气体燃料生产能源
12	AM0052	通过决策支持系统的优化提高现有水电站的发电量
13	AM0053	向天然气输配网中注入生物甲烷
14	AM0055	精炼厂废气的回收利用
15	AM0056	通过对化石燃料蒸汽锅炉的替换或改造提高能效，包括可能的燃料替代
16	AM0058	引入新的集中供热一次热网系统
17	AM0061	现有电厂的改造和/或能效提高
18	AM0062	通过改造透平提高电厂的能效

续表

序号	方法学编号	方法学名称
19	AM0064	地下硬岩贵金属或基底金属矿中的甲烷回收利用或分解
20	AM0072	供热中使用地热替代化石燃料
21	AM0073	通过将多个地点的粪便收集后进行集中处理减排温室气体
22	AM0074	利用以前燃放或排空的渗漏气为燃料新建联网电厂
23	AM0075	收集、处理和向最终用户供应沼气以生产热能的方法
24	AM0076	在现有工业设施中实施化石燃料三联产项目
25	AM0077	回收排空或燃放的油井气并供应给专门终端用户
26	AM0080	通过在有氧污水处理厂处理污水减少温室气体排放
27	AM0081	将焦炭厂的废气转化为二甲醚用作燃料,减少其火炬燃烧或排空
28	AM0084	安装热电联产系统,为新用户和现有用户提供电力和冷却水
29	AM0091	新建建筑物中的能效技术及燃料转换
30	AM0094	以家庭或机构为对象的生物质炉具和/或加热器的发放
31	AM0095	基于新建钢铁厂废气的联合循环发电厂
32	AM0098	利用氨厂尾气生产蒸汽
33	AM0099	现有热电联产电厂中安装天然气燃气轮机
34	AM0100	太阳能—燃气联合循环电站
35	AM0102	新建联产设施将热和电供给新建工业用户并将多余的电上网或者提供给其他用户
36	AM0103	独立电网可再生能源发电
37	AM0104	具有经济效益的国家电网互连
38	AM0107	新建天然气热电联产电厂
39	AM0108	用于能源交换的电力系统之间的互连
40	AM0117	通过废物的连续还原蒸馏减少碳密集型发电
41	AM0120	引进新的区域冷却系统
42	ACM0001	垃圾填埋气项目
43	ACM0002	可再生能源并网发电

续表

序号	方法学编号	方法学名称
44	ACM0003	水泥或者生石灰生产中利用替代燃料或低碳燃料部分替代化石燃料
45	ACM0006	生物质废弃物热电联产项目
46	ACM0007	单循环转为联合循环发电
47	ACM0008	回收煤层气、煤矿瓦斯和通风瓦斯用于发电、动力、供热和/或通过火炬或无焰氧化分解
48	ACM0009	从煤或石油到天然气的燃料替代
49	ACM0010	粪便管理系统中的温室气体减排
50	ACM0011	现有电厂从煤和/或燃油到天然气的燃料转换
51	ACM0012	通过废能回收减排温室气体
52	ACM0013	使用低碳技术的新建并网化石燃料电厂
53	ACM0014	工业废水处理过程中温室气体减排
54	ACM0017	生产生物柴油作为燃料使用
55	ACM0018	纯发电厂利用生物废弃物发电
56	ACM0020	在联网电站中混燃生物质废弃物产热和/或发电
57	ACM0022	多选垃圾处理方式
58	ACM0023	引入一种锅炉效率改进技术
59	ACM0024	有机废物厌氧消化产生的生物甲烷取代天然气
60	ACM0025	新建天然气发电厂
61	ACM0026	经确认接收设施的化石燃料热电联产
62	AMS-Ⅰ.A.	用户自行发电类项目
63	AMS-Ⅰ.B.	用户使用的机械能,可包括或不包括电能
64	AMS-Ⅰ.C.	用户使用的热能,可包括或不包括电能
65	AMS-Ⅰ.D.	联网的可再生能源发电
66	AMS-Ⅰ.E.	用户热利用中替换非可再生的生物质
67	AMS-Ⅰ.F.	自用及微电网的可再生能源发电
68	AMS-Ⅰ.G.	植物油生产并在固定设施中用作能源
69	AMS-Ⅰ.H.	生物柴油生产并在固定设施中用作能源
70	AMS-Ⅰ.L.	家庭/小型用户应用沼气/生物质产热

续表

序号	方法学编号	方法学名称
71	AMS-Ⅰ.J.	太阳能热水系统（SWH）
72	AMS-Ⅰ.K.	户用太阳能灶
73	AMS-Ⅰ.L.	使用可再生能源进行农村社区电气化
74	AMS-Ⅱ.B.	供应侧能源效率提高—生产
75	AMS-Ⅱ.D	针对工业设施的提高能效和燃料转换措施
76	AMS-Ⅱ.E.	针对建筑的提高能效和燃料转换措施
77	AMS-Ⅱ.H.	通过将向工业设备提供能源服务的设施集中化提高能效
78	AMS-Ⅱ.I.	来自工业设备的废弃能量的有效利用
79	AMS-Ⅱ.K.	向商业建筑供能的热电联产或三联产系统
80	AMS-Ⅱ.Q.	商业建筑的能源效率和能源供应项目
81	AMS-Ⅲ.B.	化石燃料转换
82	AMS-Ⅲ.C.	通过电动和混合动力汽车实现减排
83	AMS-Ⅲ.D.	动物粪便管理系统甲烷回收
84	AMS-Ⅲ.G.	垃圾填埋气回收
85	AMS-Ⅲ.H.	废水处理中的甲烷回收
86	AMS-Ⅲ.Q.	废能回收利用（废气/废热/废压）项目
87	AMS-Ⅲ.R.	家庭或小农场农业活动甲烷回收
88	AMS-Ⅲ.W.	非烃采矿活动中甲烷的捕获和销毁
89	AMS-Ⅲ.Z.	砖制造过程中的燃料转换、工艺改进和能源效率
90	AMS-Ⅲ.AC.	使用燃料电池进行发电或产热
91	AMS-Ⅲ.AE.	新建住宅楼中的提高能效和可再生能源利用
92	AMS-Ⅲ.AG.	从高碳电网电力转换至低碳化石燃料的使用
93	AMS-Ⅲ.AH.	从高碳燃料组合转向低碳燃料组合
94	AMS-Ⅲ.AL.	单循环转为联合循环发电
95	AMS-Ⅲ.AM.	热电联产/三代发电系统中的化石燃料转换
96	AMS-Ⅲ.AN.	在现有的制造业中的化石燃料转换
97	AMS-Ⅲ.AR.	使用LED照明系统替代基于化石燃料的照明
98	AMS-Ⅲ.AS.	在现有生产设施中从化石燃料到生物质的转换

续表

序号	方法学编号	方法学名称
99	AMS-Ⅲ.BI.	气体处理设施中的火焰气体回收
100	AMS-Ⅲ.BJ.	利用包括能源回收在内的等离子体技术销毁危险废物
101	AMS-Ⅲ.BL.	社区电气化综合方法
	能源输配	
1	AM0035	电网中 SF_6 减排
2	AM0067	在配电电网中安装高效率的变压器
3	AM0097	安装高压直流输电线路
4	AM0118	引入低电阻率输电线路
5	AMS-Ⅱ.A.	供应侧能源效率提高—传输和分配
6	AMS-Ⅲ.D.	动物粪便管理系统甲烷回收
7	AMS-Ⅲ.P.	冶炼设施中废气的回收和利用
8	AMS-Ⅲ.AW.	通过电网扩张向农村社区供电
9	AMS-Ⅲ.BB.	通过电网扩展及新建微型电网向社区供电
	能源需求	
1	AM0017	通过蒸汽阀更换和冷凝水回收提高蒸汽系统效率
2	AM0018	蒸汽系统优化
3	AM0020	抽水中的能效提高
4	AM0046	向住户发放高效的电灯泡
5	AM0060	通过更换新的高效冷却器节电
6	AM0070	民用节能冰箱的制造
7	AM0086	安装零能耗净水器，安全使用饮用水
8	AM0091	新建建筑物中的能效技术及燃料转换
9	AM0105	通过动态电源管理实现数据中心的能源效率
10	AM0113	户用紧凑型荧光灯（CFL）和发光二极管（LED）灯的发放
11	AM0120	节能冰箱和空调
12	AMS-Ⅱ.C.	针对特定技术的需求侧能源效率提高
13	AMS-Ⅱ.D.	针对工业设施的提高能效和燃料转换措施

续表

序号	方法学编号	方法学名称
14	AMS-Ⅱ.E.	针对建筑的提高能效和燃料转换措施
15	AMS-Ⅱ.F.	针对农业设施与活动的提高能效和燃料转换措施
16	AMS-Ⅱ.G.	使用不可再生物质供热的能效措施
17	AMS-Ⅱ.J.	需求侧高效照明技术
18	AMS-Ⅱ.L.	户外和街道的高效照明
19	AMS-Ⅱ.M	用于安装低流量热水节约装置的需求侧能效活动
20	AMS-Ⅱ.N.	在建筑内安装节能照明和/或控制装置
21	AMS-Ⅱ.O.	高效家用电器的扩散
22	AMS-Ⅱ.P.	农业用节能型水泵
23	AMS-Ⅱ.Q.	商业建筑的能源效率和能源供应项目
24	AMS-Ⅱ.R.	住宅建筑节能空间供暖措施
25	AMS-Ⅱ.S.	电机系统中的能源效率
26	AMS-Ⅲ.V.	钢厂安装粉尘/废渣回收系统，减少高炉中焦炭的消耗
27	AMS-Ⅲ.X.	家庭冰箱的能效提高及 HFC-134a 回收
28	AMS-Ⅲ.Z.	砖生产中的燃料转换、工艺改进及提高能效
29	AMS-Ⅲ.AE.	新建住宅楼中的提高能效和可再生能源利用
30	AMS-Ⅲ.AV.	低温室气体排放的水净化系统
制造业		
1	AM0106	通过安装新窑提高石灰生产设备的能源效率
2	AM0114	在异氰酸盐工厂中，从电解到催化的过程是氯从氯化氢中回收的过程
3	ACM0003	水泥或者生石灰生产中利用替代燃料或低碳燃料部分替代化石燃料
4	ACM0005	水泥生产中增加混材的比例
5	ACM0009	从煤或石油到天然气的燃料替代
6	ACM0012	通过废能回收减排温室气体
7	ACM0015	应用非碳酸盐原料生产水泥熟料
8	AMS-Ⅱ.D.	针对工业设施的提高能效和燃料转换措施
9	AMS-Ⅱ.I.	来自工业设备的废弃能量的有效利用

续表

序号	方法学编号	方法学名称
10	AMS-Ⅲ.Q.	废能回收利用（废气/废热/废压）项目
11	AMS-Ⅲ.Z.	砖生产中的燃料转换、工艺改进及提高能效
12	AMS-Ⅲ.AD.	水硬性石灰生产中的减排
13	AMS-Ⅲ.AN.	在现有的制造业中的化石燃料转换
14	AMS-Ⅲ.AS.	在现有生产设施中从化石燃料到生物质的转换
化学工业		
1	AM0021	现有己二酸生产厂中的 N_2O 分解
2	AM0027	在无机化合物生产中以可再生来源的 CO_2 替代来自化石或者矿物来源的 CO_2
3	AM0028	硝酸或己内酰胺生产尾气中 N_2O 的催化分解
4	AM0050	合成氨-尿素生产中的原料转换
5	AM0057	生物质废弃物用作纸浆、硬纸板、纤维板或生物油生产的原料以避免排放
6	AM0063	从工业设施废气中回收 CO_2 替代 CO_2 生产中的化石燃料使用
7	AM0069	生物基甲烷用作生产城市燃气的原料和燃料
8	AM0081	通过将焦炭厂的废气转化为二甲醚作为燃料，减少其火炬燃烧或排空
9	AM0082	利用种植的可再生生物质炭在铁矿石还原过程中建立新的还原体系
10	AM0098	利用氨厂尾气生产蒸汽
11	AM0114	在异氰酸盐工厂中，从电解到催化的过程是氯从氯化氢中回收的过程
12	AM0115	从焦化厂回收和利用焦炉煤气生产 LNG
13	ACM0009	从煤或石油到天然气的燃料替代
14	ACM0012	通过废能回收减排温室气体
15	ACM0017	生产生物柴油作为燃料使用
16	ACM0019	硝酸生产过程中所产生 N_2O 的减排
17	ACM0021	通过改进窑设计和/或减少甲烷排放，减少木炭生产排放
18	AMS-Ⅰ.H.	生物柴油生产并在固定设施中用作能源

续表

序号	方法学编号	方法学名称
19	AMS-Ⅱ.D.	针对工业设施的提高能效和燃料转换措施
20	AMS-Ⅱ.I.	来自工业设备的废弃能量的有效利用
21	AMS-Ⅲ.J.	避免工业过程使用通过化石燃料燃烧生产的CO_2作为原材料
22	AMS-Ⅲ.K.	焦炭生产由开放式转换为机械化，避免生产中的甲烷排放
23	AMS-Ⅲ.M.	通过回收纸张生产过程中的苏打减少电力消费
24	AMS-Ⅲ.O.	使用从沼气中提取的甲烷制氢
25	AMS-Ⅲ.AC.	使用燃料电池进行发电或产热
26	AMS-Ⅲ.AL.	通过回收废硫酸来减少排放
27	AMS-Ⅲ.AK.	生物柴油的生产和运输中的使用
28	AMS-Ⅲ.AN.	现有制造业中的化石燃料转换
29	AMS-Ⅲ.AS.	在现有生产设施中从化石燃料到生物质的转换
30	AMS-Ⅲ.BG.	通过可持续的木炭生产和消费减少排放
建筑业		
1	AMS-Ⅲ.BH.	石膏混凝土墙板的制造和安装替代砖和水泥生产
运输		
1	AM0031	快速公交系统
2	AM0090	货物运输方式从公路运输转变到水运或铁路运输
3	AM0101	高速客运铁路系统
4	AM0110	液体燃料运输方式的转变
5	AM0116	飞机电动滑行系统生产
6	ACM0016	快速公交项目
7	ACM0017	生产生物柴油作为燃料使用
8	AMS-Ⅲ.C.	通过电动和混合动力汽车实现减排
9	AMS-Ⅲ.S.	商用车队中引入低排放车辆/技术
10	AMS-Ⅲ.T.	植物油的生产及在交通运输中的使用
11	AMS-Ⅲ.U.	大运量快速交通系统中使用缆车
12	AMS-Ⅲ.AA.	使用改造技术提高交通能效

续表

序号	方法学编号	方法学名称
13	AMS-Ⅲ.AK.	生物柴油的生产和运输目的使用
14	AMS-Ⅲ.AP.	通过使用适配后的怠速停止装置提高交通能效
15	AMS-Ⅲ.AQ.	在交通运输中引入生物压缩天然气
16	AMS-Ⅲ.AT.	通过在商业货运车辆上安装数字式转速记录器提高能效
17	AMS-Ⅲ.AY.	现有和新建公交线路中引入液化天然气汽车
18	AMS-Ⅲ.BC.	通过提高车队效率减少排放
19	AMS-Ⅲ.BM.	轻型两轮和三轮个人交通工具
采矿业			
1	AM0064	地下硬岩贵金属或基底金属矿中的甲烷回收利用或分解
2	ACM0008	回收煤层气、煤矿瓦斯和通风瓦斯用于发电、动力、供热和/或通过火炬或无焰氧化分解
3	ACM0009	从煤或石油到天然气的燃料替代
4	ACM0012	通过废能回收减排温室气体
5	AMS-Ⅱ.D.	针对工业设施的提高能效和燃料转换措施
6	AMS-Ⅱ.I.	来自工业设备的废弃能量的有效利用
7	AMS-Ⅲ.W.	非烃采矿活动中甲烷的捕获和销毁
8	AMS-Ⅲ.AN.	在现有的制造业中的化石燃料转换
9	AMS-Ⅲ.AS.	在现有生产设施中从化石燃料到生物质的转换
金属制造			
1	AM0030	原铝冶炼中通过降低阳极效应减少PFC排放
	AM0038	硅合金和铁合金生产中提高现有埋弧炉的电效率
3	AM0059	减少原铝冶炼炉中的温室气体排放
4	AM0065	镁工业中使用其他防护气体代替SF_6
5	AM0066	海绵铁生产中利用余热预热原材料减少温室气体排放
6	AM0068	改造铁合金生产设施提高能效
7	AM0082	利用种植的可再生生物质炭在铁矿石还原过程中建立新的还原体系
8	AM0095	基于来自新建钢铁厂的废气的联合循环发电
9	AM0109	引入电弧炉直接还原铁的热供应

续表

序号	方法学编号	方法学名称
10	ACM0009	从煤或石油到天然气的燃料替代
11	ACM0012	通过废能回收减排温室气体
12	AMS-Ⅱ.D.	针对工业设施的提高能效和燃料转换措施
13	AMS-Ⅱ.I.	来自工业设备的废弃能量的有效利用
14	AMS-Ⅲ.Q.	废能回收利用（废气/废热/废压）项目
15	AMS-Ⅲ.V.	钢厂安装粉尘/废渣回收系统，减少高炉中焦炭的消耗
16	AMS-Ⅲ.AN.	在现有的制造业中的化石燃料转换
17	AMS-Ⅲ.AS.	在现有生产设施中从化石燃料到生物质的转换
18	AMS-Ⅲ.BD.	以熔融金属替代铝铸件用锭，从而减少温室气体排放
	燃料（固体、液体、气体）逸散排放	
1	AM0009	燃放或排空油田伴生气的回收利用
2	AM0023	减少天然气管道压缩机或门站泄露
3	AM0037	减少油田伴生气的燃放或排空并用做原料
4	AM0043	通过采用聚乙烯管替代旧铸铁管或无阴极保护钢管减少天然气管网泄漏
5	AM0055	精炼厂废气的回收利用
6	AM0074	利用以前燃放或排空的渗漏气为燃料新建联网电厂
7	AM0077	回收排空或燃放的油井气并供应给专门终端用户
8	AM0088	利用液化天然气气化中的冷能进行空气分离
9	AM0089	利用汽油和植物油混合原料生产柴油
10	AM0115	从焦化厂回收和利用焦炉煤气生产 LNG
11	ACM0009	从煤或石油到天然气的燃料替代
12	ACM0012	通过废能回收减排温室气体
13	AMS-Ⅱ.I.	来自工业设备的废弃能量的有效利用
14	AMS-Ⅲ.P.	冶炼设施中废气的回收和利用
15	AMS-Ⅲ.Q.	废能回收利用（废气/废热/废压）项目
16	AMS-Ⅲ.AN.	在现有的制造业中的化石燃料转换
17	AMS-Ⅲ.AS.	在现有生产设施中从化石燃料到生物质的转换

续表

序号	方法学编号	方法学名称
18	AMS-Ⅲ.BI.	气体处理设施中的火焰气体回收
挥发性卤代化合物、六氟化硫生产和消费的逸散排放		
1	AM0001	HFC-23废气焚烧
2	AM0035	电网中SF_6减排
3	AM0071	使用低GWP值制冷剂的民用冰箱的制造和维护
4	AM0078	在LCD制造中安装减排设施减少SF_6排放
5	AM0079	从检测设施中使用气体绝缘的电气设备中回收SF_6
6	AM0092	半导体行业中替换清洗化学气相沉积（CVD）反应器的全氟化合物（PFC）气体
7	AM0096	半导体生产设施中安装减排系统减少CF_4排放
8	AM0111	减少半导体制造中氟化温室气体
9	AM0119	SF6气体绝缘金属封闭开关装置的减排
10	AMS-Ⅱ.C.	针对特定技术的需求侧能源效率提高
11	AMS-Ⅲ.N.	聚氨酯硬泡生产中避免HFC排放
12	AMS-Ⅲ.X.	家庭冰箱的能效提高及HFC-134a回收
13	AMS-Ⅲ.AB.	在独立商业冷藏柜中避免HFC的排放
废弃物处置		
1	AM0036	供热锅炉使用生物质废弃物替代化石燃料
2	AM0053	向天然气输配网中注入生物甲烷
3	AM0057	生物质废弃物用作纸浆、硬纸板、纤维板或生物油生产的原料以避免排放
4	AM0073	通过将多个地点的粪便收集后进行集中处理减排温室气体
5	AM0075	收集、处理和向最终用户供应沼气以生产热能的方法
6	AM0080	通过在有氧污水处理厂处理污水减少温室气体排放
7	AM0083	通过现场通风避免垃圾填埋气排放
8	AM0093	通过被动通风避免垃圾填埋场的垃圾填埋气排放
9	AM0112	通过废物的连续还原蒸馏法产生更少的碳密集型发电
10	ACM0001	垃圾填埋气项目

续表

序号	方法学编号	方法学名称
11	ACM0003	水泥或者生石灰生产中利用替代燃料或低碳燃料部分替代化石燃料
12	ACM0006	生物质废弃物热电联产项目
13	ACM0010	粪便管理系统中的温室气体减排
14	ACM0014	工业废水处理过程中温室气体减排
15	ACM0018	纯发电厂利用生物废弃物发电
16	ACM0020	在联网电站中混燃生物质废弃物产热和/或发电
17	ACM0022	多选垃圾处理方式
18	ACM0024	有机废物厌氧消化产生的生物甲烷取代天然气
19	AMS-Ⅰ.A.	用户自行发电类项目
20	AMS-Ⅰ.B.	联网的可再生能源发电
21	AMS-Ⅰ.C.	用户使用的机械能，可包括或不包括电能
22	AMS-Ⅰ.D.	用户使用的热能，可包括或不包括电能
23	AMS-Ⅰ.E.	用户热利用中替换非可再生的生物质
24	AMS-Ⅰ.F.	自用及微电网的可再生能源发电
25	AMS-Ⅰ.I.	家庭/小型用户应用沼气/生物质产热
26	AMS-Ⅰ.L.	使用可再生能源进行农村社区电气化
27	AMS-Ⅲ.C.	通过电动和混合动力汽车实现减排
28	AMS-Ⅲ.D.	动物粪便管理系统甲烷回收
29	AMS-Ⅲ.E.	通过控制燃烧、气化或机械/热处理避免生物质衰变产生甲烷
30	AMS-Ⅲ.F.	通过堆肥避免甲烷排放
31	AMS-Ⅲ.G.	垃圾填埋气回收
32	AMS-Ⅲ.H.	废水处理中的甲烷回收
33	AMS-Ⅲ.I.	废水处理过程通过使用有氧系统替代厌氧系统避免甲烷的产生
34	AMS-Ⅲ.L.	通过控制的高温分解避免生物质腐烂产生甲烷
35	AMS-Ⅲ.O.	使用从沼气中提取的甲烷制氢
36	AMS-Ⅲ.Y.	从污水或粪便处理系统中分离固体避免甲烷排放

续表

序号	方法学编号	方法学名称
37	AMS-Ⅲ.AF.	通过挖掘并堆肥部分腐烂的城市固体垃圾（MSW）避免甲烷的排放
38	AMS-Ⅲ.AJ.	从固体废物中回收材料及循环利用
39	AMS-Ⅲ.AO.	通过可控厌氧分解进行甲烷回收
40	AMS-Ⅲ.AQ.	在交通运输中引入生物压缩天然气
41	AMS-Ⅲ.AX.	在固体废弃物处置场建设甲烷氧化层
42	AMS-Ⅲ.BA.	电子废物中材料的回收和再循环
43	AMS-Ⅲ.BJ.	利用包括能源回收在内的等离子体技术销毁危险废物
造林、再造林		
1	AR-ACM0003	除湿地外的土地造林和再造林
2	AR-AM0014	退化的红树林栖息地的造林和再造林
3	AR-AMS0003	在湿地上开展的清洁发展机制小型造林和再造林项目活动的简化基准和监测方法
4	AR-AMS0007	在湿地以外的土地上开展的清洁发展机制小型造林和再造林项目活动的简化基准和监测方法
农业		
1	AM0042	应用来自新建的专门种植园的生物质进行并网发电
2	AM0089	利用汽油和植物油混合原料生产柴油
3	ACM0003	水泥或者生石灰生产中利用替代燃料或低碳燃料部分替代化石燃料
4	ACM0006	生物质废弃物热电联产项目
5	ACM0017	生产生物柴油作为燃料使用
6	ACM0021	通过改进窑设计和/或减少甲烷排放，减少木炭生产排放
7	AMS-Ⅰ.A.	用户自行发电类项目
8	AMS-Ⅰ.B.	用户使用的机械能，可包括或不包括电能
9	AMS-Ⅰ.C.	用户使用的热能，可包括或不包括电能
10	AMS-Ⅰ.D.	联网的可再生能源发电
11	AMS-Ⅰ.E.	用户热利用中替换非可再生的生物质
12	AMS-Ⅰ.F.	自用及微电网的可再生能源发电

续表

序号	方法学编号	方法学名称
13	AMS-Ⅰ.G.	植物油生产并在固定设施中用作能源
14	AMS-Ⅰ.H.	生物柴油生产并在固定设施中用作能源
15	AMS-Ⅰ.I.	家庭/小型用户应用沼气/生物质产热
16	AMS-Ⅰ.L.	使用可再生能源进行农村社区电气化
17	AMS-Ⅱ.F.	针对农业设施与活动的提高能效和燃料转换措施
18	AMS-Ⅲ.A.	现有农田酸性土壤中通过大豆－草的循环种植中通过接种菌的使用减少合成氮肥的使用
19	AMS-Ⅲ.C.	通过电动和混合动力汽车实现减排
20	AMS-Ⅲ.T.	植物油的生产及在交通运输中的使用
21	AMS-Ⅲ.Z.	砖生产中的燃料转换、工艺改进及提高能效
22	AMS-Ⅲ.AK.	生物柴油的生产和运输目的使用
23	AMS-Ⅲ.AQ.	在交通运输中引入生物压缩天然气
24	AMS-Ⅲ.AU.	在水稻栽培中通过调整供水管理实践来实现减少甲烷的排放
25	AMS-Ⅲ.BE.	通过覆盖避免甘蔗收获前露天焚烧产生的甲烷和一氧化二氮排放
26	AMS-Ⅲ.BF.	使用需要更少施肥的高效（NUE）种子减少使用氮气产生的 N2O 排放
27	AMS-Ⅲ.BG.	通过可持续的木炭生产和消费减少排放
28	AMS-Ⅲ.BK.	在小农乳品部门战略性地补充饲料，以提高生产力

附录2 CCER方法学清单

按批次备案的CCER方法学清单见附表2-1至附表2-15。

附表2-1 温室气体自愿减排方法学（第一批）备案清单

方法学编号	方法学名称
CM-001-V01	可再生能源发电并网
CM-002-V01	水泥生产中增加混材的比例
CM-003-V01	回收煤层气、煤矿瓦斯和通风瓦斯用于发电、动力、供热和/或通过火炬或无焰氧化分解
CM-004-V01	现有电厂从煤和/或燃油到天然气的燃料转换
CM-005-V01	通过废能回收减排温室气体
CM-006-V01	使用低碳技术的新建并网化石燃料电厂
CM-007-V01	工业废水处理过程中温室气体减排
CM-008-V01	应用非碳酸盐原料生产水泥熟料
CM-009-V01	硝酸生产过程中所产生 N_2O 的减排
CM-010-V01	HFC-23废气焚烧
CM-011-V01	替代单个化石燃料发电项目的部分电力的可再生能源项目
CM-012-V01	并网的天然气发电
CM-013-V01	硝酸厂氨氧化炉内的 N_2O 催化分解
CM-014-V01	利用油井伴生气作为原料以减少燃放或放空
CM-015-V01	新建热电联产设施向多个用户供电和/或供蒸汽并取代使用碳含量较高燃料的联网/离网的蒸汽和电力生产
CM-016-V01	在工业设施中利用气体燃料生产能源
CM-017-V01	向天然气输配网中注入生物甲烷
CM-018-V01	在工业或区域供暖部门中通过锅炉改造或替换提高能源效率
CM-019-V01	引入新的集中供热一次热网系统

续表

方法学编号	方法学名称
CM-020-V01	地下硬岩贵金属或基底金属矿中的甲烷回收利用或分解
CM-021-V01	民用节能冰箱的制造
CM-022-V01	供热中使用地热替代化石燃料
CM-023-V01	新建天然气电厂向电网或单个用户供电
CM-024-V01	利用汽油和植物油混合原料生产柴油
CM-025-V01	现有热电联产电厂中安装天然气燃气轮机
CM-026-V01	太阳能—燃气联合循环电站
CMS-001-V01	用户使用的热能，可包括或不包括电能
CMS-002-V01	联网的可再生能源发电
CMS-003-V01	自用及微电网的可再生能源发电
CMS-004-V01	植物油生产并在固定设施中用作能源
CMS-005-V01	生物柴油生产并在固定设施中用作能源
CMS-006-V01	供应侧能源效率提高—传送和输配
CMS-007-V01	供应侧能源效率提高—生产
CMS-008-V01	针对工业设施的提高能效和燃料转换措施
CMS-009-V01	针对农业设施与活动的提高能效和燃料转换措施
CMS-010-V01	使用不可再生生物质供热的能效措施
CMS-011-V01	需求侧高效照明技术
CMS-012-V01	户外和街道的高效照明
CMS-013-V01	在建筑内安装节能照明和/或控制装置
CMS-014-V01	高效家用电器的扩散
CMS-015-V01	在现有的制造业中的化石燃料转换
CMS-016-V01	通过可控厌氧分解进行甲烷回收
CMS-017-V01	在水稻栽培中通过调整供水管理实践来实现减少甲烷的排放
CMS-018-V01	低温室气体排放的水净化系统
CMS-019-V01	砖生产中的燃料转换、工艺改进及提高能效
CMS-020-V01	通过电网扩展及新建微型电网向社区供电
CMS-021-V01	动物粪便管理系统甲烷回收

续表

方法学编号	方法学名称
CMS-022-V01	垃圾填埋气回收
CMS-023-V01	通过控制的高温分解避免生物质腐烂产生甲烷
CMS-024-V01	通过回收纸张生产过程中的苏打减少电力消费
CMS-025-V01	废能回收利用（废气/废热/废压）项目
CMS-026-V01	家庭或小农场农业活动甲烷回收

附表 2-2　温室气体自愿减排方法学（第二批）备案清单

方法学编号	方法学名称
AR-CM-001-V01	碳汇造林项目方法学
AR-CM-002-V01	竹子造林碳汇项目方法学

附表 2-3　国家温室气体自愿减排方法学（第三批）备案清单（常规项目）

方法学编号	方法学名称
CM-027-V01	单循环转为联合循环发电
CM-028-V01	快速公交项目
CM-029-V01	燃放或排空油田伴生气的回收利用
CM-030-V01	天然气热电联产
CM-031-V01	硝酸或己内酰胺生产尾气中 N_2O 的催化分解
CM-032-V01	快速公交系统
CM-033-V01	电网中的 SF_6 减排
CM-034-V01	现有电厂的改造和/或能效提高
CM-035-V01	利用液化天然气气化中的冷能进行空气分离
CM-036-V01	安装高压直流输电线路
CM-037-V01	新建联产设施将热和电供给新建工业用户并将多余的电上网或者提供给其他用户
CM-038-V01	新建天燃气热电联产电厂
CM-039-V01	通过蒸汽阀更换和冷凝水回收提高蒸汽系统效率
CM-040-V01	抽水中的能效提高

续表

方法学编号	方法学名称
CM-041-V01	减少天然气管道压缩机或门站泄漏
CM-042-V01	通过采用聚乙烯管替代旧铸铁管或无阴极保护钢管减少天然气管网泄漏
CM-043-V01	向住户发放高效的电灯泡
CM-044-V01	合成氨-尿素生产中的原料转换
CM-045-V01	精炼厂废气的回收利用
CM-046-V01	从工业设施废气中回收 CO_2 替代 CO_2 生产中的化石燃料使用
CM-047-V01	镁工业中使用其他防护气体代替 SF_6
CM-048-V01	使用低 GWP 值制冷剂的民用冰箱的制造和维护
CM-049-V01	利用以前燃放或排空的渗漏气为燃料新建联网电厂
CM-050-V01	在 LCD 制造中安装减排设施减少 SF_6 排放
CM-051-V01	货物运输方式从公路运输转变到水运或铁路运输
CM-052-V01	新建建筑物中的能效技术及燃料转换
CM-053-V01	半导体行业中替换清洗化学气相沉积（CVD）反应器的全氟化合物（PFC）气体
CM-054-V01	半导体生产设施中安装减排系统减少 CF_4 排放
CM-055-V01	生产生物柴油作为燃料使用
CM-056-V01	蒸汽系统优化基准线方法学
CM-057-V01	现有己二酸生产厂中的 N_2O 分解
CM-058-V01	在无机化合物生产中以可再生来源的 CO_2 替代来自化石或矿物来源的 CO_2
CM-059-V01	原铝冶炼中通过降低阳极效应减少 PFC 排放
CM-060-V01	独立电网系统的联网
CM-061-V01	硝酸生产厂中 N_2O 的二级催化分解
CM-062-V01	减少原铝冶炼炉中的温室气体排放
CM-063-V01	通过改造透平提高电厂的能效
CM-064-V01	在现有工业设施中实施的化石燃料三联产项目
CM-065-V01	回收排空或燃放的油井气并供应给专门终端用户
CM-066-V01	从检测设施中使用气体绝缘的电气设备中回收 SF_6

续表

方法学编号	方法学名称
CM-067-V01	基于来自新建钢铁厂的废气的联合循环发电
CM-068-V01	利用氨厂尾气生产蒸汽
CM-069-V01	高速客运铁路系统
CM-070-V01	水泥或者生石灰生产中利用替代燃料或低碳燃料部分替代化石燃料
CM-071-V01	季节性运行的生物质热电联产厂的最低成本燃料选择分析
CM-072-V01	多选垃圾处理方式
CM-073-V01	供热锅炉使用生物质废弃物替代化石燃料
CM-074-V01	硅合金和铁合金生产中提高现有埋弧炉的电效率
CM-075-V01	生物质废弃物热电联产项目
CM-076-V01	应用来自新建的专门种植园的生物质进行并网发电
CM-077-V01	垃圾填埋气项目
CM-078-V01	通过引入油/水乳化技术提高锅炉的效率
CM-079-V01	通过对化石燃料蒸汽锅炉的替换或改造提高能效,包括可能的燃料替代
CM-080-V01	生物质废弃物用作纸浆、硬纸板、纤维板或生物油生产的原料以避免排放
CM-081-V01	通过更换新的高效冷却器节电
CM-082-V01	海绵铁生产中利用余热预热原材料减少温室气体排放
CM-083-V01	在配电电网中安装高效率的变压器
CM-084-V01	改造铁合金生产设施提高能效
CM-085-V01	生物基甲烷用作生产城市燃气的原料和燃料
CM-086-V01	通过将多个地点的粪便收集后进行集中处理减排温室气体
CM-087-V01	从煤或石油到天然气的燃料替代
CM-088-V01	通过在有氧污水处理厂处理污水减少温室气体排放
CM-089-V01	将焦炭厂的废气转化为二甲醚用作燃料,减少其火炬燃烧或排空
CM-090-V01	粪便管理系统中的温室气体减排
CM-091-V01	通过现场通风避免垃圾填埋气排放
CM-092-V01	纯发电厂利用生物废弃物发电

续表

方法学编号	方法学名称
CM-093-V01	在联网电站中混燃生物质废弃物产热和/或发电
CM-094-V01	通过被动通风避免垃圾填埋场的垃圾填埋气排放
CM-095-V01	以家庭或机构为对象的生物质炉具和/或加热器的发放

附表 2-4　国家温室气体自愿减排方法学（第三批）备案清单（小型项目）

方法学编号	方法学名称
CMS-027-V01	太阳能热水系统（SWH）
CMS-028-V01	户用太阳能灶
CMS-029-V01	针对建筑的提高能效和燃料转换措施
CMS-030-V01	在交通运输中引入生物压缩天然气
CMS-031-V01	向商业建筑供能的热电联产或三联产系统
CMS-032-V01	从高碳电网电力转换至低碳化石燃料的使用
CMS-033-V01	使用 LED 照明系统替代基于化石燃料的照明
CMS-034-V01	现有和新建公交线路中引入液化天然气汽车
CMS-035-V01	用户使用的机械能，可包括或不包括电能
CMS-036-V01	使用可再生能源进行农村社区电气化
CMS-037-V01	通过将向工业设备提供能源服务的设施集中化提高能效
CMS-038-V01	来自工业设备的废弃能量的有效利用
CMS-039-V01	使用改造技术提高交通能效
CMS-040-V01	在独立商业冷藏柜中避免 HFC 的排放
CMS-041-V01	新建住宅楼中的提高能效和可再生能源利用
CMS-042-V01	通过回收已用的硫酸进行减排
CMS-043-V01	生物柴油的生产和运输目的使用
CMS-044-V01	单循环转为联合循环发电
CMS-045-V01	热电联产/三联产系统中的化石燃料转换
CMS-046-V01	通过使用适配后的怠速停止装置提高交通能效
CMS-047-V01	通过在商业货运车辆上安装数字式转速记录器提高能效
CMS-048-V01	通过电动和混合动力汽车实现减排

续表

方法学编号	方法学名称
CMS-049-V01	避免工业过程使用通过化石燃料燃烧生产的 CO_2 作为原材料
CMS-050-V01	焦炭生产由开放式转换为机械化，避免生产中的甲烷排放
CMS-051-V01	聚氨酯硬泡生产中避免 HFC 排放
CMS-052-V01	冶炼设施中废气的回收和利用
CMS-053-V01	商用车队中引入低排放车辆/技术
CMS-054-V01	植物油的生产及在交通运输中的使用
CMS-055-V01	大运量快速交通系统中使用缆车
CMS-056-V01	非烃采矿活动中甲烷的捕获和销毁
CMS-057-V01	家庭冰箱的能效提高及 HFC-134a 回收
CMS-058-V01	可再生能源户自发电
CMS-059-V01	使用燃料电池进行发电或产热
CMS-060-V01	从高碳燃料组合转向低碳燃料组合
CMS-061-V01	从固体废物中回收材料及循环利用
CMS-062-V01	用户热利用中替换非可再生的生物质
CMS-063-V01	家庭/小型用户应用沼气/生物质产热
CMS-064-V01	针对特定技术的需求侧能源效率提高
CMS-065-V01	钢厂安装粉尘/废渣回收系统，减少高炉中焦炭的消耗
CMS-066-V01	现有农田酸性土壤中通过大豆－草的循环种植中通过接种菌的使用减少合成氮肥的使用
CMS-067-V01	水硬性石灰生产中的减排
CMS-068-V01	通过挖掘并堆肥部分腐烂的城市固体垃圾（MSW）避免甲烷的排放
CMS-069-V01	在现有生产设施中从化石燃料到生物质的转换
CMS-070-V01	通过电网扩张向农村社区供电
CMS-071-V01	在固体废弃物处置场建设甲烷氧化层
CMS-072-V01	化石燃料转换
CMS-073-V01	电子垃圾回收与再利用
CMS-074-V01	从污水或粪便处理系统中分离固体避免甲烷排放
CMS-075-V01	通过堆肥避免甲烷排放

续表

方法学编号	方法学名称
CMS-076-V01	废水处理中的甲烷回收
CMS-077-V01	废水处理过程通过使用有氧系统替代厌氧系统避免甲烷的产生
CMS-078-V01	使用从沼气中提取的甲烷制氢

附表 2-5　国家温室气体自愿减排方法学（第三批）备案清单（农林项目）

方法学编号	方法学名称
AR-CM-003-V01	森林经营碳汇项目方法学
AR-CM-004-V01	可持续草地管理温室气体减排计量与监测方法学

附表 2-6　国家温室气体自愿减排方法学（第四批）备案清单

方法学编号	方法学名称
CM-096-V01	气体绝缘金属封闭组合电器 SF_6 减排计量与监测方法学

附表 2-7　国家温室气体自愿减排方法学（第五批）备案清单

方法学编号	方法学名称
CM-097-V01	新建或改造电力线路中使用节能导线或电缆
CM-098-V01	电动汽车充电站及充电桩温室气体减排方法学
CM-099-V01	小规模非煤矿区生态修复项目方法学

附表 2-8　国家温室气体自愿减排方法学（第六批）备案清单

方法学编号	方法学名称
AR-CM-005-V01	竹林经营碳汇项目方法学
CM-100-V01	废弃农作物秸秆替代木材生产人造板项目减排方法学
CM-101-V01	预拌混凝土生产工艺温室气体减排基准线和监测方法学
CM-102-V01	特高压输电系统温室气体减排方法学
CM-103-V01	焦炉煤气回收制液化天然气（LNG）方法学
CMS-079-V01	配电网中使用无功补偿装置温室气体减排方法学
CMS-080-V01	在新建或现有可再生能源发电厂新建储能电站

附表 2-9 国家温室气体自愿减排方法学修订备案清单

原方法学编号	原方法学名称	修订后方法学编号	修订后方法学名称
CM-001-V01	可再生能源发电并网项目的整合基准线方法学	CM-001-V02	可再生能源并网发电方法学
CM-003-V01	回收煤层气、煤矿瓦斯和通风瓦斯用于发电、动力、供热和/或通过火炬或无焰氧化分解	CM-003-V02	回收煤层气、煤矿瓦斯和通风瓦斯用于发电、动力、供热和/或通过火炬或无焰氧化分解
CM-005-V01	通过废能回收减排温室气体	CM-005-V02	通过废能回收减排温室气体
CM-008-V01	应用非碳酸盐原料生产水泥熟料	CM-008-V02	应用非碳酸盐原料生产水泥熟料
CMS-001-V01	用户使用的热能,可包括或不包括电能	CMS-001-V02	用户使用的热能,可包括或不包括电能

附表 2-10 国家温室气体自愿减排方法学(第七批)备案清单

方法学编号	方法学名称
CMS-081-V01	反刍动物减排项目方法学
CMS-082-V01	畜禽粪便堆肥管理减排项目方法学
CM-104-V01	利用建筑垃圾再生微粉制备低碳预拌混凝土减少水泥比例项目方法学

附表 2-11 国家温室气体自愿减排方法学(第八批)备案清单

方法学编号	方法学名称
CMS-083-V01	保护性耕作减排增汇项目方法学

附表 2-12 国家温室气体自愿减排方法学(第九批)备案目录

方法学编号	方法学名称
CM-105-V01	公共自行车项目方法学

附表2-13 国家温室气体自愿减排方法学（第十批）备案目录

方法学编号	方法学名称
CMS-084-V01	生活垃圾辐射热解处理技术温室气体排放方法学
CMS-085-V01	转底炉处理冶金固废生产金属化球团技术温室气体减排方法学
CMS-086-V01	采用能效提高措施降低车船温室气体排放方法学
CM-106-V01	生物质燃气的生产和销售方法学

附表2-14 国家温室气体自愿减排方法学（第十一批）备案目录

方法学编号	方法学名称
CM-107-V01	利用粪便管理系统产生的沼气制取并利用生物天然气温室气体减排方法学

附表2-15 国家温室气体自愿减排方法学（第十二批）备案清单

方法学编号	方法学名称
CM-108-V01	蓄热式电石新工艺温室气体减排方法学
CM-109-V01	气基竖炉直接还原炼铁技术温室气体减排方法学

附录 3 VCS 方法学清单

附表 3-1 按照行业领域划分的 VCS 方法学

序号	方法学编号	方法学名称
\multicolumn{3}{c}{能源利用（可再生/不可再生）}
1	VM0002	新热电联产项目/设施向一个或多个网络用户提供低碳排放密度电力和/或热水
2	VM0008	单户及多户家庭建筑节能改造
3	VM0013	喷气发动机清洗减排项目
4	VM0018	可持续社区内的能效提高及固体废弃物回收项目
5	VM0019	乙醇替代商用运输队灵活燃料交通工具中的汽油燃料
6	VM0020	运输业通过使用轻型托盘提高能效项目
7	VM0025	校园清洁能源和能效提高项目
8	VM0038	电动汽车充电系统方法
9	VM0040	回收原本会排放到大气中的温室气体将其转化为有用的塑料材料并销售到塑料市场的方法学
10	VMR0004	提高车队效率以减少排放（AMS-Ⅲ.BC 的补充修订）
11	VMR0005	安装低流量节水设施减排（AMS-Ⅱ.M 的补充修订）
12	VMR0006	高效柴火炉灶的安装方法
\multicolumn{3}{c}{工业加工}
1	VM0001	红外制冷剂自动检漏项目
2	VM0002	新热电联产项目/设施向一个或多个网络用户提供低碳排放密度电力和/或热水
3	VM0014	煤层气（CBM）渗流中逸出甲烷的拦截与破坏
4	VM0016	从产品中回收和销毁消耗臭氧层物质
5	VM0023	减少环氧丙烷生产中的温室气体排放项目

续表

序号	方法学编号	方法学名称
6	VM0030	在道路施工中使用硫磺产品替代传统粘接剂项目
7	VM0031	预制混凝土产品中使用硫磺产品替代传统硅酸盐水泥项目
8	VM0040	回收原本会排放到大气中的温室气体将其转化为有用的塑料材料并销售到塑料市场
建筑		
1	VM0043	混凝土生产中二氧化碳利用的方法
2	VM0002	新热电联产项目/设施向一个或多个网络用户提供低碳排放密度电力和/或热水
3	VM0008	单户及多户家庭建筑节能改造
4	VM0031	使用硫产品替代生产混凝土过程中所使用的碳酸钙和/或碳酸镁衍生水泥
5	VM0039	泡沫稳定基层和乳化沥青混合物在路面应用中的使用方法
运输		
1	VM0019	乙醇替代商用运输队灵活燃料交通工具中的汽油燃料
2	VM0020	运输业通过使用轻型托盘提高能效项目
3	VM0028	通过上下班拼车来减少温室气体排放
4	VM0030	使用硫产品替代传统热沥青路面中使用的一部分沥青粘合剂
5	VM0038	电动汽车充电系统方法
6	VMR0004	提高车队效率以减少排放（AMS-III的补充修订）
废物利用		
1	VM0018	可持续社区内的能效提高及固体废弃物回收项目
2	VMR0003	通过从废水或粪便处理系统中分离固体物避免甲烷排放（AMS-III.Y的修订）
采矿		
1	VMR0001	减少煤矿中的甲烷排放（ACM0008的修订）
2	VMR0002	减少煤矿中的甲烷排放（ACM0008的修订）
农业		
1	VM0017	采用可持续的土地管理活动减排方法学

续表

序号	方法学编号	方法学名称
2	VM0021	土壤碳库量化方法学
3	VM0022	通过降低氮肥使用率在农业中减少氧化亚氮排放量的量化方法学
4	VM0026	可持续草原管理减排方法学
5	VM0032	通过调整和控制火灾及放牧进行可持续草原管理
6	VM0042	改进农业土地管理的方法
林业		
1	VM0003	通过延长轮伐时间改善森林管理减排方法学
2	VM0004	避免在泥炭沼泽森林中规划开发土地的保护项目
3	VM0005	将低产林转化为高产林的减排方法学
4	VM0006	用于镶嵌型和景观规模的REDD+项目的碳核算方法学
5	VM0007	REDD+项目框架方法学
6	VM0009	避免生态系统转变减排方法学
7	VM0010	通过控制砍伐改善森林管理减排方法学
8	VM0011	通过组织有计划的森林退化活动实现温室气体减排项目方法学
9	VM0012	通过在温带及寒带森林防止砍伐改善森林管理项目方法学
10	VM0015	避免无计划的森林退化项目减排方法学
11	VM0017	通过有针对性的短期采伐延期改善森林管理的方法
12	VM0029	通过森林火灾管理避免森林退化方法学
13	VM0034	英属哥伦比亚森林碳补偿方法学
14	VM0035	通过减少冲击性砍伐改善森林管理减排方法学
15	VM0037	通过镶嵌型森林退化地区开展REDD+项目减排方法学
草地		
1	VM0009	避免生态系统转变减排方法学
2	VM0021	土壤碳库量化方法学
3	VM0026	可持续草原管理减排方法学
4	VM0032	通过调整和控制火灾及放牧进行可持续草原管理

续表

序号	方法学编号	方法学名称
湿地		
1	VM0004	避免在泥炭沼泽森林中规划开发土地的保护项目
2	VM0007	REDD+项目框架方法学
3	VM0024	沿海地区湿地创造项目减排方法学
4	VM0027	重新湿润干旱的热带泥炭地项目减排方法学
5	VM0033	潮汐湿地和海草回复项目减排方法学
6	VM0036	再湿润干旱的热带泥炭地项目减排方法学
家畜及肥料		
1	VM0041	通过使用饲料成分减少反刍动物肠道甲烷排放的方法
2	VM0026	可持续草原管理减排方法学
3	VM0007	REDD+项目框架方法学
4	VMR0003	通过从废水或粪便处理系统中分离固体物避免甲烷排放（AMS-Ⅲ.Y的修订）

附录4　GCC方法学清单

附表 4-1　已公开的 GCC 方法学

方法学编号	方法学名称
GCCM001	利用可再生能源发电并供给电网或自备用户使用
GCCM002	泵系统节能
GCCM003	利用动物粪便和废物管理项目发电的方法学
GCCM004	基于可再生能源的海水淡化厂水网连接方法学
GCCM005	建筑中节约海水淡化水的方法学

附录5 方法学编制大纲

方法学编号 方法学名称
（版本号）

方法学名称应准确、简明，并体现行业领域和应用技术特点，以及温室气体避免、减少或者清除原理。

一、来源、定义与适用条件

1. 来源

应列明在使用过程中需要配套引用或使用的主要方法学、指南导则、方法学工具、相关技术规范和参考文献等。

例如：

本方法学参考CDM项目方法学××××：……。可在以下网址查询：（方法学链接）。

该方法学也参考最新批准的如下工具：

- ××××工具；
- ××××工具；
- ……

2. 定义

应说明方法学相关的关键术语和定义，确保在方法学使用过程中不产生误解和歧义。对于新提议的方法学，如果可能，尽量使用来自其他已批准方法的定义。术语和定义有相关出处的，应注明出处。

3. 适用条件

（1）列出该方法可能适用的项目活动类别。使用UNFCCC-CDM网站上提供的项目活动类别列表和按类别分类的已注册CDM项目活动列表。如果无法确定合适的项目活动类别，请以UNFCCC-CDM网站上的相关信息为指导，提出新的类别描述符及其定义。

（2）列出拟议项目活动必须满足的任何条件。适用条件必须与拟议项目活动的类别有关，且不包括假定基准线情景的条件。

（3）列出某些特定情况下的适用性条件。

（4）在"解释/理由"部分解释项目类别和适用条件的选择。说明是否存在适用于相同适用条件的批准方法。

（5）如有方法学不适用的特定情况或情景应具体说明。

二、基准线方法学

1. 项目边界及排放源（汇或库）

（1）项目活动的物理边界。如有可能，使用图表或流程图进行描述，如附图 5-1 所示。

（2）项目物理边界内的温室气体和来源。它应包括项目参与者控制下的温室气体来源的所有人为排放，这些温室气体具有重要意义并可合理归因于项目活动。在确定项目边界、基准线情景和泄漏排放计算中应考虑哪些排放源时，项目参与方应做出保守假设，例如在项目排放和泄漏计算中遗漏的排放源量级影响（如果为正）应等于或小于计算基准线排放量时忽略的排放源的量级。可参考附表 5-1。

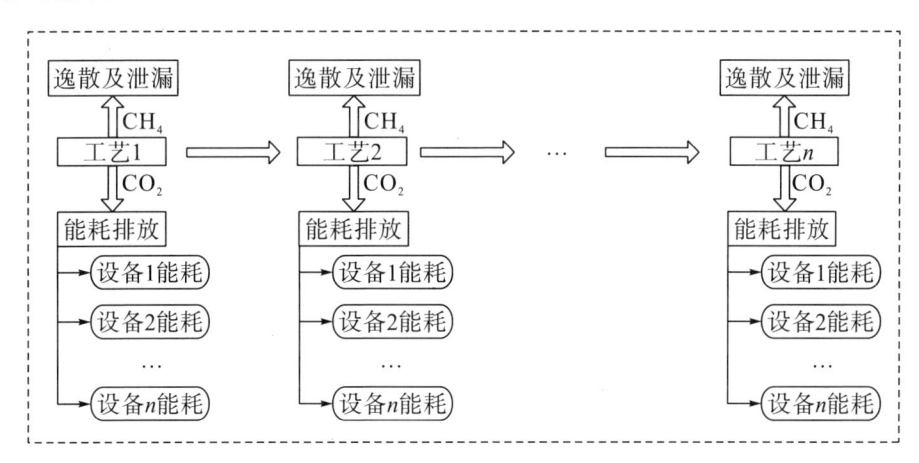

附图 5-1 项目边界示意

附表 5-1 项目边界内包含或被排除的温室气体排放源

	基准线情景	气体	包括与否	理由/说明
基准线排放	没有CCER项目活动时"工艺1"的温室气体排放的合理情景	CO_2	是/否	主要排放源/假定可忽略不计
		CH_4	是/否	主要排放源/假定可忽略不计
		N_2O	是/否	主要排放源/假定可忽略不计
	没有CCER项目活动时"工艺2"的温室气体排放的合理情景	CO_2	是/否	主要排放源/假定可忽略不计
		CH_4	是/否	主要排放源/假定可忽略不计
		N_2O	是/否	主要排放源/假定可忽略不计
	……	……	……	……
	没有CCER项目活动时"工艺n"的温室气体排放的合理情景	CO_2	是/否	主要排放源/假定可忽略不计
		CH_4	是/否	主要排放源/假定可忽略不计
		N_2O	是/否	主要排放源/假定可忽略不计
项目活动排放	项目工艺1	CO_2	是/否	主要排放源/假定可忽略不计
		CH_4	是/否	主要排放源/假定可忽略不计
		N_2O	是/否	主要排放源/假定可忽略不计
	项目工艺2	CO_2	是/否	主要排放源/假定可忽略不计
		CH_4	是/否	主要排放源/假定可忽略不计
		N_2O	是/否	主要排放源/假定可忽略不计
	……	……	……	……
	项目工艺n	CO_2	是/否	主要排放源/假定可忽略不计
		CH_4	是/否	主要排放源/假定可忽略不计
		N_2O	是/否	主要排放源/假定可忽略不计

2. 基准线情景识别与额外性论证

(1) 识别所有可能的替代方案并进行法律评估；

(2) 障碍分析；

(3) 投资分析；

(4) 普及性分析。

主要采用表格的形式进行说明，再逐步按照以上 4 个步骤进行补充说明。参考附表 5-2。

附表5-2 某项目所有可能的替代方案

	替代方案	选用/排除	理由
1	将伴生气直接在采油现场放空	排除	技术上可行,但法律不允许
2	在采油现场燃放伴生气	选用	可行且是最具经济吸引力的选择
3	现场使用相关气体发电	排除	远距离传输电力不可行,电力分配中的传输损耗比天然气管道中的传输损耗高
4	现场使用相关气体生产液化天然气	排除	投资太高,在拟议的项目中,只有相对少量的天然气被回收(仅是目前燃烧的伴生气),不值得投资于液化天然气基础设施。同时拟议项目的地理位置限制了成功建立液化天然气生产设施的技术和经济可行性
5	将伴生气注入油气藏	排除	塔里木油田采油方法的研究涉及复杂的油藏模拟
6	相关气体和产品的回收、运输、加工和分配,而无需登记为清洁发展机制项目活动	排除	技术和法律上合理,但不具有经济吸引力
7	回收、运输和利用伴生气作为原料有用产品的制造	排除	当地市场对伴生气产品的需求不大,而且将伴生气运输到中国中部地区近2000公里的成本很高。此外,利用气体作为原料生产有用产品的工厂往往需要大量投资和稳定的气体供应。然而,该项目伴生气将逐年减少,无法保证如此稳定和持久的供应

3. 减排量计算

方法学应依次详细说明用于估计、测量或计算基准线排放、项目排放和泄漏影响及减排量的所有程序、公式、参数含义和数据来源。

具体要求如下:

(1) 解释算法/公式的基本原理;

(2) 使用一致的变量、方程格式、下标等;

(3) 对所有方程进行编号;

(4) 定义所有变量,并标明单位;

(5) 证明算法/程序的保守性,在可能的范围内,包括定量说明关键参数不确定性的方法;

(6) 对于所适用的定量值,应清楚地指出从中获取这些值的精确参考(例如官方统计数据、IPCC指南、商业和科学文献），并证明所提供值的保守性；

（7）所有单位使用国际单位制。

三、监测方法学

1. 不需要监测的数据和参数

应明确在项目设计阶段确定的参数和数据，即在项目计入期内不再变化、不需要监测的参数和数据。这类参数和数据可通过查阅主管部门统计数据、权威机构研究报告、国内外文献、制造厂商设计说明等文件的方式获取。方法学应详细说明参数和数据的名称、描述、单位、来源、选用合理性、用途等，并用表格的形式展示，参考附表5-3。

附表5-3 不需要监测的数据和参数

数据/参数：	
单位：	
描述：	
来源：	
监测程序（如果有）：	
监测频率：	
质量保证/质量控制程序：	
备注：	

2. 项目实施阶段需要监测的数据和参数

应明确在项目实施阶段需进行监测的参数和数据。这类参数和数据可通过实际监测、统计核算、问卷调查等方式获取，数据更新周期一般至少为一年（具体参数和数据如有不同的周期要求应分别明确）。方法学应详细说明参数和数据的名称、描述、单位、来源、监测要求、质量保证与质量控制程序、用途等。尽可能提供这类参数和数据的信息化保存途径，如工况数据链接和区块链等。具体形式参考附表5-4。

附表5-4 需要监测的数据和参数

数据/参数：	
单位：	
描述：	
来源：	

续表

数据/参数：	
监测程序（如果有）：	
监测频率：	
质量保证/质量控制程序：	
备注：	

3. 项目实施及监测的数据管理要求

方法学应详细说明项目实施及监测计划实施应做好的数据管理及数据质量控制的存档要求，以满足项目审定、减排量核算与核查需求。包括：监测职责分工、监测设备与安装情况、监测点位示意图，数据监测、传递、汇总和报告的信息流及相关台账记录，质量保证与质量控制程序等。如果项目所造成的环境影响较显著，则监测计划还应包括收集与项目相关的环境影响信息。

对于碳汇等清除类项目，还应详细说明其他相关内容，包括：基准线情景下清除量的监测、项目活动的监测、项目边界的监测、项目分层、抽样设计、样地设置、非持久性影响及措施等。

四、项目审定与核查要点

为确保项目及减排量的真实性、准确性、保守性，方法学应说明针对本方法学适用的项目审定、减排量核查要点。重点应针对项目真实性、项目边界及排放源准确性、减排量核算方法的准确性、核算参数及结果的保守性等方面，说明需要审定与核查的重点内容、数据参数，明确审定与核查可得的数据源、参考文献、抽样比例、交叉验证途径等。

五、方法学编制说明

1. 牵头编制单位、联系人及联系方式

说明牵头编制此方法学的主要单位、单位联系人及联系方式等相关信息。

2. 主要编写人员

以表格的形式简要介绍该方法学的主要编写人员，参考附表 5-5。

附表 5-5 主要编写人员名单

序号	人员姓名	单位名称	专业	职称

续表

序号	人员姓名	单位名称	专业	职称

3. 编制背景详细说明

编制单位应详细说明编制方法学的有关技术背景，包括：

（1）编制目的、编制原则、编制过程，以及数据采集和计算方法选取的考虑；

（2）方法学的行业背景情况、技术现状；

（3）方法学对推动实现碳达峰、碳中和目标，促进重点行业节能减排，推进减污降碳协同增效，引导社会绿色低碳发展的重要意义；

（4）方法学所使用的减排技术的成本效益分析；

（5）预测方法学在全国范围内应用的项目前景，估算可实现的减排量；

（6）参考文献等。

附录6 项目监测报告模板

	CDM 项目监测报告模板 （第 9 版）		
模板填写指导文件可详见 CDM 官方网站			
监控报告			
项目名称			
项目 UNFCCC 编号			
适用于本监控报告的 PDD 版本			
监测报告版本			
监测报告完成日期			
监测期编号			
监测期时间区间			
本监测期监控报告编号			
项目参与方			
项目业主方			
应用的方法学及标准基准线			
行业范围			
本监测期项目获得的温室气体减排量或净温室气体移除量	2013 年 1 月 1 日前获得量	2013 年 1 月 1 日至 2020 年 12 月 31 日间获得量	2021 年 1 月 1 日后获得量
PDD 中本监测期预估温室气体减排量或温室气体移除量			

附录 7　项目设计文件编制要求

项目设计文件（PDD）的编制需要严格遵循清洁发展机制网站上发布的《项目设计文件表》（CDM-PDD-FORM），模板自 2002 年首次发布以来，已经过 12 个版本修订，2021 年 10 月 8 日发布的第 12.0 版是最新版本。模板分为一般项目、林业碳汇项目、碳捕集与封存项目三类。PDD 一般由项目活动描述、方法学和标准基准线的应用、项目活动期限和减排计入期、环境影响分析、利益相关方调查意见、批准与授权六部分组成，下面介绍一般项目的设计文件编制要求。

1. 项目活动描述

（1）项目活动的目的和概述。

描述项目活动的目的和项目活动概述，项目活动概述需要包括项目活动地点、项目活动的技术说明、项目边界、基准情景、计入期预计产生的总减排量和年均减排量。如果项目中包含一项以上小规模项目活动，需要分别说明每部分小规模项目的适用类型。

项目活动地点，需说明项目活动的地理位置，包括详细的地址信息（省/直辖市/自治区、市/县/乡（镇）/村）、项目地理坐标及地图。

项目活动的技术说明，需对现有技术和项目将实施技术进行说明，包括：

√项目活动将要安装或改造的设施清单；

√设施的生产能力以及与项目边界外部其他设施的关联关系；

√设施的布局；

√设备的平均使用寿命；

√设施装机容量、负荷、效率；

√设施的工艺流程图和能流图；

√监测设备信息。

（2）项目业主和参与方。

说明项目业主和项目参与方，提供项目参与方包括企业法人、邮编、电话、传真、邮箱、网址等的相关信息。

(3) 项目活动的公共资金支持。

说明项目活动是否获得公共资金支持。如有公共资金支持，需要提供公共资金来源信息，如果获得的公共资金来自 UNFCCC 附件一中的缔约方，应在附录中附上缔约方的确认书。

(4) 项目活动历史。

确认并声明本项目活动从未以 CDM 项目进行过注册。

(5) 项目拆分。

对于小规模项目活动，需要证明项目活动不存在大规模项目拆分申报的情况。

2. 方法学和标准基准线的应用

(1) 引用方法学和标准化基准线。

说明本项目所依据的方法学、方法学工具以及标准基准线。

(2) 方法学和标准基准线适用性。

证明所选择的方法学和标准基准线的合理性，与方法学进行逐条对照，以确定项目完全符合方法学的所有适用条件。对于小规模项目活动，应证明项目符合小规模项目类型要求的条件。

(3) 项目边界和温室气体排放源。

通过文字和画图的方式来描述项目边界及基准线边界，通过表格和流程图的方式说明项目边界所包含的温室气体排放源。

(4) 基准线情景的识别和描述。

基准线情景的识别和建立过程详见第 4.1.2.3 节，一般要求如下：

- √说明项目活动的基准线情景；
- √详细说明基准线情景的建立步骤，证明关键性的假设和理由并提供所有相关文件及参考资料；
- √说明国家或部门政策、法规情况；
- √提供基准线情景下的设施及设备清单，说明基准线情景下的生产工艺流程。

(5) 额外性论证。

额外性论证过程详见第 4.1.2.4 节，一般要求如下：

- √对于自动被认为具备额外性的项目类型，需要说明依据的方法学、方法学工具、标准基准线、采用的技术类型；
- √说明项目额外性论证依据的方法学及方法学工具，详细说明论证过程并提供使用的关键数据及数据来源；

- ✓ 如使用了投资分析，需要说明所有使用的假设条件和数据参数；
- ✓ 如使用了基准分析，需要明确基准数值及来源；
- ✓ 如使用了成本比较，需要对选用的比较方案进行说明；
- ✓ 如果额外性论证过程遇到障碍，需要说明关键障碍信息并提供支持性材料。

(6) 项目减排量。

①计算方法的说明，应说明依据方法学所规范的项目减排量核算步骤及公式。

②预先确定的参数和数据，应说明在项目活动注册前就已预先确定，在项目计入期内不再变化，无须监测的数据和参数。数据来源可以是事先取样测试数据，也可以来自官方发布、专家判断、IPCC、专业文献等。此外，要说明数据来源、测量方法和程序以及数据应用范围。

③项目减排量的事前估算，应详细说明项目计入期内预计的基准线排放量、项目排放量、泄漏排放量，并说明每项排放量完整的计算过程。

④事前估算减排量概要，应采用表格的形式简要说明项目活动计入期所有年份的减排量的事前估算结果。

(7) 监测计划。

①需要监测的参数和数据，应说明按照方法学及相关规范需要监测的数据和参数，并对以下参数以表格的形式进行说明：

- ✓ 数据来源，即说明数据来源，如果数据来源有多个，需要说明哪个数据来源更适合选用；
- ✓ 数据值，即事前减排量估算所用的数据值；
- ✓ 测量方法和程序，即对于需要监测的数据或参数，具体说明测量方法和程序、应用标准、测量准确性、测量机构、测量人员，如果是定期测量，还要说明测量的间隔时间；
- ✓ QA/QC程序，即描述将要应用的质量保证（QA）/质量控制（QC）程序；
- ✓ 数据用途，即根据数据用途，选择基准线排放、项目排放、泄漏排放中的一项。

②数据抽样计划。如果监测的数据或参数是通过抽样方法确定的，需要对抽样计划实施的方案进行说明。

③监测计划其他内容，应按照依据的方法学及其他标准规范，对包括管理机构、数据存档规定等监测计划中的其他事项进行额外说明。

3. 项目活动期限和减排计入期

①项目活动开始日期,即以日/月/年的格式说明项目活动的开始日期。

②预计的项目活动期限,即以年和月的格式说明项目活动的预期运行期限。

③项目活动减排计入期,即对项目活动的计入期进行说明,包括:

√计入期类型,7年×2次可更新或是10年固定期限;

√计入期开始日期,以日/月/年的格式说明项目计入期的开始时间;

√计入期的期限,说明计入期长度。

4. 环境影响分析

说明环境影响评价报告的编制和批复情况,摘取环境影响评价报告中关于工程施工期和营运期废气、废水、噪声、固体废弃物以及生态的影响分析内容,并对环评主要结论进行简要概述。

5. 利益相关方调查意见

以走访、问卷等形式围绕当地居民是否支持工程的建设,以及工程对当地居民生活、就业、经济、环境等方面的影响开展调查。

(1) 调查方式。

说明征求当地利益相关方就项目实施意见的调查方式,包括:

√调查群体范围;

√采取的调查方式;

√向利益相关方提供的信息;

√调查的问题;

√调查的进展过程。

(2) 意见汇总。

说明每个利益相关方对调查问题的回复,概述调查结论。

(3) 意见采纳。

说明采纳的意见以及意见在项目设计文件中的体现情况,并对未采纳的意见进行说明。

6. 批准与授权

说明项目设计文件审定时,国家主管部门的批准情况,并提供批准函。

附录8 常用能源平均低位发热量与碳排放因子

常用能源平均低位发热量与碳排放因子见附表8-1。

附表8-1 常用能源平均低位发热量与碳排放因子

能源名称		平均低位发热量	碳排放因子
原煤		0.7143 tce/t (5000 kcal/kg)	1.9835 tCO$_2$/t
洗精煤		0.9000 tce/t (6300 kcal/kg)	2.2846 tCO$_2$/t
其他洗煤	(a) 洗中煤	0.2857 tce/t (2000 kcal/kg)	0.7019 tCO$_2$/t
	(b) 煤泥	0.2857～0.4286 tce/t (2000～3000 kcal/kg)	0.7019 tCO$_2$/t～1.0528 tCO$_2$/t
焦炭		0.9714 tce/t (6800 kcal/kg)	2.8542 tCO$_2$/t
原油		1.4286 tce/t (10000 kcal/kg)	3.0240 tCO$_2$/t
燃料油		1.4286 tce/t (10000 kcal/kg)	3.1744 tCO$_2$/t
汽油		1.4714 tce/t (10300 kcal/kg)	2.9287 tCO$_2$/t
煤油		1.4714 tce/t (10300 kcal/kg)	3.0372 tCO$_2$/t
柴油		1.4571 tce/t (10200 kcal/kg)	3.0998 tCO$_2$/t
煤焦油		1.1429 tce/t (8000 kcal/kg)	2.6478 tCO$_2$/t
渣油		1.4286 tce/t (10000 kcal/kg)	3.0052 tCO$_2$/t
液化石油气		1.7143 tce/t (12000 kcal/kg)	3.1369 tCO$_2$/t
炼厂干气		1.5714 tce/t (11000 kcal/kg)	3.0427 tCO$_2$/t
油田天然气		1.3300 tce/t (9310 kcal/m^3)	21.6219 tCO$_2$/10^{4}Nm^3
气田天然气		1.2143 tce/t (8500 kcal/m^3)	19.7408 tCO$_2$/10^{4}Nm^3
甲烷（逸散）		11.385 tce/10^4 m^3 (7970 kcal/m^3)	19.5007 tCO$_2$/10^{4}m^3 其GWP值为25 tCO$_2$e/tCH$_4$
焦炉煤气		0.5714～0.6143 tce/t (4000～4300 kcal/kg)	8.2677～8.8877 tCO$_2$/(10^{4}Nm^3)
高炉煤气		0.1286 tce/t (900 kcal/m^3)	9.6839 tCO$_2$/(10^{4}Nm^3)

附录8 常用能源平均低位发热量与碳排放因子

续表

能源名称		平均低位发热量	碳排放因子
其他煤气	(a) 发生炉煤气	0.1786 tce/t（1250 kcal/m³）	2.3179 tCO$_2$/(10^{4}Nm³)
	(b) 重油催化裂解煤气	0.6571 tce/t（4600 kcal/m³）	8.5290 tCO$_2$/(10^{4}Nm³)
	(c) 重油热裂解煤气	1.2143 tce/t（8500 kcal/m³）	15.7605 tCO$_2$/(10^{4}Nm³)
	(d) 焦炭制气	0.5571 tce/t（3900 kcal/m³）	7.2315 tCO$_2$/(10^{4}Nm³)
	(e) 压力气化煤气	0.5143 tce/t（3600 kcal/m³）	6.6748 tCO$_2$/(10^{4}Nm³)
	(f) 水煤气	0.3571 tce/t（2500 kcal/m³）	4.6354 tCO$_2$/(10^{4}Nm³)
粗苯		1.4286 tce/t（10000 kcal/kg）	3.4151 tCO$_2$/(10^{4}Nm³)
热力（当量值）		0.03412 tce/GJ	0.11 tCO$_2$/GJ
电力（当量值）		1.229 tce/(10^{4}kW·h) [860 kcal/(kW·h)]	华北：8.843 tCO$_2$/(10^{4}kW·h) 东北：7.769 tCO$_2$/(10^{4}kW·h) 华东：7.035 tCO$_2$/(10^{4}kW·h) 华中：5.257 tCO$_2$/(10^{4}kW·h)
电力（等价值）		按当年火电发电标准煤耗计算 [2022年全国平均值为 3.015 tce/(10^{4}kW·h)]	西北：6.671 tCO$_2$/(10^{4}kW·h) 南方：5.271 tCO$_2$/(10^{4}kW·h) 2022年全国电网平均排放因子为 5.703 tCO$_2$/(10^{4}kW·h)
蒸汽（低压）		0.1286 tce/t（900 Mcal/t）	0.3206 tCO$_2$/t

注：碳排放因子＝平均低位发热量×单位热值含碳量×碳氧化率×44/12，除甲烷外，折标准煤系数源自《综合能耗计算通则》(GB/T 2589—2020)，单位热值含碳量、碳氧化率取自《石油天然气开采企业二氧化碳排放计算方法》(SY/T 7297—2016)；2022年全国电力等价值取自国家能源局发布的2022年全国电力工业统计数据；2012年区域电网碳排放因子取自2014年国家发展和改革委员会应对气候变化司发布的《2011年和2012年中国区域电网平均二氧化碳排放因子》，2022年全国电网排放因子取自《关于做好2023—2025年发电行业企业温室气体排放报告管理有关工作的通知》（环办气候函〔2023〕43号）；甲烷密度为7.17 t/10^{4}m³，低位发热值为333.67 GJ/10^{4}m³，取自《石油天然气开采企业二氧化碳排放计算方法》(SY/T 7297—2016)；甲烷含碳量为0.749 tC/t，取自《二氧化碳排放核算和报告要求 石油化工生产业》(DB11/T 1783—2020)；甲烷全球变暖潜能值（GWP）取自IPCC2007年第四次评估报告。